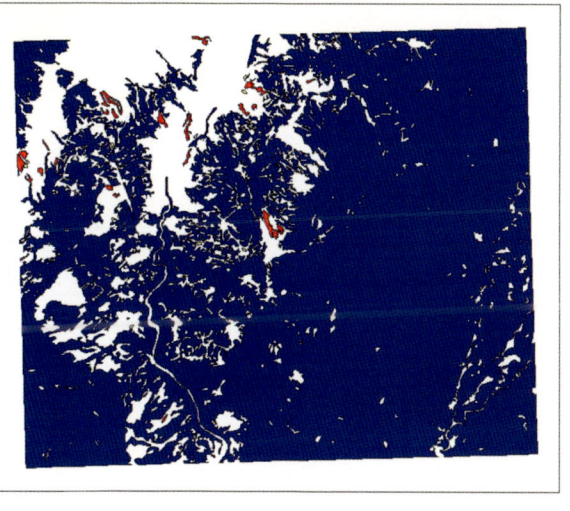

口絵1 長野県飯田市周辺および周辺17市町村により構成される圏域（時又図幅1：50,000）（渡辺 2001，本文 p. 24 参照）

パッチ規模別森林分布図．パッチ面積が 30 ha 以上の森林は青，3 ha 以上 30 ha 未満の森林は赤，3 ha 未満の森林は黄で示されている．

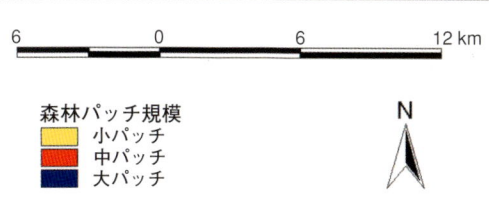

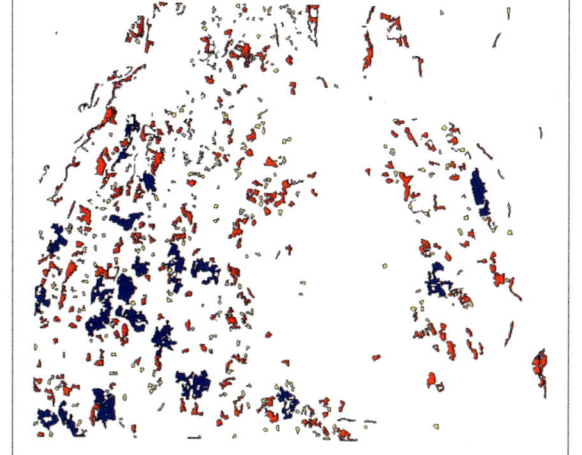

口絵2 茨城県下館市周辺および周辺7市町村により構成される圏域（小山図幅1：50,000）（渡辺 2001，本文 p. 24 参照）

パッチ規模別森林分布図．

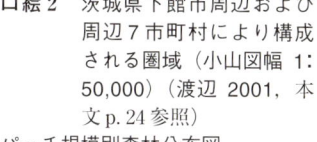

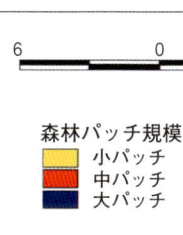

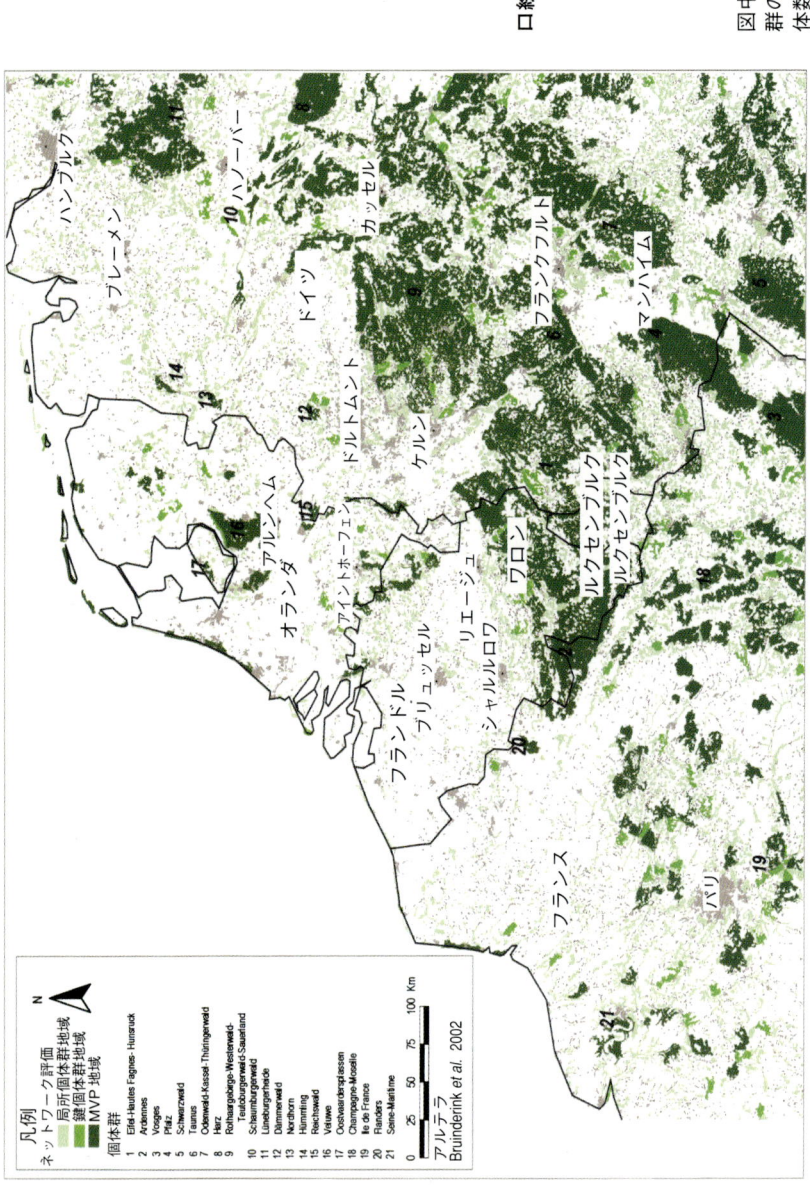

口絵 4　LARCH景観生態学モデルによって計算された，北西ヨーロッパにおけるアカシカにとってのネットワーク分析 (Bruinderink and others 2002, 本文 p. 39 参照).

図中の数字は，現存する個体群の番号．MVPは最小存続個体数．

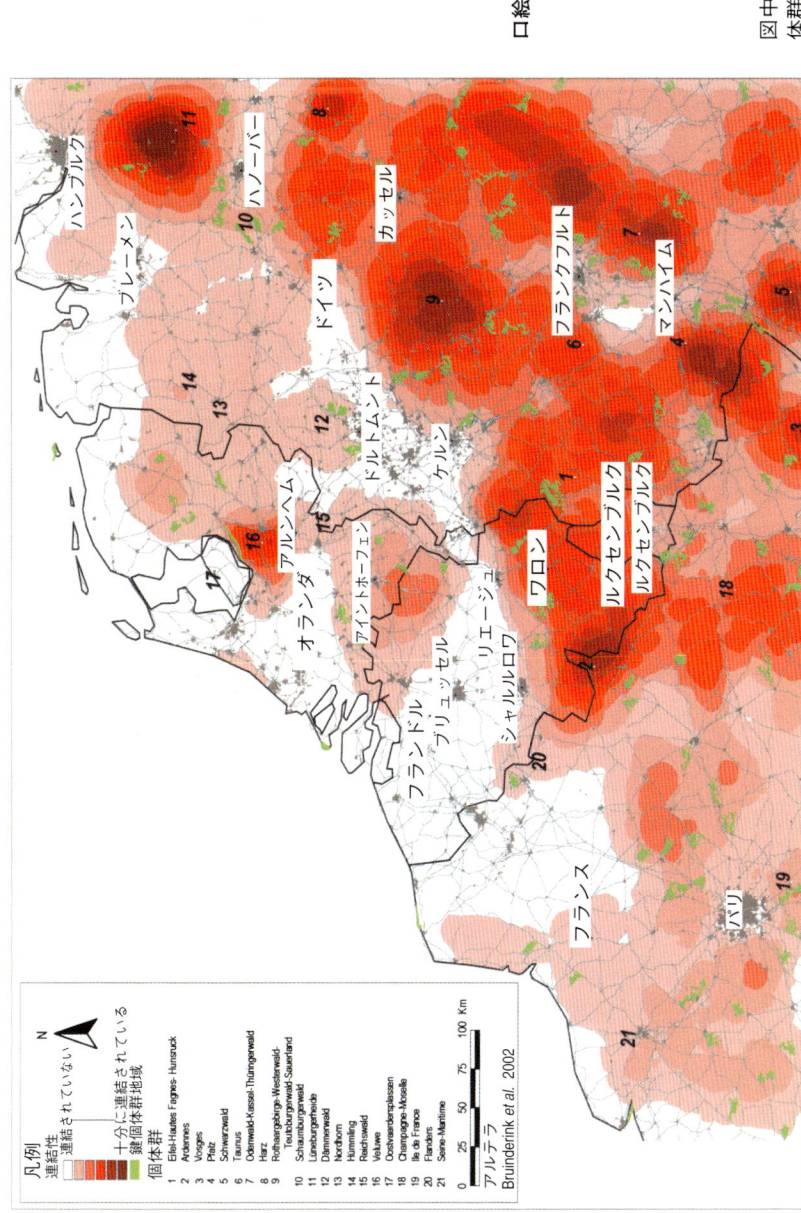

口絵5 LARCH景観生態学モデルによって計算された北西ヨーロッパにおけるアカシカにとっての空間連結性（Bruinderink and others 2002, 本文 p.39 参照）。
図中の数字は、現存する個体群の番号。

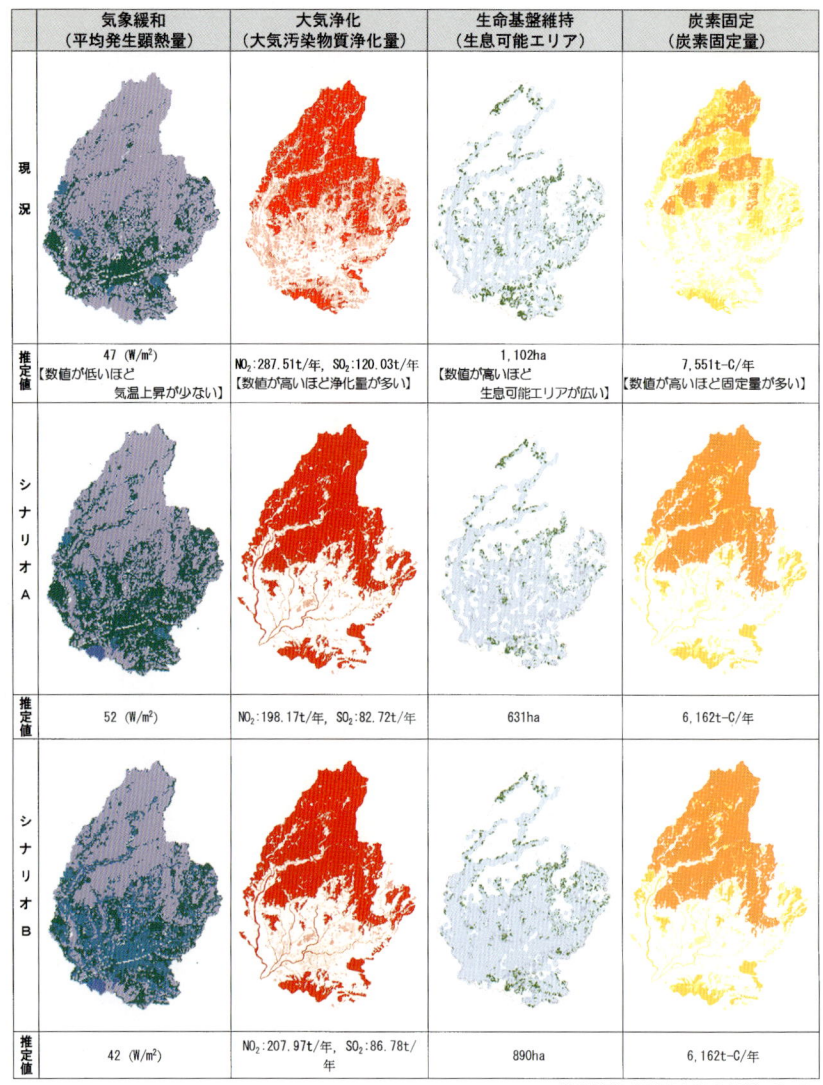

口絵6　静岡県掛川市における現況および各将来シナリオの環境保全機能評価結果（山田ら　2003，本文p.77参照）

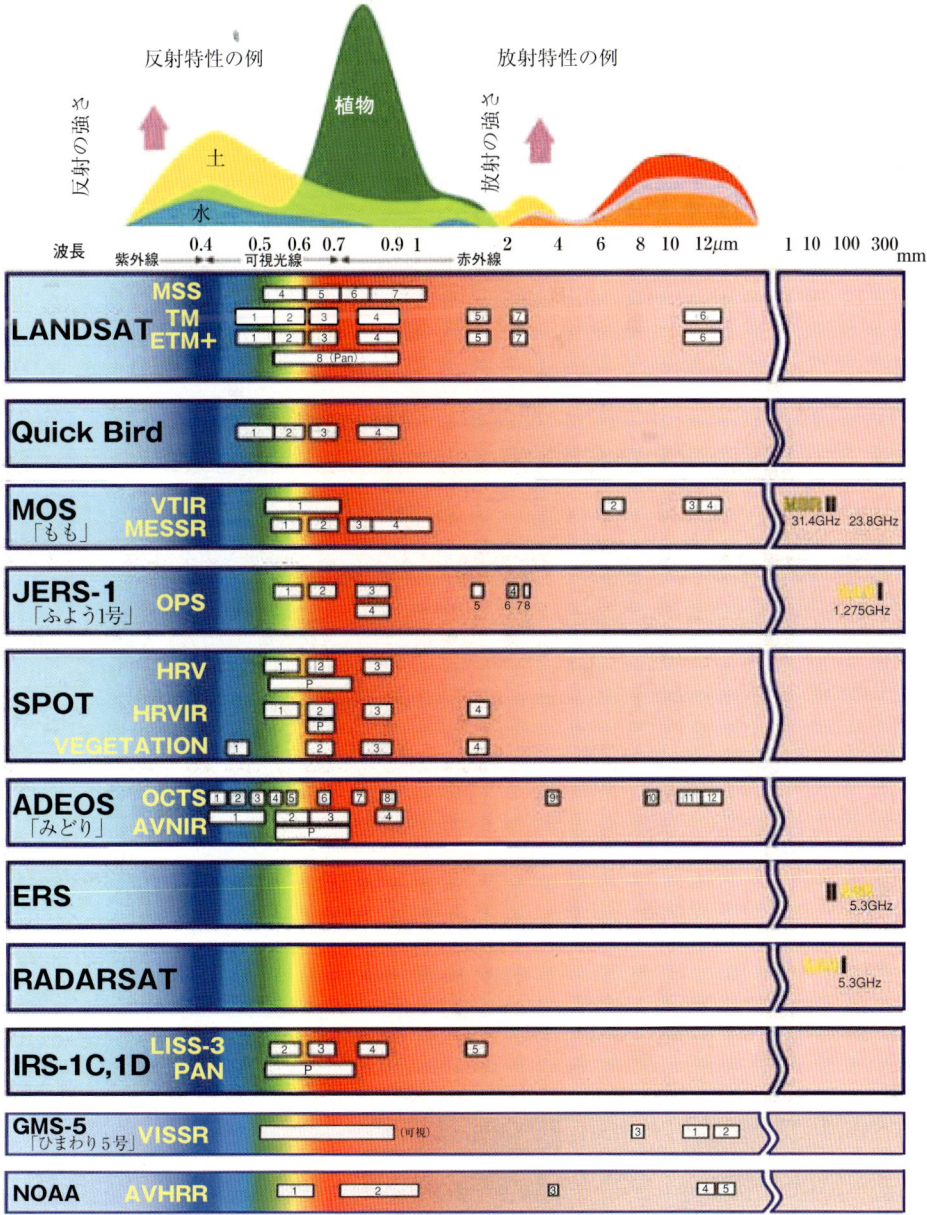

口絵7　衛星／センサ／バンドごとの観測波長帯（RESTEC ウェブページ〈http://www.restec.or.jp/〉より改変して引用，本文 p. 90 参照）

口絵3 アオムネオーストラリアムシクイ（*Malurus pulcherrimus*）の研究対象地（Brooker L and Brooker M（2002））を紹介している Smith and Hellman（2002）より引用，本文 p.33 参照）

青パッチは十分に連結された近傍（すなわち成功が平均確率よりも高いパッチ・ペア）に類型化された地域．赤は，成功分散の確率が平均よりも低い，連結性の低いパッチ．緑はアオムネオーストラリアムシクイの生息地としては適さない（アオムネオーストラリアムシクイがなわばりを作らなかった）が，分散に使われる自然植生．淡黄褐色の地（matrix）の多くは農地である．

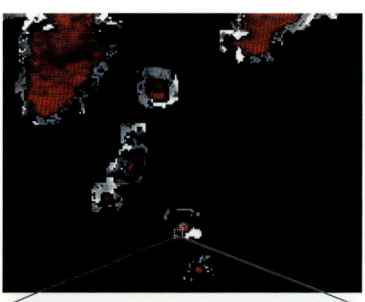

衛星／センサ：
　SPOT/VEGETATION
空間解像度：1 km
観測：2002年10月1〜10日
　　（合成）
© CNES-SPOT IMAGE2002

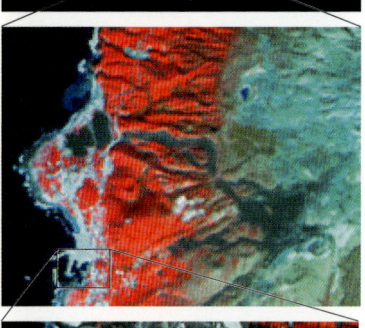

衛星／センサ：SPOT/HRV
空間解像度：20 m
観測：2001年10月13日
© CNES-SPOT IMAGE2001

衛星：QuickBird
空間解像度：2.4 m
観測：2003年10月1日
© DigitalGlobe

口絵8　センサの空間解像度による違い（本文 p.91 参照）

低解像度（SPOT/VEGETATION：1 km），中解像度（SPOT/HRV：20 m），高解像度（QuickBird：2.4 m）の3種類の衛星データに対して同じピクセル数（200列×150行）で表した画像．各画像の範囲を青い四角で示した．フォルスカラーで表したため植生は赤く示されている．対象地は2000年7月に噴火した三宅島で，SPOT/VEGETATION 画像では三宅島の雄山から噴出している火山ガスが示されている．SPOT/HRVの画像中の右側（雄山山腹）は噴火にともない植被が失われている．

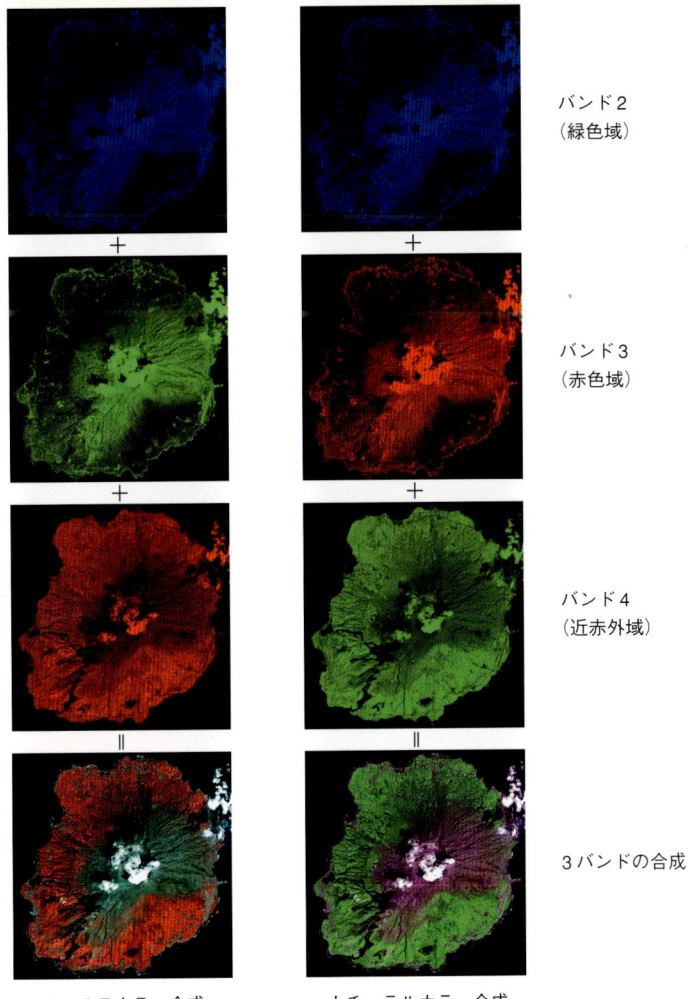

バンド2
（緑色域）

バンド3
（赤色域）

バンド4
（近赤外域）

3バンドの合成

フォルスカラー合成　　　　ナチュラルカラー合成

**口絵9** 衛星データ（QuickBird）における色合成法による画像表現の違い（© Digital Globe, 本文 p. 103 参照）

左はフォルスカラー合成，すなわちバンド2（緑色域）を青，バンド3（赤色域）を緑，バンド4（近赤外域）を赤に割り当てて表示したもの．右はナチュラルカラー合成，すなわち，バンド2を青，バンド3を赤，バンド4を緑に割り当てて表示したもの．対象地は三宅島．

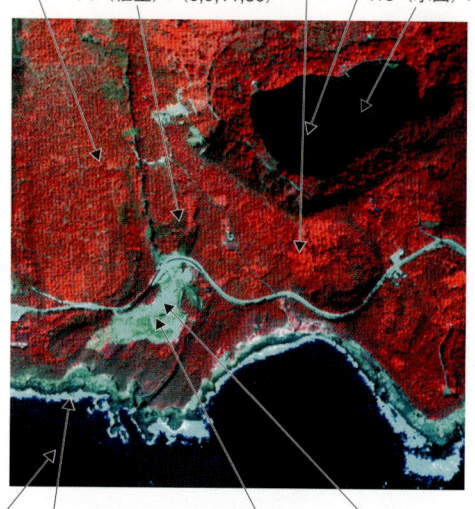

V2（植生）：(8,13,16,126)
V3（植生）：(9,17,15,217)
V1（植生）：(6,9,11,80)
W2（水面）：(16,9,5,3)
W3（水面）：(8,11,7,6)
S1（土壌）：(18,20,23,26)
S3（土壌）：(53,58,76,99)
W1（水面）：(9,7,4,4)
S2（土壌）：(18,22,30,44)

口絵 10　衛星画像上の水面，土壌，および植生のデジタル値（本文 p. 106 参照）

画像上で水面，土壌，植生各 3 地点を抽出し，バンド 1〜4 のデジタル値を示した（カッコ内の数値）．デジタル値は 8 ビット（256 階調）で示している．用いた衛星データは QuickBird 画像（フォルスカラー合成）．対象地は三宅島南東部にある太路池周辺．

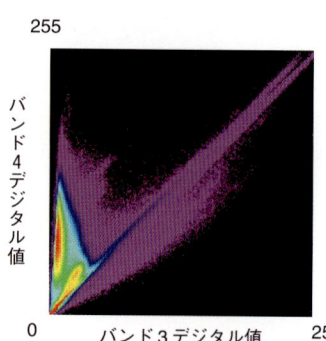

口絵 11　口絵 10 の各画素のバンド 4（近赤外域）を Y 軸に，バンド 3（赤色域）を X 軸にした散布図（本文 p. 106 参照）

図中の色は点の重なりの程度を示す．

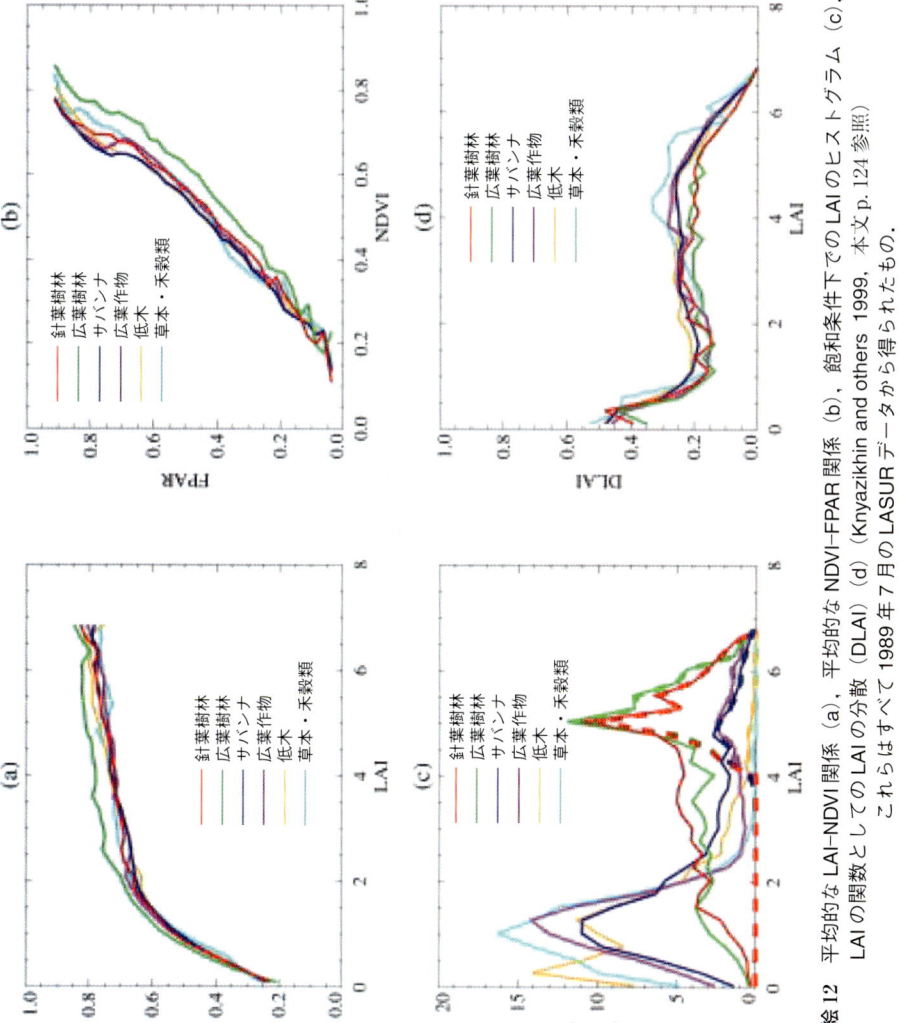

口絵12 平均的な LAI–NDVI 関係 (a), 平均的な NDVI–FPAR 関係 (b), 飽和条件下での LAI のヒストグラム (c), LAI の関数としての LAI の分散 (DLAI) (d) (Knyazikhin and others 1999, 本文 p.124 参照). これらはすべて 1989 年 7 月の LASUR データから得られたもの.

CASAによって得られた1987年の純一次生産量
フラックスステーションにおける$CO_2$測定値とシミュレートされた$CO_2$濃度を付記

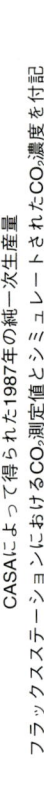

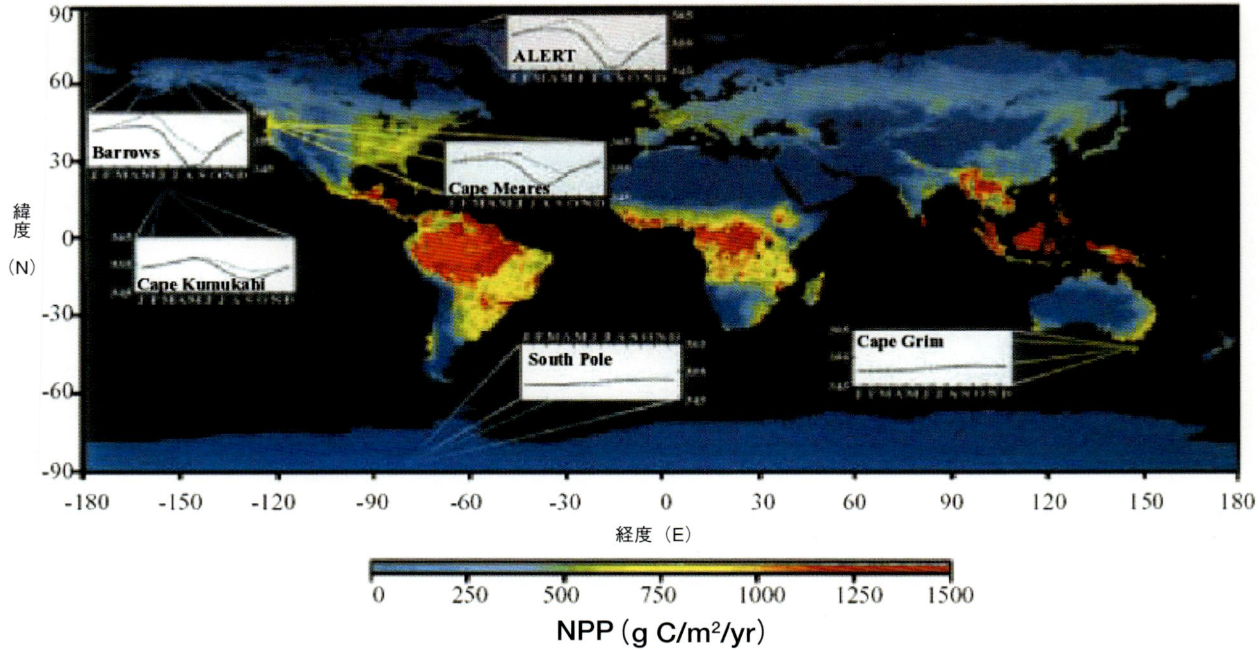


**口絵 13**　陸面-植生科学フィールド検証サイト（本文 p. 137 参照）

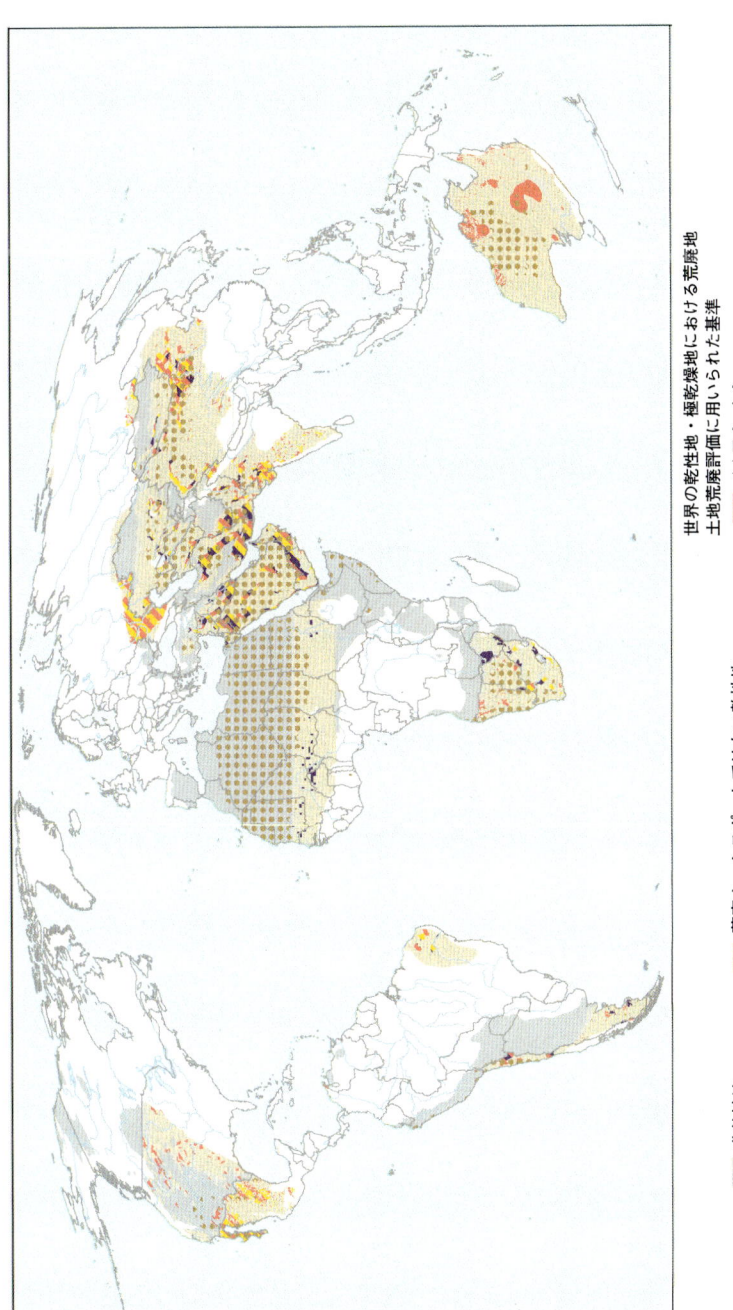

口絵14 世界の乾性地において1980～2000年に荒廃した地域（Lepers and others 2005，本文 p. 149 参照）

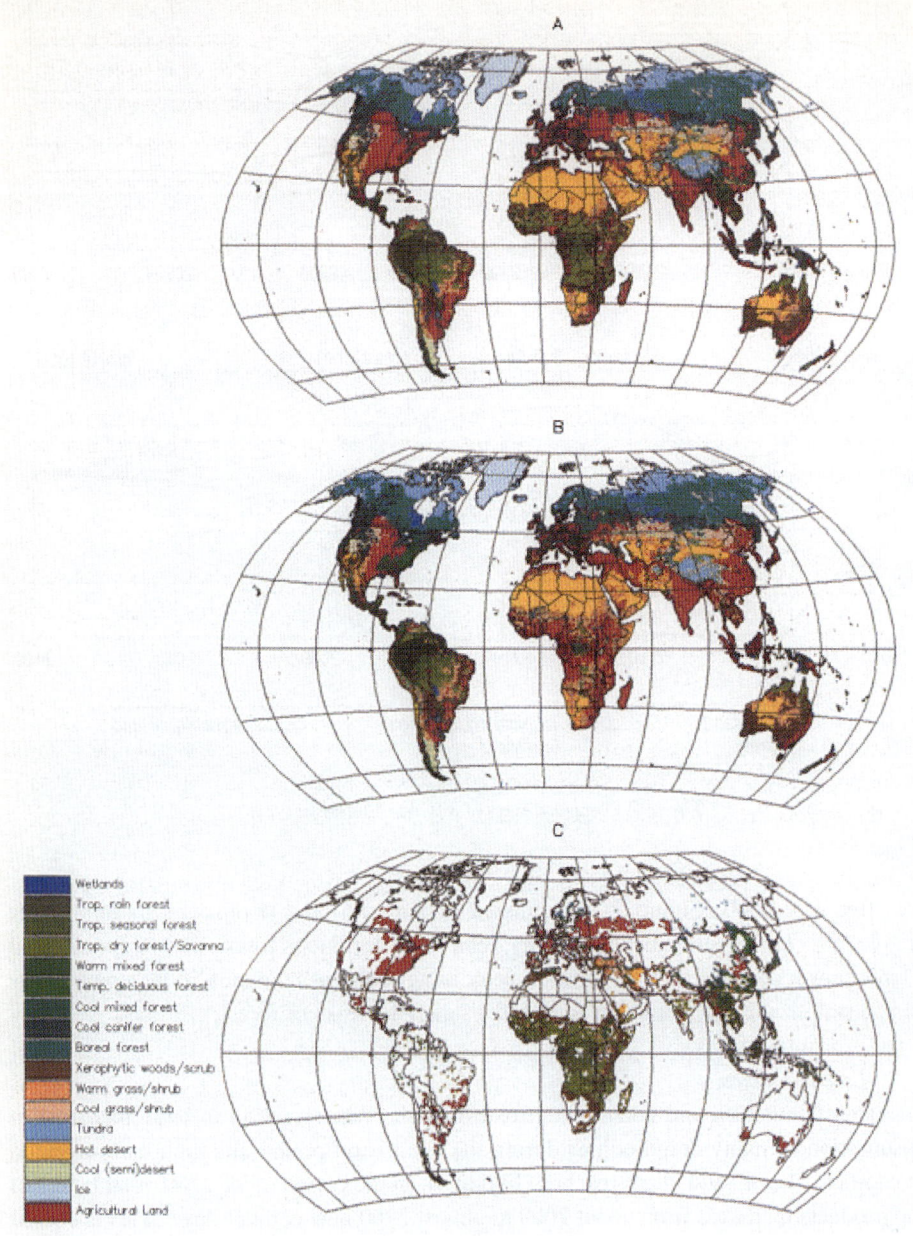

口絵15 IMAGE 2.0 により推定された土地被覆型（Alcamo 1994，本文 p. 171 参照）
A：1990年，B：2050年，C：1990〜2050年の変化部分．

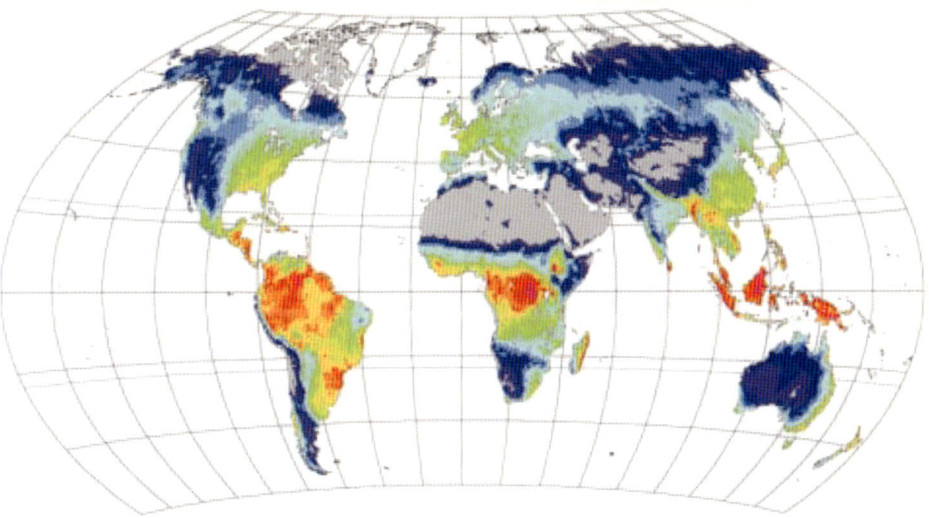

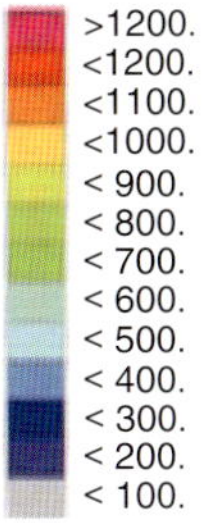

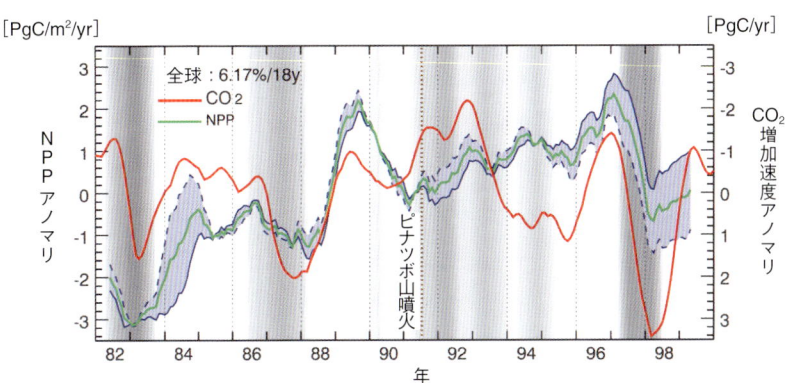

**口絵 16** 全モデルの平均として推定された年純一次生産力 ($g\ C/m^2$) (Cramer and others 1999, 本文 p. 190 参照)

**口絵 17** 大気 $CO_2$ 増加速度に対比させた全球 NPP の 1982 年から 1999 年にかけての年次間変動 (Nemani and others 2003, 本文 p. 192 参照)

全球 NPP アノマリのトレンドを GIMMS (青い実線), PAL (青い点線), その平均 (緑の線) で示した. (上下反転させた) $CO_2$ 増加速度を赤で示した. 増加速度 (ppm) を 2.12 Pg/ppm の変換係数により PgC に変換した. 平均 NPP は 54.5 PgC/yr. 平均 $CO_2$ 増加速度は 3.2 PgC/yr. ENSO (エルニーニョ南方振動) 指数 (MEI) を, 灰色のスケールで示した. 灰色が濃いほどより高い MEI 値をあらわす.

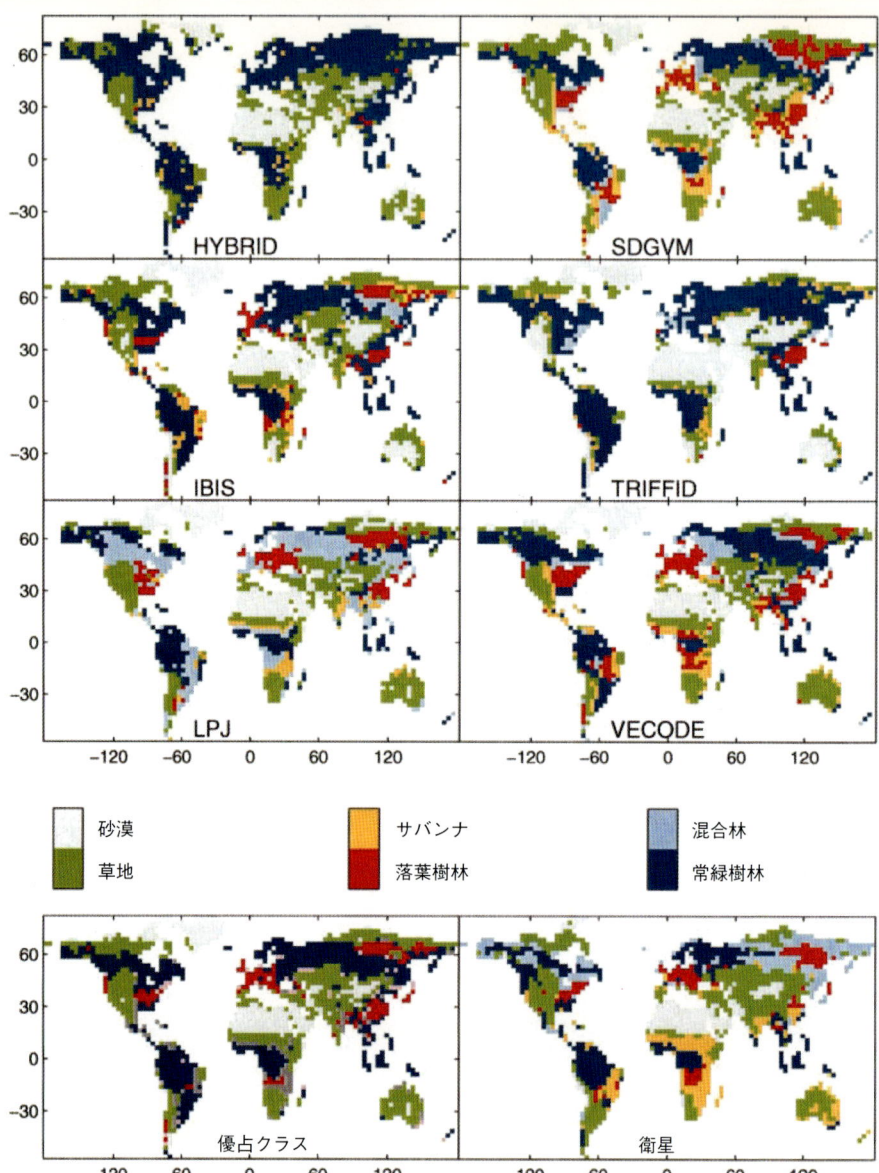

**口絵18** 六つのDGVM（動的全球植生モデル）によってシミュレートされた潜在自然植生
（Cramer and others 2001，本文 p. 193 参照）
左下のパネルの中の「優占クラス」は，各グリッドセルにおける最多のモデルによって推定された植生クラス．右下のパネルはNOAA/AVHRR衛星画像から推定された自然植生の単純化された地図で，各グリッドセルにおいてもっとも普通に生じる非農業植生型にもとづき，経験的なアルゴリズムによって耕地を除き，自然植生を同定したDISCoverデータセットから導かれたもの．

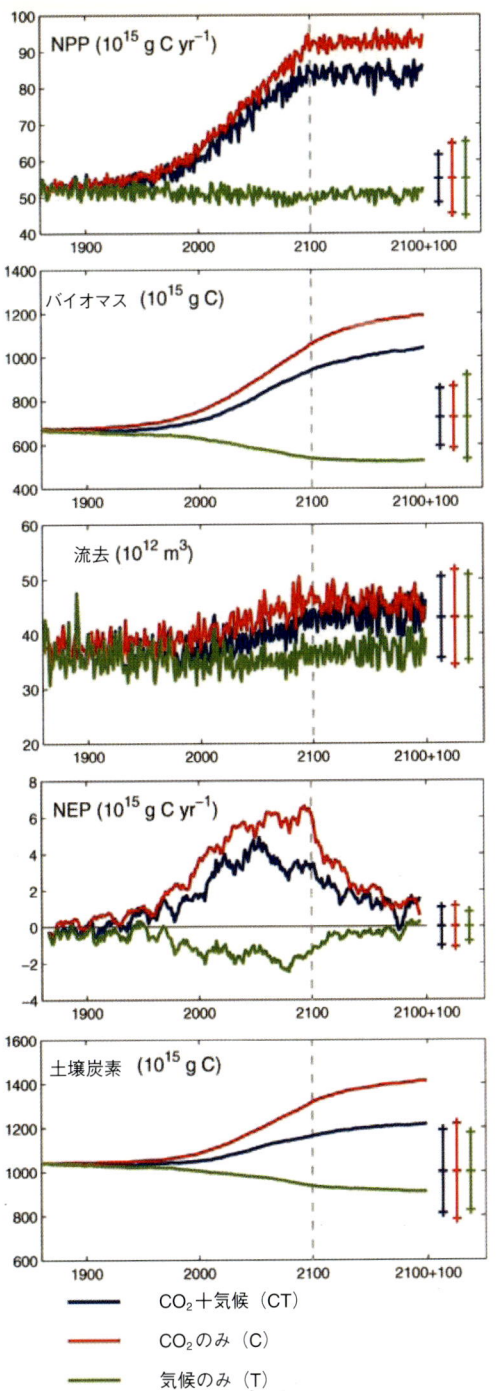

**口絵19** 三つの実験に対してシミュレートされた全球純一次生産力 (NPP), バイオマス, 流去のモデル間平均値 (VECODE は流去を計算しない), 純生態系生産力 (NEP：10年間平均), および, 土壌炭素 (Cramer and others 2001, 本文 p. 193 参照)
エラーバーはモデル間の偏差をあらわす (時間的に平均された SD).

シリーズ〈緑地環境学〉 **1**
武内和彦＝編集

# 緑地環境の
# モニタリングと評価

恒川篤史 著

朝倉書店

# シリーズ〈緑地環境学〉刊行に寄せて

　緑とオープンスペースからなる緑地は，人間生活に欠かせない環境資源である．しかし，20世紀後半の日本では，市場原理と土地神話に脅かされて，緑地は，無残にも減少と荒廃を繰り返した．この兆候は21世紀に入った今日も消えたわけではない．しかし，その激しさは地価の下落等で明らかに鈍化している．また，長期的には顕著な国土の人口減少期を迎え，都市部でも大量の土地が余ると予想されている．やっと緑地の意義を落ち着いて見直す時期になったのである．

　現代社会における緑地の意義としては，まず，環境問題解決への貢献があげられる．森林や草原を含む地球規模の緑地の保全と創造は，地球温暖化や砂漠化の防止につながる．一方，大都市に眼を転じると，人工物と排熱の増加によるヒートアイランド現象が進み，それを緩和するための都市緑化の推進が求められている．都市郊外部では，スプロールによる無秩序な土地利用を再編し，緑豊かな環境の再生が望まれている．また，農村では，里山の生き物の多くが絶滅の危機を迎えており，農林業の多面的機能を活かしつつ，生き物と共存できる環境整備が急務である．

　現代社会における緑地のもう一つの意義は，それが人間性回復の大きな手がかりになるということである．モノの豊かさから心の豊かさへと人々の価値観が移る中で，心の安らぎを与える「みどり」は貴重である．また本来が「コモン」としての性格を有する緑地は，地域コミュニティ復権の要石としての役割が期待される．これまでは，国や地方自治体が担っていた緑地政策を，地域の人々が一体となったあらゆる主体の協働による取り組みへと，大きく発展させていくことが望まれる．

　本シリーズは，そうした時代の転換期において，緑地環境の現状と課題を正しく理解し，その保全・再生・創造のための具体的な政策を提言することを目的と

して企画された．内容面では，環境モニタリング，地理情報システム，生態系ネットワーク，環境アセスメント等，最新の科学技術的知見に基づき，地球環境問題，自然環境の喪失，少子高齢化，都市農村の疲弊化等，現代の重要な政治社会的問題の解決に資する「緑地環境学」の体系的提示を目指して，各巻を構成した．

　各巻の著者は，いずれも，東京大学緑地学研究室（現在は緑地創成学研究室）を巣立った気鋭の研究者である．かつてこの研究室で，新しい時代の到来に期待を膨らませながら研究に励んだ著者たちが，それぞれが見出した職場において発展させてきた研究成果をもとに本シリーズがまとめられたことは，この研究室に今も身をおく者としては，嬉しい限りである．この企画を進めていただいた朝倉書店編集部に心より御礼申し上げたい．本シリーズが，緑地環境分野の発展に寄与することを心より願うものである．

　　2004年9月6日

武内　和彦

# まえがき

　私たちの住むこの地球は病んだ患者のようだ．地球温暖化，オゾン層の破壊，生物多様性の喪失，酸性雨，熱帯林の破壊，砂漠化……満身創痍と言ってよいかもしれない．

　もしも，あなたが地球を診る医者だったなら，患者（地球）を前にして，まず何をするだろうか．

　飲み薬を与えて服用するように言うだろうか？　傷口に薬を塗り込むだろうか？　メスを取り出して患部を切り出すだろうか？

　いや，そうではあるまい．まず第一にすることは患者の顔色をじっくりと観察し，脈をとり，体温を測る．そう，まず診断から始めるに違いない．治療はその次だ．

　本書は，この病んだ地球の疾患（緑地環境問題）に対する診断法，すなわち緑地環境のモニタリングと評価の方法について論じるものである．この本の中では新しい情報技術をふんだんに取り入れた最先端の「診断法」について解説するが，技術だけを取り出して述べるものではない．

　本書のねらいは，モニタリングや評価の背景にある，問題（どのような環境問題を解決しなければならないか）―科学（問題を解決するには，どのようなメカニズム・プロセスを解明する必要があるのか）―技術（問題をどのような方法でモニタリング・評価するのか）の3者の間の経路（パス）を示すことである．

　本書の内容は私が担当している東京大学の「保全情報学」および千葉大学の「緑地保全技術学Ⅱ」の講義をベースとしており，緑地環境関係の学生，大学院生を本書の主たる対象として記述している．そのため，できるだけわかりやすい表現をこころがけるとともに，読者が内容を理解しやすいように計算の過程や図化の方法を要所に書き込んだ．

　本書の構成としては，第Ⅰ部では本書で扱われるいくつかの用語を定義するとともに，緑地環境をモニタリング・評価することの意義を論じる．とくに最近，注目されている環境保全におけるマネジメントサイクルの考え方を紹介しつつ，

保全情報学からのアプローチの有効性を論じる．

　第II部ではGISを用いた緑地環境の評価について論じる．本書では基本的にGISの「ユーザ」という立場をとっている．GISを用いることの最も本質的な意義は，GISを用いなければできないこと，すなわちその空間解析機能を用いた空間パタンの定量化や空間特徴のもつ意味の評価にあると私は考える．そのため「GISによる〜」と書きながら，内容としては（GISそのものというよりは）緑地環境における空間パタンのもつ意味（たとえば景観のパタンや景観連結性）の説明に多くのページを割いた．

　第III部ではリモートセンシングを用いた緑地環境のモニタリングについて論じる．内容的には土地被覆，植生，生態系の機能，広域的な砂漠化を対象とする．リモートセンシングについてまったく知識がない読者にも，後半で論じる専門的な内容が理解できるよう，前半（第6章および第7章）では基礎的な事柄から詳しく説明した．

　第IV部では緑地環境に関する数値モデルと緑地環境の指標について論じる．モデルについては土地利用のモデルと生態系のモデルをとりあげた．それぞれそれだけで大部の本が書けてしまうような広がりをもつが，これまで国内ではあまり紹介されてこなかったのではないかと思う．そこで個々のモデルを詳述するというよりはモデル開発の全貌を紹介することを優先し，このようなモデルがどのように使われるのか，モデルによって何を知ることができるのかを示した．

　以上のように本書では緑地環境とかかわるさまざまな問題（アメニティの喪失，生物多様性の減少，砂漠化，地球規模の気候変動等）を扱っているが，それらを体系的に論じるというよりは（筆者の理解の範囲内で）トピック的に記述したような内容となっている．したがって，第1章から順に読んでいただいてもかまわないし，あるいは関心のある章を拾い読みしていただいても，理解に差し支えはないと思われる．

　本書は「緑地環境のモニタリングと評価」というタイトルではあるが，内容的には，第1章でも述べるように保全情報学の分野に限定されている．さらにあまりに情報学として一般的な部分，たとえばGISにおけるデータ構造，リモートセンシングにおける幾何補正のような部分は省いた．逆に高度に専門的な内容も避けた．そして，環境保全の現場が抱えるニーズと保全情報学が与える技術的な解との間の両者を結ぶ道筋をできるだけ示すことを試みた．情報技術に重きを置いている人にとっては，個別情報技術が緑地保全にどう役立つのかがわかるよう

に．環境問題の解決に立ち向かっている人にとっては，問題の解決に役立つような技術的な解を提供するようにと．これを読んだ読者が興味をもち，よし私もやってみよう，という気になっていただければ望外の喜びである．

　また行政担当者，コンサルタンツの方にとってはもとより，環境にかかわる研究者にもおそらく興味をもってもらえるような，先端的な研究事例を多く盛り込んでいる．科学における知の主体は，蓄積された論文，とくにピアレビューされた論文に記述されている知識が体系化されたものである．そのような認識のもとに，できるだけ一次文献にもとづき，実証的なデータを示すことによって，理論の背景にある科学的根拠を示そうとした．

　上にも述べたように，本書では平易な記述を優先させ，例外的な事項，高度に専門的な事項についてはあえて書き込まなかった．そのため，やや正確さに書ける記述があることは重々承知している．そのような点については，上述したような事情を斟酌していただければ幸いである．

　本書が，「シリーズ〈緑地環境学〉」の一冊として，緑地環境に関連する人々に広く読まれることを願うとともに，本シリーズを企画され，私に執筆の機会を与えてくださった，東京大学の武内和彦教授，日頃，研究を通じてお世話になっている皆様，文献入手にご協力いただいた北川淑子さん，また編集に力を貸してくださった朝倉書店編集部に深くお礼申し上げます．

　2005 年 8 月

恒 川 篤 史

# 目 次

## I．イントロダクション

**第1章　緑地環境のモニタリングと評価とは** ········· 2
　1.1　緑地と緑地環境 ················· 2
　1.2　モニタリングと評価 ············· 4
　1.3　保全情報学の体系化にむけて ····· 6
　1.4　緑地環境保全の基本原則 ········· 9
　　1.4.1　環境保全におけるマネジメントサイクル ········· 10

## II．GISによる緑地環境の評価

**第2章　景観生態学とGIS** ············ 14
　2.1　ランドスケープとは ············ 14
　　2.1.1　パッチ-コリドー-マトリクスモデル ············ 16
　2.2　パッチの大きさ ················ 17
　　2.2.1　LOSとSLOSS ··············· 17
　　2.2.2　島嶼生物地理学の理論 ······ 17
　2.3　パッチの質 ···················· 18
　　2.3.1　パッチにおける種多様性 ···· 18
　　2.3.2　攪　乱 ···················· 19
　　2.3.3　周縁効果 ·················· 19
　2.4　コリドー ······················ 20
　　2.4.1　コリドーの機能 ············ 20
　　2.4.2　コリドーの質 ·············· 21
　2.5　モザイク ······················ 21
　　2.5.1　種の移動 ·················· 21

2.5.2　生息地の分断化，孤立化 ………………………………… 21
2.6　GISによる景観の解析 ……………………………………………… 22

# 第3章　景観連結性の評価 …………………………………………… 27
3.1　地域計画における緑地ネットワークの意義 ……………………… 27
　3.1.1　緑地のネットワーク化 ………………………………………… 27
　3.1.2　緑地ネットワークの意義 ……………………………………… 28
3.2　景観連結性 …………………………………………………………… 28
3.3　景観の機能的連結性に関する研究事例 …………………………… 33
　3.3.1　小鳥を対象として個体群統計モデルを用いた研究 ………… 33
　3.3.2　ネズミを対象として遺伝学的手法を用いた研究 …………… 35
　3.3.3　大型哺乳類を対象としてテレメトリを用いた研究 ………… 37
3.4　緑地ネットワークの設計・計画 …………………………………… 37
　3.4.1　アカシカを指標種とした生態学的ネットワークの解析 …… 39
　3.4.2　GISを用いた連結された景観の特定とその保全 …………… 41
　3.4.3　生物多様性保全のための7段階地域計画フレームワーク … 42

# 第4章　生物生息環境の定量的評価 ……………………………… 46
4.1　生物生息環境の定量的評価の意義 ………………………………… 46
4.2　定量的評価の方法 …………………………………………………… 47
　4.2.1　生息地の物的環境の評価 ……………………………………… 47
　4.2.2　生息種の観点からの評価 ……………………………………… 47
　4.2.3　環境アセスメントにおける生態系の評価 …………………… 48
　4.2.4　ドイツにおけるビオトープの評価 …………………………… 50
4.3　GISによる生息地適性の評価 ……………………………………… 50
　4.3.1　生息地分布モデル ……………………………………………… 50
　4.3.2　希少猛禽類を対象とした生息環境の評価——クマタカの事例 … 53
　4.3.3　HEP/HSIにおける猛禽類の生息環境評価——ハクトウワシの
　　　　　事例 …………………………………………………………… 54
4.4　個体群存続可能性分析（PVA） …………………………………… 57
　4.4.1　PVAの事例 ……………………………………………………… 58
　4.4.2　PVAは有用か否か？ …………………………………………… 61

4.5　不確実性の問題 …………………………………………………… 63
　　4.5.1　IPCC における不確実性への対処 ……………………………… 65

## 第 5 章　環境評価システムと意思決定 ……………………………… 70
　5.1　環境評価システムの発展とその動向 ……………………………… 71
　　5.1.1　GIS を用いた環境評価システムの事例 ………………………… 71
　　5.1.2　環境評価システムの発展 ………………………………………… 72
　5.2　環境評価システムの機能と役割 …………………………………… 73
　5.3　緑地のもつ環境保全機能評価の事例 ……………………………… 76
　5.4　意思決定と環境評価システム ……………………………………… 77
　　5.4.1　今後の課題 ………………………………………………………… 78

# Ⅲ．リモートセンシングによる緑地環境のモニタリング

## 第 6 章　土地被覆のリモートセンシング ……………………………… 82
　6.1　土地利用と土地被覆 ………………………………………………… 82
　6.2　リモートセンシングからみた土地被覆の特徴 …………………… 83
　　6.2.1　分光反射特性 ……………………………………………………… 87
　　6.2.2　分光反射特性の季節変化 ………………………………………… 89
　　6.2.3　波長帯とセンサのバンド ………………………………………… 90
　　6.2.4　土地被覆の分類方法 ……………………………………………… 90
　　6.2.5　センサの空間解像度 ……………………………………………… 91
　6.3　全球的な土地被覆分類 ……………………………………………… 92
　　6.3.1　MODIS プロダクト ………………………………………………… 94
　　6.3.2　MODIS-1 km 土地被覆・土地被覆変化（MOD12）……………… 98
　　6.3.3　MODIS-250 m 植生変化（MOD44）……………………………… 99

## 第 7 章　植生のリモートセンシング …………………………………… 101
　7.1　植生図の作成方法 …………………………………………………… 101
　　7.1.1　現存植生図とは …………………………………………………… 101
　　7.1.2　リモートセンシングによる植生図化の方法 …………………… 102
　7.2　植生の分光反射特性 ………………………………………………… 102

7.2.1　QuickBird衛星／マルチスペクトルセンサ画像の例 ……… 103
　7.3　さまざまな分光植生指数 ……………………………………………… 104
　　7.3.1　比植生指数 ………………………………………………… 105
　　7.3.2　正規化差植生指数 ………………………………………… 105
　　7.3.3　垂直植生指数 ……………………………………………… 106
　　7.3.4　土壌調整植生指数 ………………………………………… 107
　　7.3.5　MRVI ……………………………………………………… 108
　　7.3.6　タッセルドキャップ分析 ………………………………… 108
　7.4　放射輝度と反射率 …………………………………………………… 109
　　7.4.1　TOA-NDVIとTOC-NDVI ……………………………… 109

## 第8章　リモートセンシングによる生態系機能の観測 ……………… 113
　8.1　EOS計画とEOS科学計画の概要 …………………………………… 113
　　8.1.1　EOS計画とは ……………………………………………… 113
　　8.1.2　EOS科学計画とは ………………………………………… 114
　8.2　植生分野における観測項目 ………………………………………… 121
　　8.2.1　土地被覆 …………………………………………………… 121
　　8.2.2　植生構造 …………………………………………………… 122
　　8.2.3　植生フェノロジー ………………………………………… 125
　　8.2.4　純一次生産力（NPP）……………………………………… 126
　　8.2.5　地域的週間応用プロダクツ ……………………………… 131
　　8.2.6　生物地球化学 ……………………………………………… 131
　　8.2.7　陸域生物圏動態の予測 …………………………………… 132
　8.3　地表面属性の定量化 ………………………………………………… 134
　　8.3.1　EOSセンサ ………………………………………………… 134
　　8.3.2　補助的データセット ……………………………………… 135
　8.4　検証のためのフィールド観測 ……………………………………… 136
　8.5　陸域科学モデリング計画 …………………………………………… 137
　　8.5.1　PILPS ……………………………………………………… 137
　　8.5.2　VEMAP …………………………………………………… 137
　　8.5.3　PIK-NPP ………………………………………………… 137

## 第9章 リモートセンシング・GIS を用いた広域的な砂漠化の評価 ……… 140
- 9.1 砂漠化とは ……………………………………………………… 140
- 9.2 砂漠化の広域的評価の事例 …………………………………… 141
  - 9.2.1 1977 年国連砂漠化会議で公表された評価 ……………… 141
  - 9.2.2 1984 年 UNEP 管理理事会に報告された評価 …………… 142
  - 9.2.3 1992 年地球サミットに報告された評価 ………………… 142
  - 9.2.4 UNDP/WRI によるアフリカ・アジア・ラテンアメリカの乾性地人口の評価 …………………………………………… 146
  - 9.2.5 Eswaran による世界の土壌荒廃の評価 ………………… 147
  - 9.2.6 FAO・UNEP による乾性地土地荒廃評価 ……………… 148
  - 9.2.7 ミレニアムエコシステムアセスメント ………………… 148
  - 9.2.8 LUCC プロジェクトによる土地利用・土地被覆変化の評価 ……… 149
  - 9.2.9 生物生産力にもとづくアジアの砂漠化評価 …………… 149
- 9.3 砂漠化評価の方法論に関する論点 …………………………… 150
- 9.4 広域の砂漠化評価のあり方 …………………………………… 151

# IV. 緑地環境のモデルと指標

## 第10章 土地利用のモデル ………………………………………… 154
- 10.1 統計モデルおよび計量経済モデル …………………………… 157
  - 10.1.1 統計モデル ………………………………………………… 157
  - 10.1.2 計量経済モデル …………………………………………… 158
- 10.2 空間的相互作用モデル ………………………………………… 158
- 10.3 最適化モデル …………………………………………………… 159
  - 10.3.1 線形計画モデル …………………………………………… 159
  - 10.3.2 動的計画モデル …………………………………………… 159
  - 10.3.3 目標計画モデル，階層計画モデル，1次・2次割当問題モデル 160
  - 10.3.4 効用最大化モデル ………………………………………… 160
  - 10.3.5 多目的／多基準意思決定モデル ………………………… 161
- 10.4 統合モデル ……………………………………………………… 161
  - 10.4.1 計量経済型統合モデル …………………………………… 162
  - 10.4.2 重力／空間的相互作用型統合モデル …………………… 162

|     10.4.3 シミュレーション統合モデル ……………………………… 163
|     10.4.4 投入産出型統合モデル …………………………………… 171
|  10.5 その他のモデリングアプローチ ………………………………… 174
|     10.5.1 自然科学指向のモデリングアプローチ ………………… 174
|     10.5.2 土地利用変化のマルコフ連鎖モデル …………………… 174
|     10.5.3 GIS ベースのモデリングアプローチ …………………… 174

## 第 11 章 生態系の数値モデル …………………………………………… 180
  11.1 陸域の炭素収支 …………………………………………………… 180
     11.1.1 陸域生態系の炭素収支を見積もる方法 ………………… 182
  11.2 生態系プロセスモデル …………………………………………… 185
  11.3 全球 NPP の推定………………………………………………… 190
  11.4 将来の気候変化に対する生態系応答の予測 …………………… 192

## 第 12 章 緑地環境の指標 ………………………………………………… 196
  12.1 環境指標とは ……………………………………………………… 196
     12.1.1 環境指標とは …………………………………………… 196
     12.1.2 環境指標の分類 ………………………………………… 197
     12.1.3 環境指標の効用 ………………………………………… 200
     12.1.4 日本における環境指標の発展 ………………………… 201
  12.2 さまざまな環境指標 ……………………………………………… 203
     12.2.1 快適環境指標 …………………………………………… 203
     12.2.2 環境基本計画における環境指標 ……………………… 204
     12.2.3 エコロジカルリュックサック／隠れたフロー ……… 205
     12.2.4 環境資源勘定 …………………………………………… 208
     12.2.5 CSD の指標リスト ……………………………………… 209
     12.2.6 OECD 環境指標 ………………………………………… 209
  12.3 緑地環境の指標 …………………………………………………… 213
     12.3.1 生態学的指標 …………………………………………… 213
     12.3.2 エコロジカルフットプリント ………………………… 218

あとがき ……………………………………………………………………… 227

目次

初出誌一覧 …………………………………………………… 230
さらに学びたい人のために …………………………………… 231
対　訳　表 …………………………………………………… 236
索　　　引 …………………………………………………… 240

# I． イントロダクション

# 1 緑地環境のモニタリングと評価とは

## 1.1 緑地と緑地環境

　緑地という言葉は，あまりに平易である．しかし，一般の人が「緑地」と言われて想像するイメージと，学術用語としての「緑地」の間にはやや隔たりがあるように感じる．

　学術用語としての「緑地」とは，もともとはドイツ語の "Grünflächen" の訳語であり，大正末期，当時内務省の官僚だった北村徳太郎が考案した用語である．その初出については，1924年7月の「都市公論」だとされている（佐藤 1977）．

　当時の緑地に関する定義の代表的なものとしては，1933年に東京緑地計画協議会（都市計画東京地方委員会に1932年に設置された協議会）で決定された事項の中に，「緑地ノ意義ニ関スル件」として以下のように記述されている（東京緑地計画協議会 1939）．

　　「緑地トハ其ノ本来ノ目的ガ空地ニシテ宅地商工業団地及頻繁ナル交通用
　　地ノ如ク建ペイセラレザル永続的ノモノヲ謂フ」

　この定義の要点は，建ぺい地でないこと，交通用地でないこと，永続的なものであること，の3点である．この3要件は現在の緑地の定義にもあてはまると思われるが，自然性についてはとくに言及されていないことに注意しておこう．

　つぎに，法律に記述されている「緑地」について紹介する．

　都市計画法（1968年制定）および都市公園法（1956年制定）に記述されている「緑地」は，地方公共団体などが土地に関する権限を取得し，施設として積極的に整備し，管理するもので「施設緑地」を意味する．これは，公園と同じような機能を有するが，公園とは違って，通常，公園施設はほとんど設けず，自然的

な状態を維持したものをいう．

また都市緑地法（旧「都市緑地保全法」1973年制定，2004年改正にともない名称変更）では「緑地」を「樹林地，草地，水辺地，岩石地若しくはその状況がこれらに類する土地が，単独で若しくは一体となって，又はこれらに隣接している土地が，これらと一体となって，良好な自然的環境を形成しているものをいう」と定義している．これは，首都圏近郊緑地保全法（1966年制定）に規定される近郊緑地の概念とほぼ同義であり，広義の緑地概念に相当し，また一般の人々が「緑地」に対して抱くイメージとも近いと思われる．

ここで概念をさらに明確化するために，緑地と類似する「緑被」という言葉と比べてみよう（図 1.1）．緑被とは，植物によって覆われている土地をさし，これは土地被覆（地上の表面被覆の物的状態）上の概念である．それに対して，緑地は，基本的には土地利用（人が土地を使う用途）上の概念と考えられる（土地被覆と土地利用の違いについては第6章参照）．

以上のことから，緑地とは土地利用上の一形態であり，その要件は以下の3点と考えられる．

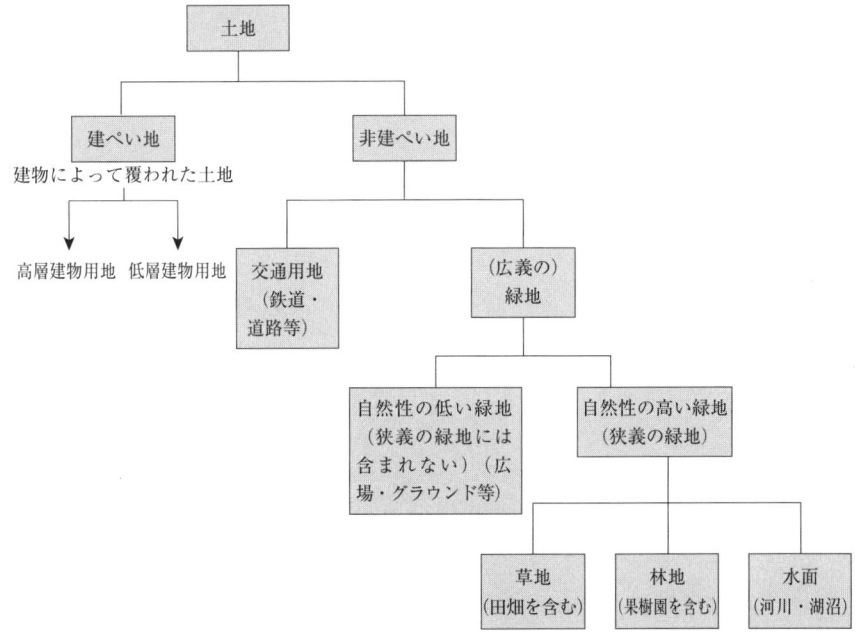

図 1.1　緑地のとらえ方

① 建築物の建てられていない土地，すなわち非建ぺい地であること
② 道路，線路のような交通用地でないこと
③ 本来の目的が空地であり，永続的なもの．すなわちいわゆる空き地，空閑地とよばれるような，土地利用上の過渡的な土地，保留地ではないこと

上記の3点に加えて，たとえば都市緑地法で規定される緑地には以下の自然性が加わる．

④ 良好な自然環境を形成していること．ただしここで言う自然環境とは必ずしも緑（植物）の存在を前提とするものではない．たとえば（一般の人々には理解しにくいかもしれないが）水面も緑地に含まれる．

この4番目の要件については，これを除外して考えることもあり，たとえば広場や運動場は自然性の低い，永続的な非建ぺい地であるが，これを緑地に含めることもあり（広義の緑地），含めないこともある（狭義の緑地）．

一方，本書のタイトルでは緑地ではなく「緑地環境」という言葉を用いている．これにはふたつの理由がある．

ひとつは，内容的な理由である．本書がモニタリングや評価の対象としているのは，土地利用としての緑地というよりは，もう少し幅広く，緑地を構成する植物，土壌，気候，地質なども含めた環境の総体，すなわち緑地環境だと考えられるためである．

もうひとつは，視点・姿勢からの理由である．モニタリング・評価をおこなう際に，漠然と緑地を見るのではなく，一定の問題意識をもちつつ緑地環境を見るというのが本書の基本的姿勢であり，そのことを暗に伝えたかったためである．開発行為や砂漠化，森林破壊による緑地環境の喪失，これは端的に言えば自然環境の破壊であり，それにより生物生息空間としての機能や，炭素吸収源としての機能，アメニティを創出する機能など，緑地のもつさまざまな環境保全機能が失われてしまう．そのようなことが起こらないよう，緑地環境を健全に維持しようという意識を根底にもちつつ，緑地環境を評価・モニタリングする，というのが本書の姿勢である．

## 1.2 モニタリングと評価

つぎにモニタリングと評価という用語について，その概念を整理する．

以前，私も参加してまとめた地球環境モニタリングに関する報告書（三菱総合研究所 2000）では，国内外の研究，調査，事業等におけるモニタリング関連の用語例を広くレビューして，以下のようにまとめている．

　まずモニタリング（monitoring）についてだが，これに類する言葉として英語では"measurement"，"watch"，"observation"がある．

　"monitoring"は，環境保護を目的として，長期的に観測をおこなうことに対して使われることが多い．個々の測定行為をさす場合もあれば，個別の項目におけるデータの測定自体は"measurement"を用い，事業全体に対し"monitoring"を用いている場合もある．"watch"は，"monitoring"と同様の意味合いをもち，測定や評価を含む活動の総称として事業名にも用いられているが，"monitoring"と異なり，個々の測定に対しては用いられていない．"observation"は，事業名や個々の観測行為に対しても用いられている．"monitoring"は「監視」，"observation"は「観測」と対応づけられることが多い．

　モニタリングに関連する日本語としては，「測定」「調査」「監視」「観測」がある．

　「測定」は，個別の項目におけるデータの一次的取得に対して使用されている．「調査」は「モニタリング」と近いが，傾向としては，継続的に測定するものでないものに「調査」が使用され，すでに測定の対象が明確化しているものに対して，その変化を追跡する場合に「モニタリング」が使用されている．「監視」は，環境の保護という目的をもち，政策的対応を前提に，物理的・化学的・生物的現象および環境の状態や変化に対し，長期的かつ定期的に繰り返し測定されたデータを評価する行為である．「観測」は，物理的・化学的・生物的現象および環境の状態や変化を観察し，これらを解明するための行為である．個々のデータの測定に用いることもある．

　つぎに「評価」について考察を加える．

　日本語の「評価」に対応する言葉として，英語には"evaluation"，"assessment"，"appraisal"，"estimation"などがある．これらは価値や意義の判断とかかわる言葉だが，以下のような違いがある．

　"appraisal"は，専門家の判断を強調し，不動産の価値の評価・鑑定のような場面で使われることが多い．"estimation"は通常，主観的でいくらか不正確な判断を意味する．このふたつは本書の意図とはややニュアンスが異なる．

"evaluation" と "assessment" は一般用語としては，前者は成績の評価などの場面に，後者は課税額の評価（査定）などの場面で多く使われる．

環境分野では両者ともに使われるが，おおよそ "assessment" は環境アセスメントのようにこれからおこなう対象の状況や影響の評価に用いられることが多い．これに対し，"evaluation" は結果や成績の評価，総合的な評価に用いられることが多い．"assessment" を事前評価，"evaluation" を事後評価と訳すこともある．

いずれにしても，モニタリングが監視をするという，それ自体は価値判断をともなわない行為であるのに対して，評価は，その監視の結果得られた環境の状況や変化に関する情報をもとに，一定の価値基準にもとづいて判断を加える行為である．

以上のことから，本書では，緑地環境のモニタリングと評価を，「良好な緑地環境の保全を図るため，緑地環境の悪化を引き起こす原因およびその影響，緑地環境の現状に関する定量的な状態監視と緑地のもつさまざまな環境保全機能の評価をおこなうこと」と定義する．

## 1.3 保全情報学の体系化にむけて

「保全情報学（Conservation Informatics）」とは聞き慣れない言葉だと思う．もともと諸外国で使われている「Conservation GIS（保全 GIS)」という用語に着想を得て，私が創り出した言葉である（GIS については第 2 章参照）．私は保全情報学を「情報技術を駆使して環境保全を目指す学際的研究分野」ととらえている．本書は，保全情報学の主要な技術要素であるリモートセンシング，GIS，数値モデルを軸に構成されている．一方，従来型の調査手法，たとえば植生調査，土壌調査等についてはほとんどふれていない．

ここで環境保全における保全情報学の意義をふたつの側面から説明したい．

第一の側面は，環境問題における情報の重要性である．たとえば 1992 年 6 月，ブラジルのリオ・デ・ジャネイロにおいて開催された国連環境開発会議（United Nations Conference on Environment and Development : UNCED，いわゆる「地球サミット」）で採択された「環境と開発に関するリオ・デ・ジャネイロ宣言」では以下のように記されている．

「第 10 原則　環境問題は，それぞれのレベルで，関心のあるすべての市民

が参加することにより最も適切に扱われる．国内レベルでは，各個人が，有害物質や地域社会における活動の情報を含め，公共機関が有している環境関連情報を適切に入手し，そして，意思決定過程に参加する機会を有しなくてはならない．各国は，情報を広く行き渡らせることにより，国民の啓発と参加を促進し，かつ奨励しなくてはならない．」

ここでは政府による意思決定過程に，市民が参加していくためには，十分な情報が提供されることが不可欠だと指摘されている．さらに地球環境保全のための行動計画である「アジェンダ21」（UN 1992）においても，その第40章「意思決定のための情報」で情報の重要性が指摘されている．

また地球サミットの10年後の2002年には南アフリカ共和国のヨハネスブルグで「持続可能な開発に関する世界首脳会議（World Summit on Sustainable Development : WSSD）」が開催された．ここで採択された「WSSD実施計画」においても，情報の重要性が随所に指摘されているが，とくにその第132章では，以下のように地球観測技術を活用した情報収集の重要性が述べられている．

「あらゆるレベルにおける以下の緊急の行動を含め，環境へのインパクト，土地利用及び土地利用の変化に関する高精度なデータを収集するため，衛星リモートセンシング，地球地図，地理情報システムを含む地球観測技術の開発と幅広い利用を推進する．」

このように政府にとってはその合理的な判断の基礎として信頼できるデータと情報を収集することが必要不可欠であり，また住民にとっては政府・企業などの意思決定過程に参加していくためには，十分な情報が提供される必要がある．すなわち地球観測技術などの高度な情報技術を駆使して必要な情報を収集すること，インターネットなどの通信技術を活用して住民に情報を適宜，提供すること，そして得られた情報にもとづいて適切な意思決定をおこなうことが求められている．このような文脈の中で保全情報学の体系化が望まれる．

第二の側面は，情報分野における技術革新がもたらす環境保全のあり方に対する影響である．情報分野では「ムーアの法則」が知られている．これは世界的な半導体メーカーIntel社の創設者の一人であるMoore（ムーア）が提唱した「集積回路あたりのトランジスタの数はおよそ2年で倍増する」という法則である（Moore 1965）．この法則は1965年に唱えられ，現在までほぼあてはまるとされ，情報技術の進歩の速さを端的に示している．またインターネットや携帯電話に代表される情報通信技術の急速な進歩・普及については多言を要しない．2004年度版の

情報通信白書（総務省 2004）によれば，日本のインターネット利用人口は 7,730 万人となり，インターネットの普及率は 60%を突破した．また携帯電話の契約数は 2004 年度末で 8,152 万台となっている．

環境分野でも活用されている情報技術に目を向けると，リモートセンシングによる気象衛星画像はテレビを通じお茶の間に流れ，GIS を活用した地図検索はインターネットや携帯電話でも利用され，GPS（Global Positioning System：全地球測位システム）によるカーナビはタクシーにも普及してきている．このように環境保全にもつながる情報技術の革新は，すでに私たちの日常生活にも深く入り込んでいる．

このようなハードおよびソフトの両面にわたる情報分野の技術革新が環境保全のあり方に及ぼす影響にはどのようなものがあるだろうか．コンピュータの計算速度は高まり，扱える情報量は飛躍的に増えるだろう．しかし重要なのは，このような変化が，速度が速まる，量が大きくなるというような量的な変化にとどまらず，質的にも大きな変化，「パラダイムシフト」とよんでもよいようなドラスティックな変化を引き起こすという点である．

すなわち，第一に情報技術の革新は我々の環境観自体を変えてしまう．もともと人間が知覚し得る環境とは，身の周りの目に見える範囲を基本としているが，これらの技術は地球全体を目の前にくくりだし，提示する．さらに時間的には現在を時間軸上の単なる一断面と位置づけるような見方を可能とする．「仮想現実（virtual reality）」という概念があるが，コンピュータグラフィクスや音響技術などを駆使することにより，人工的に現実感を作り出し，あたかも自分がその世界の中にいるような体験を与えてくれる．

第二に，情報技術の革新は環境保全の枠組み自体を根底から変える可能性をもつ．すなわち環境モニタリング，アセスメント，計画などのそれぞれの場面において，従来の方法とはまったく異なる手法を提供し，制度的な枠組み自体の変更をもうながす．たとえば，第 3 章に示すような GIS を用いた景観連結性の評価や，第 5 章に示すような意思決定あるいは合意形成における情報システムの役割などは，情報技術が環境問題解決の土台を変えてしまう端的な例であろう．

しかし，現時点ではこれらの動きはまだ多くの人には十分理解されておらず，情報技術は単に効率性を高めるだけのものとして認識されているに過ぎないのではないだろうか．情報分野の技術革新の恩恵を，環境保全の進展に十分反映させていくためには，保全情報学を体系化していくことが必要である．言うまでもな

く本書は保全情報学の全貌を明らかにするまでには至っていない．俗語的に表現すれば，タマ出しの段階と言ってよいかもしれない．しかし本書で部分的ながら提示する環境保全の現場がかかえている要望（ニーズ）と，それに対する解（ソリューション）の間の経路（パス）は，今後，さらに拡大していくと思われる．それは私が『環境資源と情報システム』（武内・恒川 1994）を 1994 年に上梓して以来，この 10 年間の身の周りの変化を目の当たりにしての実感であり，確信でもある．

## 1.4　緑地環境保全の基本原則

　緑地環境保全を進めていく上で，とくに留意しなければならないことは何であろうか．これまで環境分野でも，地球サミット（1992 年）で採択された「環境と開発に関するリオ・デ・ジャネイロ宣言（リオ宣言）」における 27 の原則，企業の環境への取り組みに関する倫理原則を述べた「CERES 原則（旧称バルディーズ原則）」，リスクコミュニケーションの原則（アメリカ環境保護局（EPA），日本化学会）など，それぞれの対象に応じた「原則」が提示されてきた．
　私は今日の緑地環境保全においては，以下の三点がとくに大事な要件だと考えている．
　第一に「予防原則」である．開発行為などによって緑地環境に重大な被害が生じる前に予見的・予防的に対処する．またの名を「転ばぬ先の杖」の原則とよびたい．日本は戦後の高度経済成長期，（物質的に）豊かな生活と引き替えに，水俣病やイタイイタイ病を招来したという暗い過去がある．私たちは二度と同じ轍を踏んではならない．そのためには問題が起きてしまってからではなく，起こる前に，そうならないような手を講じる必要がある．
　第二に「随時（逐次）対処原則」である．生物多様性保全の分野では「順応的管理（適応的管理とも言う：adaptive management）」の考え方がよく知られている．実行（管理）の前によく案を練らなければならないのはもちろんだが（予防原則），実行の段階ではその効果や問題点をきちんとレビューし，必要があれば実行策（管理策）を改善していく．これを「石橋を叩いて渡る」の原則とよぼう．「石橋を叩く」とは状況をモニタリングすることだ．モニタリングの結果，この橋はあぶなそうだと思われれば，別の橋を渡る．あるいは橋を補強する．石橋を叩きながら，その都度，行為を柔軟に改めていくのである．

第三に「住民参加原則」，または「三人寄れば文殊の知恵」の原則である．ひとにぎりの「お上(かみ)」や権力者が物事を決めるのではなく，多様な価値観をもつ当事者が意思決定にかかわることで，意思決定の透明性が増すとともに，より妥当な意思決定が期待される．合意形成のあり方をより民主的なものへと変えていき，社会的な弱者に対しても十分に配慮した環境を築いていくことが必要である．

### 1.4.1 環境保全におけるマネジメントサイクル

この3原則を実際に機能させるにはマネジメントサイクルの方法が有効である．

マネジメントサイクルとは，もとはフランスのHenri Fayol（アンリ ファヨール）(1841～1925) が経営管理論として提唱したものだが，その要点は計画（Plan）→実行（Do）→評価（See）という輪（PDSサイクル）をまわしながら，実行の仕方に悪い点があれば，逐次，それを改善していこうとするものである．

近年，さまざまな分野で，このマネジメントサイクルが導入されており，環境分野でも，ISO14001ではこれを取り入れるよう求めている．

従来の考えでは，「実行」の部分にのみ焦点があてられていたが，このマネジメントサイクルでは，実行する前に，何をどう実行するのかをよく吟味し，さら

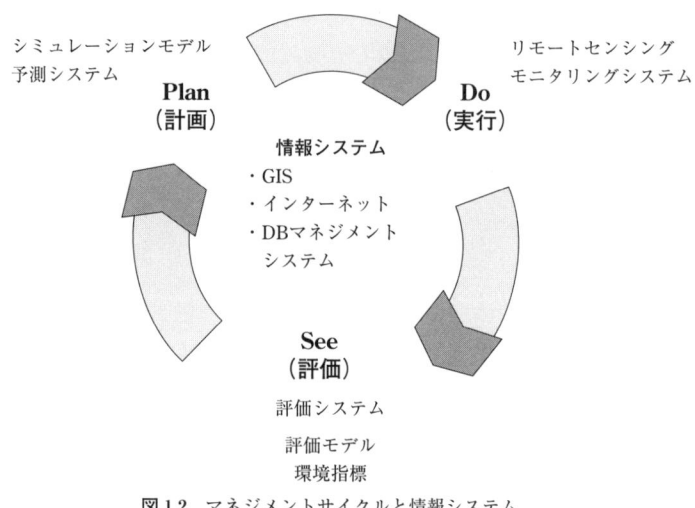

図1.2 マネジメントサイクルと情報システム

に実行の結果をきちんとチェックし，その結果を改善に結びつけていくことで，徐々に実行の効果を改善していく．

情報システムは，マネジメントサイクルに大きく貢献することができる（図1.2）．

まず計画の段階では，どのように実行すればどのような効果が得られるかを前もって知る必要がある．すなわち「予測」の機能が求められるが，これに有効なのがシミュレーションモデルである．

実行の段階では，実行と同時にその効果を監視する必要がある．保全情報学ではさまざまなモニタリングツールを有するが，とくに緑地環境の分野ではリモートセンシングのような広域を効率的に観測することのできるツールが威力を発揮する．

評価の段階では，それまでの結果を体系的に整理して効果を測定することが求められるが，データベースシステムやさまざまな評価モデル，GIS，指標が大きな役割を果たす．

そしてこのようなPDSサイクルを支えるのがGIS，インターネット，データベースマネージメントシステムなどから成る情報システムである．

保全情報学は，情報システムの開発を通して環境保全におけるマネジメントサイクルを支え，ひいては私が緑地環境保全の3原則と考える予防的対処，随時対処，住民参加の進展に大きく貢献することができるのではないかと期待される．

● **参考文献** ●

Moore GE. 1965. Cramming more components onto integrated circuits. *Electronics* **38**(8): 114-117.
[UN] United Nations. 1992. Agenda 21 (available from : http://www.un.org/esa/sustdev/documents/agenda21/index.htm).
佐藤　昌．1977．日本公園緑地発達史（上巻）．東京：都市計画研究所，698 p.
総務省．2004．世界に拡がるユビキタスネットワーク社会の構築（情報通信白書　平成16年版）．東京：ぎょうせい，341 p.
武内和彦・恒川篤史編．1994．環境資源と情報システム．東京：古今書院，219 p.
東京緑地計画協議会．1939．東京緑地計画協議会決定事項集録．東京：東京緑地計画協議会，150 p.
三菱総合研究所．2000．環境庁委託業務報告書　平成11年度地球環境モニタリングに関する基礎調査報告書．東京：三菱総合研究所，229 p.

# Ⅱ．GISによる緑地環境の評価

# 2 景観生態学と GIS

　GIS（Geographic Information System：地理情報システム）とは，空間における位置と関連づけられた情報（地理情報）を処理するためのコンピュータシステムのことである．では GIS を使うことによって，いったい何ができるのだろうか？　GIS を使うことによって手作業に比べてはるかに効率的で安価にきれいな地図を作成することができる．また地図情報の更新も格段に容易となる．しかし GIS を使うことのより本質的な意義は，地理情報を処理することによって，空間パタンを定量化したり，空間パタンと現象との関係性を解析することにあると私は考える．したがって「GIS で何ができるのか？」という問いに答えるためには，まず関心の対象（現象やプロセス）において空間的な位置，配置，パタンがどのような意味をもつのかが説明されなければならない．

　景観生態学は，空間的なパタンがもつ生態学的な意味合いの解明をそのひとつの目的とする学問である．そこで本書では，まず景観生態学の理論を紹介することによって，緑地環境の空間パタンがもつ生態学的な意義を示すことにする．

## 2.1 ランドスケープとは

　ランドスケープ（landscape）とはなにか．
　こころみに辞書（Merriam-Webster's Online Dictionary 〈http://www.m-w.com/〉）を引いてみると，"landscape" は以下のように解説されている．1番目の意味は，「内陸における自然の景色の眺めをあらわす絵画，およびそのような景色を描く芸術」，2番目の意味は，「全体としてひとつの地域の地形，ひとつの場所から一時（いちどき）に見ることのできる範囲の一部分，活動のある特定領域」，3番目の意味は，「ヴィスタ，眺望」となっている．

　一方，動詞では，他動詞としては「植被をあらためることにより（自然の

landscape を）修飾あるいは装飾する」，自動詞としては「庭造り（landscape gardening）に従事する」，という意味をもつ．すなわち「植栽により土地を修景する」という意味であり，日本語の造園に近い意味となる．

またこの"landscape"という英語はもともとオランダ語の"landschap"が語源で，この言葉がはじめに英語として記録されたのは 1598 年，オランダの風景画が盛んだった 16 世紀に，オランダから芸術用語として借用されたという．さらにこのオランダ語の"landschap"は，もとは単純に「地域（region），土地の広がり」という意味だったが，「土地の景色を描く絵画」という芸術上の意味を獲得し，それが英語にもち込まれ，それがさらに現実の景色を意味するようになったとされている（The American Heritage Dictionary of the English Language, 第 4 版〈http://dictionary.reference.com/〉）．

日本では"landscape"は，景観，景域，景相，風景，景色などと訳され，多様な意味で用いられている（沼田 1996）．以下，本書では"landscape"に対して「景観」という訳語をあてるが，基本的には上述した「地域，土地の広がり」に類した意味で用い（詳細は後述），一方，景色，眺めという意味で"landscape"を用いる際には「視覚的景観」と言い分けることにする．景観生態学（landscape ecology：ランドスケープエコロジー）では，森林，草原，湖沼などの比較的均質な空間（生態系）がモザイク状に集合し，一定のパタンを有しているものを landscape とよぶ．すなわち生態系の空間的なモザイクを landscape とよぶのであって，landscape は個々の生態系よりも面積的に広く，それを見る視点はより巨視的となる．景観生態学とはこのような landscape が作る空間的なパタンと生物の生活との関係を研究する学問分野であり，ハーバード大学の Forman ら（フォアマン）は，景観生態学を「相互に作用する生態系から成る異質な土地の範囲の構造，機能，および変化に関する学問」と定義している（Forman and Godron 1986）．

景観を解析するには，それに適した空間スケールが想定される．景観は，その地域の環境特性や土地利用などの人間活動にも依存するから，その空間スケールも，環境特性や人間活動に応じて変化し得るが，およその目安として，地図スケールで言えば，1,000 分の 1 から 10 万分の 1，リモートセンシングで言えば，航空機搭載のセンサから，Landsat（ランドサット）衛星の TM，MSS センサなど（第 6 章参照）が解析に用いられる．

### 2.1.1　パッチ-コリドー-マトリクスモデル

　景観生態学的にものを見るとはどういうことか．高層ビルや展望台のような高い所，あるいは飛行機の上から見た風景を想像してみるとよい．普段，「横から」眺めているときには，目の前にでんとそびえていた森林が，「上から」眺めることにより，その森林が草地や市街地によって周りを取り囲まれていることがわかる．「横から」見るだけでは，森林の輪郭を認識することは困難で，森林は視野の全体を覆っているが，「上から」見ることによって，森林を全体の中の，ひとつの要素として認識することができるようになる．さらに地域の中には，似たような森林が繰り返しあらわれたり，河川が流れている様子を認識することができる．換言すれば，土地のモザイク（land mosaic）を認識することができる．

　景観生態学では，土地のモザイクをパッチ（patch），コリドー（corridor），およびマトリクス（matrix）の3種類の空間要素に分けてとらえる（図2.1）．パッチとは比較的均質で，線形ではない空間，コリドーとは一定の線的な構造を有する空間，マトリクスとはパッチ，コリドー以外の空間である．すなわち，すべての点は，パッチ，コリドー，あるいはマトリクスのいずれかに含まれる．このように景観を単純化してとらえることにより，空間的な現象をモデル化し，分析や比較，さらに潜在的なパタンや原理の発見が容易となる．

**図 2.1　土地のモザイク**
台地を刻む谷戸の景観（千葉県佐倉市）．河川，道路，斜面林などのコリドー状の景観要素や，田畑，まとまった森林などのパッチ状の景観要素がみられる．

## 2.2 パッチの大きさ

### 2.2.1 LOS と SLOSS

大きなパッチと小さなパッチとでは，生態学的に見てどちらが良いか．それがLOS（a large or a small patch）の問題である．さらに全体の面積が一定の場合，大きいパッチをひとつ確保するのと，小さなパッチを複数個確保するのではどちらが良いかがSLOSS（a single large or several small patches）の問題である．

このような問題に対する答えは生態系のどのような要素に注目するかで異なってくる．Forman（1995）は，小さなパッチは，飛び石（stepping stone）的な機能をもち，マトリクスのヘテロ性を高めるが，総じて大きなパッチにはより多くの利点があり，小さなパッチには少ないが補完的な利点があると要約している．

### 2.2.2 島嶼生物地理学の理論

パッチの面積は，そこに生息する種の多様性にどのような影響を与えるだろうか．周囲から孤立した種多様性の高い空間は，周りを海に囲まれた島と同じような状況にある．そのようなアナロジーから，パッチの面積と種多様性との関係を解析するにあたり，しばしば「島嶼生物地理学（island biogeography）」における種数平衡説が援用されてきた．

種数平衡説は，MacArthurとWilsonによって提唱された理論であり（MacArthur and Wilson 1967），その要点は，島に生息する生物の種数は，絶滅して島内から消失する確率と島外から島へ種が流入する確率の平衡した状態で決まるとする．絶滅の確率は，おもに島の面積で決まる．大きな島ほど種ごとの個体数が多く，また生息地多様性も高いので絶滅の確率は，島の面積が大きくなるほど低下する．一方，移入の確率は，種のソース（源）となる大陸に近いほど高いと考える（図2.2）．

島の面積が大きいほど生息する種数が多いという関係性は，海における島と同じように，周囲を生息不適地で囲まれた，陸にある島状の生息地でも観察されている．そしてこの理論は野生生物の保護区の計画にも影響を及ぼし，先にあげたSLOSSの議論が展開された．島嶼生物地理学の理論によれば，できるだけ大き

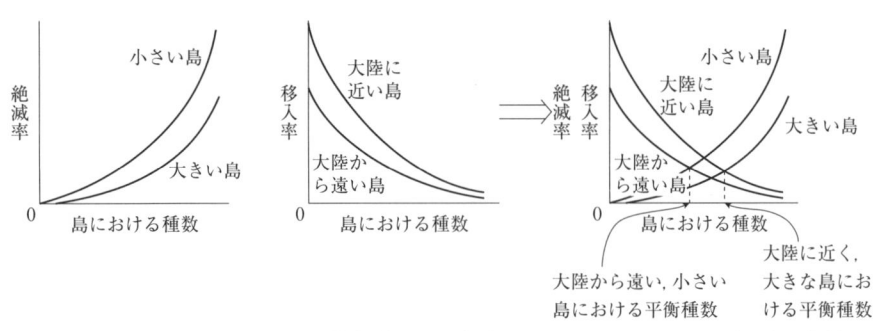

**図 2.2** MacArthur と Wilson による種数平衡説の理論（MacArthur and Wilson 1967 をもとに作成）

な面積の保護区を設けるべきだという示唆が得られる．しかし一方，Simberloff と Abele は，場合によってはひとつの大きな生息地よりも，小さい面積の保護区を複数作る方が全体としては平衡種数が大きくなることを示した上で，十分に検証されたわけではない，この島嶼生物地理学理論を実際の保護区の設定に適用することに対してもっと慎重であるべきだとしている（Simberloff and Abele 1976）．

またこの理論は種数について述べるものであるが，保全上は，ある種の，ある個体群を対象にその絶滅の可能性の検討を迫られることが多い．このような個体群の絶滅確率を推定する手法のひとつとして，個体群存続可能性分析（PVA）が使われている（本書 4.4 参照）．

## 2.3 パッチの質

### 2.3.1 パッチにおける種多様性

Forman（1995）は，あるパッチに生息する種数を与える概念的なモデルとして次式を与えている．

$$Sp = f\,[\text{生息地多様度（＋），撹乱の程度（－or＋），}$$
$$\text{パッチ・インテリアの面積（＋），エイジ（＋or－），}$$
$$\text{マトリクス・ヘテロ度（＋），孤立度（－）}]$$

この式のカッコ内の＋または－は，そのパラメータが種数と正または負の関係にあることを示している．このパラメータ中の生息地多様度，撹乱の程度，パッチ・インテリアの面積，およびエイジは，そのパッチに内在する要因，すなわちパッチの質に相当すると考えられる．

## 2.3.2 攪　　乱

　上の式に含まれている「攪乱（disturbance）」とは，生態系やその一部を破壊するような外部的な要因を言い，たとえば火山の噴火，火事，洪水，病気・害虫の発生，人間活動による影響などがあげられる．攪乱は必ずしもその生態系を破壊するばかりでなく，その系の維持にとって必要な場合がある．日本人にとってなじみの深い里山の生態系も，定期的な伐採や下草刈りという一種の「攪乱」によって維持されている二次的な自然である（武内・鷲谷・恒川 2001）．また，群集における種の多様度は，中間的な程度の攪乱を受ける場合に最大になるとの考えがある（中程度攪乱説）．

## 2.3.3 周縁効果

　ある生態系の縁辺（ボーダー）に近い部分をエッジ（edge）と言い，逆に縁辺から遠い部分をインテリア（interior）と言う．また隣接する生態系のエッジにより構成されている帯状部分をバウンダリ（boundary）という．生態系の周辺部が，その内部とは異なる種組成や構造を示す現象を周縁効果（edge effect）とよぶ（図 2.3）．

　パッチの中でも，その周囲と接している部分（エッジ）と中心に近い部分（インテリア）ではいろいろな面で環境が異なっている．物的な面としては，風速，温度，湿度，土壌水分などが異なることが知られている．また生物の種組成も異なり，種群によってその依存度は違うが，とくに影響の強いのは鳥である．エッジにしかあらわれない種をエッジ種，逆にインテリアにしかみられない種をインテリア種と言い，このようにある環境に特化して生息する種をスペシャリストと

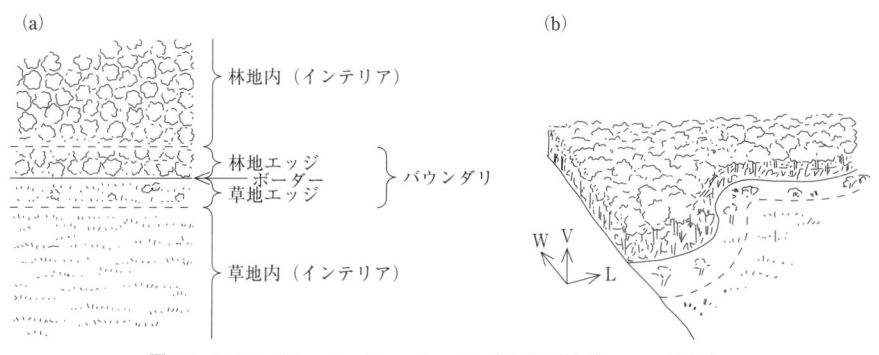

図 2.3　バウンダリ，ボーダー，エッジの空間的関係（Forman 1995）

言う．その反対にどのような環境にも生息する種をジェネラリストとよんでいる．

## 2.4 コリドー

### 2.4.1 コリドーの機能

コリドーとは，隣接する土地と形態や構造の異なる細長い形の土地のことである．具体的には，帯状の樹林地や生け垣，防風林，河川沿いの空間などである．さらには道路や鉄道，送電線やパイプラインなど人為的に作られた線状の構造物に沿った空間もコリドーになり得る．

コリドーの機能は，生物の生息地（habitat），コンジット（conduit：導管，生物の移動経路），フィルター（filter：一方から他方への選択的透過），ソース（source：種や個体の供給源），シンク（sink：種や個体の消失地）の五つに分けられる（Forman 1995, 図2.4）．

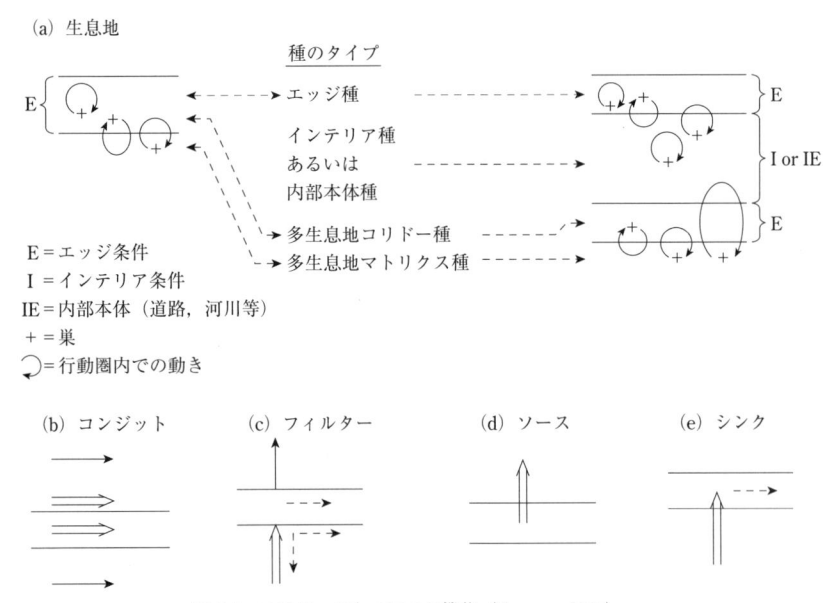

図2.4 コリドーのもつ五つの機能（Forman 1995）
(a) 左は細いコリドー，右は太いコリドー．多生息地種はふたつないしそれ以上の生息地を利用する．(b) コリドーの内部での，あるいはコリドーに沿った移動確率の増加．(c)～(e) マトリクスとコリドーの間の移動とフロー．

## 2.4.2 コリドーの質

コリドーの質を決定するふたつの主要な要素は，幅（width）と連結性（connectivity）である．

コリドーの幅は，動物が利用できる空間の広さを規定する．コリドーの中にインテリアが存在するためには，一定の幅が必要となる．また動物の移動のために必要とされる幅はその目的に応じて異なるが，総じてコリドーは幅が広いほど，上述したようなコリドーの機能は高まる．

コリドーの連続性には，いくつかの尺度があるが，基本的にはギャップが少ないほど連結性が高いと考え，それを指標化した値が用いられている．また動物の行動をラジオテレメトリなどを用いて観測し，コリドーの連続性を機能的な側面から指標化した研究もある（第3章参照）．

## 2.5 モザイク

### 2.5.1 種の移動

動物や植物の多くは，パッチやコリドーを利用しながら移動していく．移動の経路や移動の効率は，生態系の配置，すなわち景観に大きく依存している．この移動の経路や効率は生物の生息と繁殖にとって大きな意味をもっている．

動物の移動には，摂食や休息などの日常的な行動圏内での動き（home range movement），生まれた場所や定住地からの永続的な移動・分散（dispersal movement），季節ごとの循環的な移住（migration），特定の目的の不明確なぶらつき（wandering）などのタイプがある．同一の種であっても，行動のタイプによって，利用されるパッチやコリドーの空間的な広がりや利用の頻度は大きく異なる．

一方植物の移動のうちとくに重要なのは，種子分散（seed dispersal）である．種子分散には，果実がはじけるなどの自発分散，風や水などの物理的媒体にたよる物理分散，動物を種子分散媒体として利用する動物分散などがある．このうちとくに動物分散は，その動物の移動を介してパッチ，コリドーに強く依存している．

### 2.5.2 生息地の分断化，孤立化

生息地の分断化（habitat fragmentation）は，今日，世界中で普遍的に見られ

る現象であり，生物多様性喪失の要因のひとつである．一般に生息地の分断化は，パッチサイズの減少，連続性の減少，インテリア／エッジ比の減少，総インテリア面積の減少，パッチ間距離の増大，バウンダリ長の増加を引き起こす．

その結果，そこに生息する生物に対して，ジェネラリスト種の増加，多生息地種の増加，エッジ種の増加，外来種の増加，絶滅確率の増加，インテリア・スペシャリストの減少，大きな行動圏をもつ種（大型哺乳類など）の減少，および遺伝的多様性の減少を引き起こす可能性があると言われている．

## 2.6 GISによる景観の解析

景観生態学の主要な理論について，かいつまんで紹介してきた．景観生態学とは，空間的な位置関係に注目しながら土地の機能，構造，変化を研究する学問であり，その解析にあたっては，しばしば空間解析（spatial analysis）の手法と解析ツールとしてのGISが用いられる．

景観生態学におけるパッチは，GISでは面フィーチャ（ポリゴン）に対応すると考えてよい．景観生態学におけるコリドーは，GISでは線フィーチャ（ライン）に近い．ただし通常のコリドー概念が幅をもつのに対し，線フィーチャは幅をもたない概念なので，コリドーとは線フィーチャに幅をもたせたものに対応すると言う方がより正確であろう．

Stow（1993）によれば，景観生態学に対するGISの役割には以下のようなものがある．

① 広い地域について，効率的に生態系データを貯蔵・管理するためのデータベース構造を提供する．
② 地域スケール，景観スケール，およびプロットスケール間でのデータの統合・分割を可能とする．
③ 研究プロットや生態学的に敏感な地域の位置決定を支援する．
④ 生態学的分布の空間統計解析を支援する．
⑤ リモートセンシングから得られた情報の抽出能力を高める．
⑥ 生態系モデリングのための入力データおよびパラメータを提供する．

上の④に関して言えば，景観生態学で用いられる景観測度の多くはGISで算出可能である．たとえばFragstats（フラグスタッツ）という空間解析ソフトでは表2.1に示したような景観に関する統計量を算出することができる．Fragstatsは，カテゴリカル

## 2.6 GIS による景観の解析

**表 2.1** Fragstats の機能

| | パッチレベル指標 | クラスレベル指標 | 景観レベル指標 |
|---|---|---|---|
| 面積・密度・エッジ指標 | パッチ面積<br>パッチ周長<br>回転半径 | 総（クラス）面積<br>景観百分率<br>パッチ数<br>パッチ密度<br>総エッジ<br>エッジ密度<br>景観形状指数<br>正規化景観形状指数<br>最大パッチ指数<br>パッチ面積分布<br>回転半径分布 | 総面積<br>パッチ数<br>パッチ密度<br>総エッジ<br>エッジ密度<br>景観形状指数<br>最大パッチ指数<br>パッチ面積分布<br>回転半径分布 |
| 形状指標 | 周長-面積比<br>形状指数<br>フラクタル次元指数<br>直線性指数<br>関連外接円<br>隣接指数 | 周長-面積フラクタル次元<br>周長-面積比分布<br>形状指数分布<br>フラクタル指数分布<br>直線性指数分布<br>関連外接円分布<br>隣接性指数分布 | 周長-面積フラクタル次元<br>周長-面積比分布<br>形状指数分布<br>フラクタル指数分布<br>直線性指数分布<br>関連外接円分布<br>隣接性指数分布 |
| コア領域指標 | コア領域<br>コア領域数<br>コア領域指数<br>平均深度指数<br>最大深度指数 | 総コア領域<br>景観のコア領域百分率<br>隔離コア領域数<br>隔離コア領域密度<br>コア領域分布<br>隔離コア領域分布<br>コア領域指数分布 | 総コア領域<br>隔離コア領域数<br>隔離コア領域密度分布<br>隔離コア領域分布<br>コア領域指数分布 |
| 孤立性・近接性指標 | 近接性指数<br>類似性指数<br>ユークリッド最近傍距離<br>機能的最近傍距離 | 近接性指数分布<br>類似性指数分布<br>ユークリッド最近傍距離分布<br>機能的最近傍距離分布 | 近接性指数分布<br>類似性指数分布<br>ユークリッド最近傍距離分布<br>機能的最近傍距離分布 |
| 対比指標 | エッジ対比指数 | 対比重み付けエッジ密度<br>総エッジ対比指数<br>エッジ対比指数分布 | 対比重み付けエッジ密度<br>総エッジ対比指数<br>エッジ対比指数分布 |
| 接触/点在指標 | | 類似近接百分率<br>塊度指標<br>凝集指数<br>点在・併置指数<br>マス・フラクタル次元<br>景観分割指数<br>分割指数<br>有効メッシュサイズ | 類似近接百分率<br>凝集<br>塊度指数<br>点在・併置指数<br>景観分割指数<br>分割指数<br>有効メッシュサイズ |
| 連結指標 | | パッチ結合指数<br>連結指数<br>通過性指数 | パッチ結合指数<br>連結指数<br>通過性指数 |
| 多様性指標 | | | パッチ多様性<br>パッチ多様性密度<br>相対パッチ多様性<br>シャノンの密度指数<br>シンプソンの多様性指数<br>修正シンプソン多様性指数<br>シャノンの均等性指数<br>シンプソンの均等性指数<br>修正シンプソン均等性指数 |

な地図パタンに対して多様な景観の数的指標を計算することができるコンピュータプログラムであり，オレゴン州立大学のMcGarigal，Marksらによって開発された．プログラムはインターネットからダウンロードできる（http://www.umass.edu/landeco/research/fragstats/fragstats.html）．

GISを用いて景観を計測した事例として，私の所属する研究室の学生（当時）が長野県と茨城県の一部を対象としておこなった解析（渡辺 2001）を紹介する．

この解析では，環境省により作成された全国の植生に関するGISデータセット（「自然環境GIS」）を用いて植生自然度の6から9をまとめて「森林」とし，それが連続する土地を森林パッチとした（ここでは線状のものも含めて森林パッチとしている）．この森林パッチはベクタ型GISの上では，ひとつのポリゴンとして認識される．つぎに森林パッチの大きさによって，小（3 ha 未満），中（3 ha 以上 30 ha 未満），大（30 ha 以上）の3種類に分けた（口絵1～2参照）．この閾値については，後藤ら（1999）の研究を参考にした．すなわちホンドタヌキを指標として，3 ha 未満のパッチはタヌキの採餌場や飛び石ビオトープとして利用可能なもの，3～30 ha のパッチは一時的な生息や繁殖が可能なもの，30 ha 以上のパッチは安定した地域個体群の生息が可能としている．パッチ面積と生物種の生息の関係について国内の研究事例はあまり多くない．海外の研究によると，木本植物や種子食性の鳥類は約2 ha で相対種数出現率が 100％ に達し，昆虫食性の鳥類は約 40 ha で相対種数出現率が 100％ に達するとされている（Forman 1995）．円形を仮定すると 3 ha のパッチは半径約 100 m，30 ha のパッチは半径約 300 m となり，前者は光，音，微気象などの点でインテリア的な環境が生じる最小の大きさ，後者は生物学的に見て，インテリアに強く依存する種にとっても生息可能になる最小の大きさととらえることもできる．ただし閾値の詳細の検討については，今後の課題としておきたい．

さて，茨城県の小山（おやま）では総森林面積 3,337 ha に対し，パッチ数は 716 であり，平均パッチ面積は 4.7 ha である．一方，長野県の時又（ときまた）では総森林面積 32,055 ha に対し，パッチ数は 64 であり，平均パッチ面積は 501 ha である．小山では時又に比べて森林面積が小さいだけでなく，そのひとつあたりの面積が小さいことが示される．

さらに時系列的にみると（自然環境保全基礎調査第3回，第4回，第5回の比較），小山では大規模パッチは 26→25→20 と減少する一方，小規模パッチは 328，405，474 へと増加している．同様に時又でも大規模パッチは8個で変わらない

## 2.6 GISによる景観の解析

**表 2.2** 時又図幅（長野県飯田市周辺）および小山図幅（茨城県下館市周辺）における景観の変化（渡辺 2001）

表中の第3回，第4回，第5回は，自然環境保全基礎調査（いわゆる緑の国勢調査）の調査時期で，それぞれ 1983～87年度，1988～92年度，1993～98年度に調査がおこなわれた．

| | | 時又図幅 (長野県飯田市周辺) | | | 小山図幅 (茨城県下館市周辺) | | |
|---|---|---|---|---|---|---|---|
| | | 第3回 | 第4回 | 第5回 | 第3回 | 第4回 | 第5回 |
| 森林パッチ間距離 | パッチ数 | 40 | 53 | 64 | 578 | 650 | 716 |
| | 合計距離 (m) | 2,070 | 2,415 | 3,382 | 78,034 | 80,512 | 82,991 |
| | 平均距離 (m) | 52 | 46 | 53 | 135 | 124 | 116 |
| 最近傍の森林パッチまでの距離が 50 m 以上のパッチ数 | | 14 | 17 | 24 | 374 | 397 | 418 |
| 最近傍の森林パッチまでの距離が 100 m 以上のパッチ数 | | 3 | 3 | 6 | 206 | 202 | 208 |
| 最近傍の森林パッチまでの距離が 300 m 以上のパッチ数 | | 0 | 0 | 0 | 56 | 56 | 56 |

が，中規模パッチは 21, 22, 24 へ，小規模パッチは 11, 23, 32 へと増加している．このことは両地域に共通して森林の分断化が進んでいることを示している．

つぎに森林パッチの分布パタンの指標として，森林パッチ間距離を用いた．ここでは森林パッチ間の平均距離と一定の距離以上離れて存在する森林パッチの数という 2 種類の指標を算出した．

平均距離の算出については，ESRI 社のホームページで公開されている avenue（ArcView のマクロ）を用いた距離計算プログラムを用いた（ただし，この距離計算のアルゴリズムは，当該パッチから最短距離にあるパッチまでの距離の平均を算出するものであり，ペアとなるパッチ間の距離が一定ならば，そのペアの全体での配置には依存しないことから，厳密には改善の余地があると考えている）．

平均距離をみると，小山では 135→124→116 m へと減少している．時又では 52→46→53 m と減少した後，増加している．

「一定距離以上離れて存在しているパッチの数」指標の算出にあたり，距離については 50 m, 100 m, 300 m の 3 通りで計算した．その結果，小山では 300 m 以上離れたパッチ数は 3 時期とも 56 であり，変化がみられない．100 m では 206→202→208 となり変動する．50 m では 374→397→418 と一定した増加傾向を示す．時又では 300 m 以上離れたパッチは 3 時期とも 0 となる．100 m でも 3→3→6 である．50 m では 14→17→24 となる（表 2.2）．

森林パッチの分布図からは，両地域において森林の孤立化は進んでいると推定される．このような状況をもっとも適切に指標しているのは，「最近傍の森林パッチまでの距離が 50 m 以上のパッチ数」である．平均パッチ距離では，小山のケースなど，逆の傾向が示されている（ただし，前述のとおり，この算出アルゴリズムに問題があり，この点についても今後の課題とする）．

このように GIS を用いることにより，地域の景観の空間構造を面的に解析し，その特徴を定量的に表現することができる．

ただし第 3 章でくわしく述べるが，景観の構造的な連結性が機能的な連結性に直接つながるとは必ずしもかぎらない．本質的に重要なのは機能的な連結性である．かりに機能的な連結性の指標として，構造的な連結性を用いるとしても，両者の間にどのような関係があるのかについては注意深く検討しなければならない．そして今後，国内での機能的，構造的な連結性に関する実証的な研究が蓄積されることが期待される．

● 参考文献 ●

Forman RTT. 1995. *Land Mosaics : the Ecology of Landscapes and Regions*. Cambridge, USA : Cambridge University Press, 632 p.
Forman RTT, Godron M. 1986. *Landscape Ecology*. New York : John Wiley & Sons, 619 p.
MacArthur RH, Wilson EO. 1967. *The Theory of Island Biogeography*. Princeton : Princeton University Press, 203 p.
Simberloff DS, Abele LG. 1975. Island biogeography theory and conservation practice. *Science* **191** : 285-286.
Stow DA. 1993. The role of geographic information systems for landscape ecological studies. In : Haines-Young R, Green DR, Cousins S, editors. *Landscape Ecology and Geographic Information Systems*. London : Taylor & Francis, pp. 11-21.
後藤　忍・盛岡　通・藤田　壮．1999．都市域における指標生物の生息特性による緑地の生態学的連続性の評価．第 13 回環境情報科学論文集 43-48．
武内和彦・鷲谷いづみ・恒川篤史編．2001．里山の生態学．東京：東京大学出版会，257 p．
沼田　真編．1996．景相生態学：ランドスケープ・エコロジー入門．東京：朝倉書店，178 p．
渡辺洋子．2001．生態系評価とその指標化．東京大学農学部緑地学研究室卒業論文，92 p．

# 3 景観連結性の評価

前章では景観生態学の主要な理論を紹介し，生態系のモザイク（集合体）としての「景観」を理解することの重要性を示した．GIS はこの景観を解析するための強力なツールである．この章ではさらに景観の連結性に焦点を絞り，その生物学的な意義と研究方法，および GIS を用いた緑地ネットワークの設計・計画について論じる．

## 3.1 地域計画における緑地ネットワークの意義

### 3.1.1 緑地のネットワーク化

地域計画においては，個々のビオトープ（生物の生息地）や緑地をつなげて，緑地のネットワークを構築していくことが有効だと考えられている．

海外では 19 世紀後半から緑地をつなぐ，という考え方があらわれている．たとえばアメリカの Olmsted（オルムステッド）は，ボストンの公園系統（いわゆる「エメラルド・ネックレス」）を計画した（Zaitzevsky 1982）．この公園系統はコモン（入植当時の共有地，今は広場・公園となっている），都市緑化植物園，河川に面した緑地，田園型の公園など多様な緑地を結びつけており，人々は公園系統に沿って，いろいろな緑地を楽しむことができる．

またイギリスの Howard（ハワード）は，『明日の田園都市』（Howard 1902）という本の中で，市街地を農地で取り囲み，市街地と農村が調和できるような都市（田園都市）を構想した．またイギリスのロンドンやドイツのケルンでは市街地を取り囲み，環状の緑地帯（グリーンベルト）が配置されている．

日本でも，緑地に関する計画として，都道府県は「都道府県広域緑地計画」という広域の計画を，市町村は「緑の基本計画」という比較的せまい範囲の計画を作ることになっているが，これらの計画の中でも緑地のネットワークの考え方が

重視されている．

このような都市の骨格的な緑の例としては，帯広市の「帯広の森」や札幌市の大通公園，名古屋市の大通公園などが有名である．

### 3.1.2 緑地ネットワークの意義

上に述べたような緑地ネットワークの意義としては，以下の5点を指摘することができよう．

① レクリエーション機能の増進
② 都市の過大化の抑制，都市の骨格の形成
③ 火災時の延焼防止効果（焼け止まり効果），避難経路の確保
④ 景観的な一体性・連続性の確保
⑤ 生物の生息環境の改善

このように緑地のネットワークには，いくつかの意味合いがあるが，本章では5番目の意味，すなわち緑地のネットワークが生物の生息環境の改善に及ぼす効果について，とくに景観連結性（landscape connectivity）という概念を軸として考える．

## 3.2 景観連結性

生物の生息環境の改善という観点からコリドーの重要性をはじめに指摘したのはだれだろうか．Simberloff and others（1992）によれば，もとは Wilson and Willis（1975）が島嶼生物地理学の種数平衡説にもとづき，コリドーを提唱し，その提案が『世界保全戦略』（IUCN 1980）に再掲され広まったという．

論文レビューにより景観連結性の利用法とその測度について検討した Tischendorf and Fahrig（2000）は，「連結性」という用語が，文献によってさまざまな意味で使われており，そのことが以下のような内容のあいまいさと混乱を招いていることを指摘している．

第一に，「連結性」には，機能的な連結性をさす場合と構造的な連結性をさす場合がある．機能的連結性は，パッチやバウンダリなどの景観要素に対する生物の行動反応（致死リスクの増加，異なる移動パタンの現われ，バウンダリの越境など）によって測られる．一方，構造的連結性は生息地の連続性（habitat contiguity）と等しく，生物の属性とは無関係に，景観構造の解析によって測ら

れる.

　第二に，あるひとつのパッチに注目してそのパッチが連結しているかどうかをみる場合，すなわちパッチ孤立性をみる場合と，景観の中における複数のパッチ相互の連結性，すなわち景観連結性をみる場合とがある．パッチ孤立性は，パッチへの生物の移入速度により計測され，その速度が遅い場合はより孤立していると解釈される．景観連結性は，景観全体におけるパッチ孤立性の平均値の逆数となる．

　第三に，コリドーか連結性か．連結性の測定法としては，モデル研究では分散成功率，探索時間，および個体数空間分布，実験研究では機能的距離と移動測定値が使われている．なおこの論文ではコリドーを「せまく，連続した生息地の帯

表3.1　コリドーの多様な意味（Hess and Fisher 2001）

| Simberloff and others（1992）[1] はこの用語の六つの意味を特定した | |
|---|---|
| 1 | 移動を促進するかどうかによって明白に区別される，生息地 |
| 2 | 都市域におけるグリーンベルトおよびバッファー |
| 3 | 生物地理学的地峡 |
| 4 | 季節移動する水鳥のためのひとつながりの離散的な「飛び石」的な避難地 |
| 5 | 野生動物の通過のために設計されたハイウェイアンダーパスおよびトンネル |
| 6 | 大生息地間の移動をうながす帯状の土地 |
| Andrews（1993）[2] は，野生生物コリドーの五つの機能を述べた | |
| 1 | 新しいサイトが生息に適したものになるにつれ，そこへの入植をうながす |
| 2 | あるサイトが生息に不適になったときに，そこから野生生物が移動することを可能にする |
| 3 | 局所的に絶滅したサイトへの再入植を可能にする |
| 4 | 生物種が，その生活環のさまざまなステージに対して必要な別々の地域間を移動することを可能にする |
| 5 | 生息地の全体的な範囲を拡大する，とくに大きな生息地を要求する種に対して |
| Forman（1995）[3] は，コリドーのもつ六つの社会的目標を特定した | |
| 1 | 生物多様性の保護 |
| 2 | 水資源管理および水質保護の強化 |
| 3 | アグロフォレストリの生産力の増大 |
| 4 | レクリエーション |
| 5 | コミュニティの結合および文化の結合 |
| 6 | 自然保護区において孤立した種に対する分散ルート |

1) Simberloff D, Farr JA, Cox J, Mehlman DW. 1992. Movement corridors : conservation bargains or poor investments?. *Conservation Biology* **6** : 493–504.
2) Andrews J. 1993. The reality and management of wildlife corridors. *British Wildlife* **5** : 1–7.
3) Forman RTT. 1995. *Land Mosaics*. Cambridge, USA : Cambridge University Press, 632 p.

で，構造的にふたつの非連続の生息地パッチを連結するもの」と定義している．

そして，かれらは連結性という用語を本来の意味で使うことを提案する．本来の意味とは，Taylor and others（1993）による景観連結性の定義である「資源パッチ間での生物の移動を，景観がうながしたり，さまたげたりする程度」というものである．

また連結性の測度は，生物の動きにもとづくものでなければならないという．景観構造の測度や，個体数および分布などの個体数指標は連結性の測度ではないという．

上の論文にも出てくるが，景観連結性とともにしばしば「コリドー」という概念が使われる．「コリドー」については，すでに本書第2章でもふれているが，実はこの用語も分野によってさまざまに使われている．

Hess and Fischer（2001）は，表3.1のように学問分野によって異なる意味で，コリドーという用語が使われていることを指摘している．

狩猟管理，島嶼生物地理学，およびメタ個体群における「コリドー」の利用法はコリドーの機能，すなわち植物または動物の移動に焦点をあてている．一方，景観構造のパッチ-コリドー-マトリクス理論とともに北米で発展した景観生態学の分野では，構造としての用法が生まれた．「コリドー」は分野によって，線形の形状をもつ景観要素の構造およびそのような構造をもつ空間の有する機能の両者を示すのに使われている．

そしてかれらは，コリドーがもつ役割には六つの生態学的機能（コンジット，生息地，フィルター，バリア，ソース，シンク）があることを指摘した上で，コリドーはこれらの複数の機能をもつので，コリドーを簡潔に定義するという考え方は適当ではないとしている．そうではなく，保全家や計画家は，コリドーを設計する際に，当該コリドーがもち得るすべての機能を明示的に考え，文書化するよう，かれらは提案している．

さて，ここできわめて重要な論点に行きつく．上述のようにコリドーは構造および機能の両者を意味する場合があるが，はたしてこの両者は等価だろうか．すなわち構造としてのコリドーは，機能としてのコリドーを保証するだろうか？

この点について，ここでは懐疑派の代表としてSimberloff and others（1992）を，支持派の代表としてBeier and Noss（1998）を紹介する．

Simberloff and others（1992）は，移動コリドー（movement corridor）の根拠として以下の4点をあげている．① 島嶼生物地理学の種数平衡説の意味での絶滅速度を低減する．② メタ個体群理論の観点から，絶滅の人口学的確率性を低める．③ 近交弱勢を抑制する．④ クマなどの大きな行動圏をもつ種などに対して，移動に対するその生来的な要求を満たす．

　しかし，どのようにコリドーが使われ，また上に指摘したような問題を解決することにより，コリドーの利用が本当に絶滅を低減させているかどうかを示すデータは十分には得られていないとしている．

　またコリドーの潜在的な生物学上の問題点として，以下の4点を指摘している．① コリドー利用により近交弱勢の代償として，対立遺伝子が浮動する確率が高まり，将来の進化を遅らせる可能性がある．② 火事，疫病，外来種の増加ようなカタストロフィ（破局的変動）がコリドーを通して広がり得る．③ コリドーは，エッジ種・外来種の集積地となり得る．④ 低質のコリドーはトラップ（生物を捕える罠のような機能をもつ空間）あるいはシンクとなり得る．

　そしてコリドー建設には多額の費用がかかるので，十分な費用便益の検討が必要だとしている．

　一方，Beier and Noss（1998）は，コリドーによって連結された生息地パッチにおける種の個体群の存続可能性（viability）を，コリドーが増大あるいは減少させるのかを実証的に検討した研究をレビューした．その結論は以下のように要約される．

　　「レビューした32の研究のうち，コリドーの有効性に関して説得力のあるデータを提供しているのは，その半分以下，他の研究は主としてその実験デザインの欠陥のため十分な結論に至っていない．十分にデザインされた研究はコリドーが価値のある保全ツールであることを示している．自然に連結された最後の断片を破壊しようとするものは，コリドー破壊がターゲット個体群を傷つけないということを証明する負担を負うべきである．」

Simberloff and others（1992）で指摘されているコリドーの経済的な側面について，Beier and Noss（1998）は，「保全基金は限られているので，各プロジェクトはコリドーに用いられるお金に対する代替利用を含めて，費用便益に関して注意深く考えられなければならない．（略）多くの保全プロジェクトは高価なので，この批判はコリドープロジェクトに特有のものではない．コリドープロジェクトは，いくつかの代替的プロジェクトよりもはるかに安価であり得る．」と反

論している．

　また Simberloff and others（1992）ではコリドー利用のデータが不足していることが指摘されているが，その後，多くの研究事例が蓄積されており，最近の文献（Haddad and others 2003）では以下のようにまとめられている．
　○ コリドーは以下のような機能を示した．
　　・動物のパッチ間の動きを増加させ得る（Haas 1995 ; Sutcliffe and Thomas 1996 ; Gonzalez and others 1998 ; Haddad 1999 ; Mech and Hallett 2001）
　　・個体群サイズを増やす（Fahrig and Merriam 1985 ; Dunning and others 1995 ; Haddad and Baum 1999）
　　・遺伝子流動を増やす（Aars and Ims 1999 ; Hale and others 2001 ; Mech and Hallett 2001）
　　・生物多様性を保つ（Gonzalez and others 1998）
　○ 一方，コリドーの効果を見出さなかった研究もある（Arnold and others 1991 ; Date and others 1991 ; Rosenberg and others 1998 ; Bowne and others 1999 ; Haddad and Baum 1999 ; Collinge 2000 ; Danielson and Hubbard 2000）．
　このように近年の研究の蓄積により，コリドー利用が多くの生物群においてさまざまな効果をもつことが示される一方，必ずしもコリドーが効果をもつとは限らないとも指摘されている．

　また Simberloff and others（1992）で指摘されているコリドーの生物学的な問題点については，Beier and Noss（1998）では，実証的な研究として以下の論文が紹介されている．
　　・外来のクマネズミ（*Rattus rattus*）はコリドー中に多く，それが固有のヤブネズミ（*Rattus fuscipes*）のコリドー利用に影響している（Downes and others 1997）．
　　・河川沿いの狭い線形の生息地に閉じ込められたサルの一種（*Alouatta palliata*）は，大面積の生息地に棲むサルよりも寄生虫が多い（Stoner 1996）．
　　・外来の毒をもつオオヒキガエル（*Bufo marinus*）はコリドー（道路および車道）で密度が高く，おそらくコリドーを分散のために使っている（Seabrook and Dettmann 1996）．

・外来の病原体をもつ多くの害虫種は，道路および沿道などの攪乱された生息地に沿って分散する（Noss and Cooperrider 1994）．
・オーストラリアにおける分断化された森林環境におけるバッタを調査した結果，外来のバッタが連結性の欠如による影響をもっとも受けなかった．最小かつもっとも孤立したパッチでは，6種の固有種よりも個体数が多かった（Bennett 1990）．

しかしこれらのコリドーの負の側面に関して，Beier and Noss（1998）は「保全目的のために設計あるいは保護されたコリドーからの負の影響の実験的な証拠は，いまだ示されていない．」と述べている．

以上のように，コリドーの効果は多くの研究で示されており，また生物的な機能以外にも本書3.1で述べたように多くの効果があることから，保全コリドーの建設は地域計画における有力な選択肢のひとつではあるだろう．しかし同時に，保全対象とする種についてコリドーの効果が期待されるか，生物学的に負の影響を生じることはないか，他の選択肢と比べて経済的な費用便益は高いかといった点も含めて，十分に検討することが必要である．

## 3.3 景観の機能的連結性に関する研究事例

上述のようにコリドーが連結機能を有するかどうかについては，今日でもなお議論が続いている．本節では，景観の機能的連結性に関して実証的な研究をおこなった事例を，その方法に着目しつつ紹介する．

### 3.3.1 小鳥を対象として個体群統計モデルを用いた研究

Brooker L and Brooker M（2002）は，西オーストラリアのWyalkatchem（ウィルカッチャム）においてアオムネオーストラリアシクイ（*Malurus pulcherrimus*, 豪州名：blue-breasted fairy-wren）を対象に，生息地の分断化と個体群存続可能性がどのような関係にあるのかを明らかにした．

口絵3は，アオムネオーストラリアシクイの分布と，その移動によってパッチがどのように連結されているかを示している．この図で青は十分に連結されたパッチ，赤は連結性の低いパッチ，緑パッチはアオムネオーストラリアシクイには適さない自然植生である．調査は，アオムネオーストラリアシクイの足に

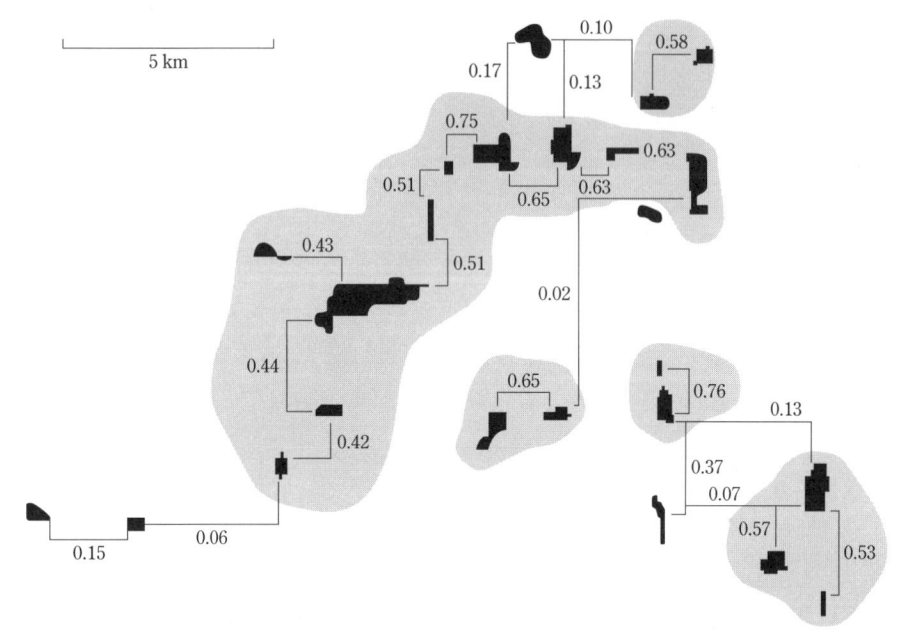

図 3.1 アオムネオーストラリアムシクイの生息地パッチの地図（パッチ間の移動確率がゼロよりも大きいものを示している）(Brooker L and Brooker M (2002) よりキャプションを一部改変して引用) 結線の位置は実際のコリドー経路との関係を必ずしも意味せず，単に連結を示している．シミュレートされた移動確率が 0.4 以上（すなわち十分に連結された分散近傍）のパッチペアに灰色で影をつけている．最大の近隣パッチ集団は個体群モデル（表 3.2）において使われている生息地パッチを含んでいる．

色足環を付けて，移動を観察している．

図 3.1 はアオムネオーストラリアムシクイのパッチ間を移動する確率がゼロより大きい生息地パッチの図を示している．この図では，パッチ間移動の確率が 0.4 以上のパッチを影であらわしている（平均値が 0.41 なので，0.4 以上に影を付けた）．

さらに表 3.2 は得られたデータから個体群統計モデル（demographic model）を構築し，連結性の高い残存林における個体群回転数と，もしその連結性が低かったとした場合に推定される個体群回転数を比較したものである．欠員数に対する分散後の雌幼鳥の割合は，連結性が高い場合の 1.14 に対し，連結性が低い場合には 0.82 となる．この結果は連結性がアオムネオーストラリアムシクイの存続にとって，決定的な意味をもつことを示唆している．

このことから，かれらは，生息地パッチ間の連結性（connectedness）の減少

表 3.2 「十分に連結された」近隣パッチ集団（図3.1で影をつけた地域）（分散後の巣立ち雛の生存率を46%と仮定）に対する推定された個体群回転数
同じ残存林群が十分に連結されていない（分散後の巣立ち雛の生存率を32%と仮定）とした場合との比較（Brooker L and Brooker M (2002) よりキャプションを一部改変して引用）.

| | 繁殖している雌の数 | 推定される欠員数 | 推定される分散後の雌幼鳥の数 | 欠員数に対する幼鳥の比 |
|---|---|---|---|---|
| 近隣パッチ集団が十分に連結されている場合（図3.1） | | | | |
| 1×大 | 31 | 10 | 10 | |
| 3×中 | 25 | 8 | 10 | |
| 6×小 | 11 | 4 | 5 | |
| 計 | 67 | 22 | 25 | 1.14 |
| 同じ残存林群が十分に連結されていないとした場合 | | | | |
| 1×大 | 31 | 10 | 7 | |
| 3×中 | 25 | 8 | 7 | |
| 6×小 | 11 | 4 | 4 | |
| 計 | 67 | 22 | 18 | 0.82 |

欠員数＝雌の数×雌の補充率（ここでは 0.331）
分散後の幼鳥＝雌の数×巣立ち雛の割合×分散後巣立ち雛生存率

が，損益分岐点（break-even level）以下にまで個体数回復を低下させることを明らかにした．

### 3.3.2 ネズミを対象として遺伝学的手法を用いた研究

Mech and Hallett (2001) は，遺伝学的な手法を用いてコリドーの効率を評価した．対象地はアメリカ北西部のワシントン州で針葉樹林が残存している地域である．かれらは，閉鎖林スペシャリストであるエゾヤチネズミ属の一種（C種：*Clethrionomys gapperi*，英名：red-backed vole）と生息地ジェネラリストであるシカシロアシネズミ（P種：*Peromyscus maniculatus*，英名：deer mouse）を用いて個体群構造の維持に対するコリドーの効果を検証した．

連続的景観（閉鎖林マトリクスの中に完全におさまっている実験地），コリドー景観（閉鎖林がコリドーで結ばれている実験地），および孤立した景観において，それぞれ個体群のペアをサンプリングした（図3.2）．マイクロサテライト（DNA中の数個の塩基の反復した配列）を用いて遺伝距離を測った結果，Nei の遺伝距離は，C種については連続景観＜コリドー景観＜孤立景観の順となり，P

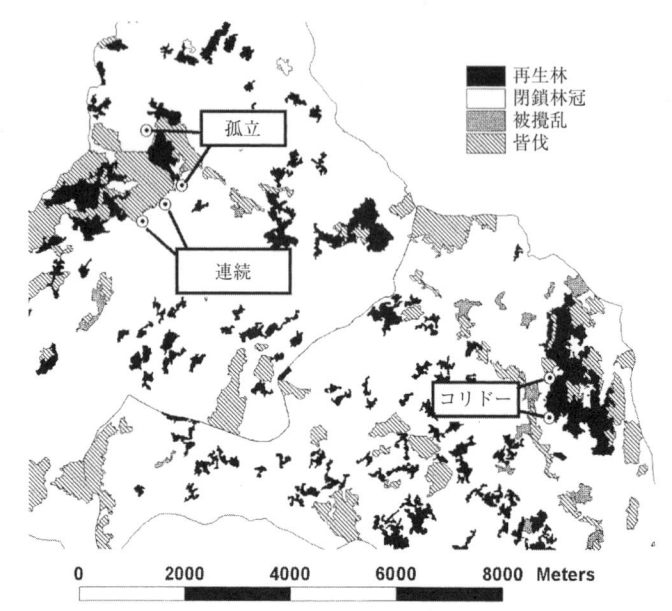

**図 3.2** 三つの景観構成（連続，コリドー，および孤立）のそれぞれの実験地の例を示した地図（Mech and Hallett 2001 よりキャプションを一部改変して引用）

**表 3.3** 各景観構成における実験地の各ペア間の位置と直線距離，およびサンプルサイズが十分な実験地の各ペアに対して計算された *Clethrionomys gapperi* と *Peromyscus maniculatus* における遺伝距離（Mech and Hallett 2001）

| サイトペア | 法定表示位置 [a] | 景観構成 | 距離 (m) [b] | 遺伝距離 C. gapperi | 遺伝距離 P. maniculatus |
|---|---|---|---|---|---|
| 1 | T32N R42E S14 | 連続 | 1,245 | 0.205 | 0.047 |
| 2 | T35N R42E S34 | 連続 | 530 | 0.169 | |
| 3 | T35N R42E S26 | 連続 | 468 | 0.196 | −0.067 |
| 4 | T32N R42E S2 | コリドー | 1,214 | 0.565 | |
| 5 | T33N R43E S7 | コリドー | 512 | 0.191 | 0.016 |
| 6 | T34N R43E S9 | コリドー | 729 | 0.468 | |
| 7 | T32N R43E S18 | 孤立 | 847 (3050) | 0.832 | |
| 8 | T33N R42E S34 | 孤立 | 802 (2330) | 0.242 | −0.005 |
| 9 | T35N R42E S27 | 孤立 | 1,208 (3000) | 0.698 | −0.002 |
| 10 | T33N R43E S6 | 連続 | 626 | | 0.435 |

a 北東ワシントン，Pend Oreille 郡における個体群ペアに対するサイト位置
b 孤立したサイトの各ペアに対するサイト間の最小行程距離．一方閉鎖林内はカッコ内に与えられている．

種については有意な差はみられなかった．このことから生息地間のコリドーは，閉鎖林スペシャリストのC種に対してはその個体群連結性を高めていることを示しているとしている．

### 3.3.3 大型哺乳類を対象としてテレメトリを用いた研究

　動物の位置を観測し，その移動経路を推定する方法のひとつとして，ラジオテレメトリ（radio telemetry）法が広く使われている．ラジオテレメトリ法とは，対象とする動物に小型の電波送信機を装着し，観察者は指向性アンテナを用いて対象動物のいる方角を計測し，それを2点以上からおこなうことで三角測量の原理で，対象動物の位置を推定する方法である．

　Beier（1995）は，カリフォルニアにおいて9頭の幼若クーガー（*Felis concolor*，別名ピューマ）に送信機を装着し，その分散を調査した．この9頭のうち5頭は対象地域にある生息地コリドーを利用した．図3.3にはそのうちの2頭の分散経路（M12個体：A～C経路，M8個体：D～G経路）を示している．図の白い部分はクーガーの生息可能な地域，灰色の部分は都市などの生息不適地である．この図からM12個体は分散経路Cでペチャンガ（P）コリドーを，M8個体は分散経路Fでアロヨトラブコ（AT）コリドーを，Gでコールキャニオン（CC）コリドーを利用したことが示されている．

　ただしこの研究では，これらのコリドーをクーガーが利用したことは示されているが，そのことがクーガーの個体レベルでの生存や，あるいは個体群レベルでの存続可能性，遺伝的交流に対してどのように寄与したのかについては示されていない．たとえば地域計画の中でコリドーを積極的に位置づけようとするならば，先にアオムネオーストラリアムシクイの例で示したように，保全上の価値を有する生物種の集団の存続あるいは個体の生存にとっての意味を明示することが求められるだろう．

## 3.4　緑地ネットワークの設計・計画

　景観連結性が生物生息環境の維持・改善に役立つとすれば，景観連結性に配慮した地域計画のあり方を考えていかなければならない．以下，そのような事例を紹介する．

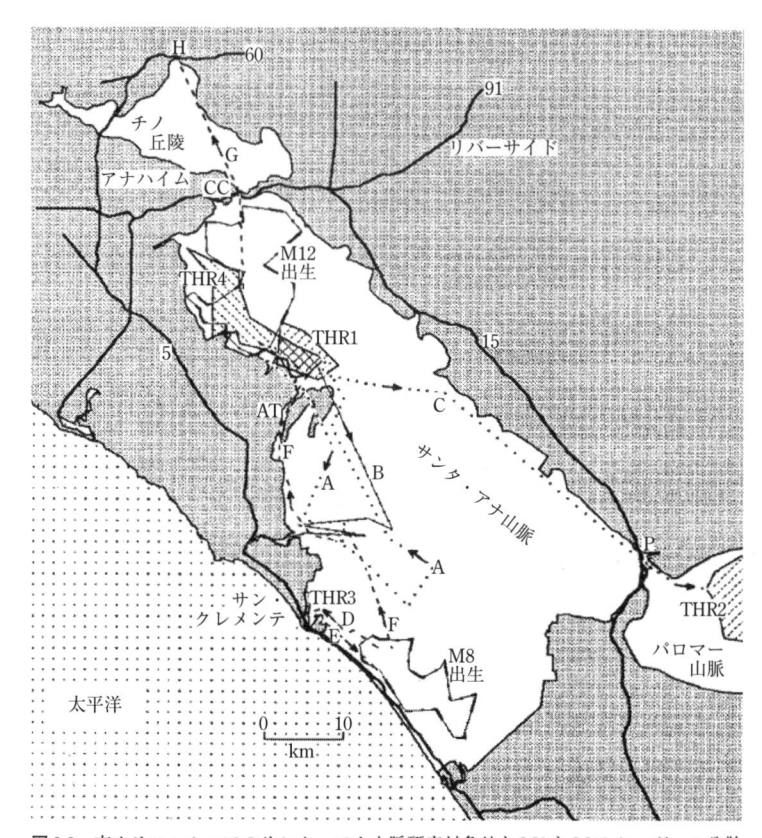

**図 3.3** 南カリフォルニアのサンタ・アナ山脈研究対象地と M8 と M12 クーガーの分散移動（1990～92 年）(Beier 1995)

都市（生息不適）地域は，濃い点で示されている．斜線ハッチによって，短期行動圏（THR）を示す．図に示されているすべての道路は 6～10 車線の高速道路である．CC（コールキャニオン），AT（アロヨトラブコ），および P（ペチャンガ，P のラベルから東にタマキュラクリーク生息地が列島状にのびる）は三つの生息地コリドーを示す．図に示されているすべての細い列島状生息地は分散者によって探索された．「出生」と示されている生後の行動圏は，分散前の 12 カ月の間，母親の位置と近かった．A（35 日間，94 km）：M12 は出生地を放棄し，さまよいの後，THR1 に定着した．B（16 日間，87 km）：THR1 から離れた M12 はこの 6 km の生息地を探索し，それから 48 時間以内に THR1 にもどった．C（8 日間，59 km）：THR1 を放棄し，M12 はペチャンガコリドー（P）を利用し，パロマー山脈の中の（部分的に示されている）THR2 に到達した．D（12 日間，16 km）：M8 は生後の行動圏を放棄し，18 日間で THR3 に移動した．E（2 日間，17 km）：M8 は THR3 を放棄し，7 日間で生後の行動圏に戻った．F（17 日間，67 km）：M8 は，アロヨトラブココリドー（AT）を通って THR4 に到達し，70 日間とどまった．G（2 日間，20 km）：M8 は THR4 を放棄し，コールキャニオンコリドー（CC）経由でチノ丘陵へ移動した．H：20 日後，M8 は列島状生息地の末端で自動車事故により死んだ．

## 3.4.1 アカシカを指標種とした生態学的ネットワークの解析

人口密度の高い北西ヨーロッパでは，固有の大型哺乳類は，景観の分断化や保護地の孤立化により危険な状態にさらされている．将来の保護地の適切な大きさは，生態系機能の鍵種（key species）と考えられる野生有蹄類の生息地要求から推定される．そこで Bruinderink and others (2002) は，分布が広く，生態系機能における鍵的な役割を担い，そして大きな行動圏をもつアカシカ（*Cervus elaphus*）を指標として選んだ．そして分断化の程度を評価する LARCH (Landscape Ecological Rules for the Configuration of Habitat) 景観生態学モデル (Verboom and others 2001) を用いて，アカシカの生態にもとづき生態学的ネットワーク構造および景観の空間的連結性を解析した．評価は以下の4ステップでおこなっている．

ステップ1：対象地域（56万 km$^2$）を 250×250 m のグリッドセルに分割し，各セルごとにアカシカの生息地かどうかを評価する

ステップ2：生息地パッチごとにその草量からアカシカの牧養力（何頭養えるか）を計算する

ステップ3：道路の影響を考慮して，十分な大きさをもつ生息地パッチを推定

ステップ4：LARCH モデルを用いてネットワークの空間的連結性を計算．これはパッチの面積と距離を考慮して分散圏内の周辺パッチからの移入可能性を評価するものである．LARCH モデルでは，生息地グリッドの連結性を以下の式を用いて決定する

$$SC_i = \Sigma RU_j \times e^{-\alpha \times d_{ij}} \times P_n$$

ここで $SC_i$：生息地グリッドセル $i$ の連結性，$RU_j$：セル $j$ 内の繁殖ユニットの最大数，$\alpha$：定数，$d_{ij}$：セル $i$ と $j$ の間の距離，$P_n$：透過性の係数（道路がなければ $P_n = 1$）．

ステップ1〜3の結果から，潜在的なアカシカ生息地の空間構成を示す生息地分析地図（口絵4）が得られる．この地図には，3種類の生息地の分布が示されている．すなわち局所個体群を保つのに十分な広さをもつ地域，鍵個体群を保つのに十分な広さをもつ地域，そして最小存続個体数を保つのに十分な広さをもつ地域である．局所個体群は，そのパッチが持続可能な生息地ネットワークの一部となっている場合にのみ存続し得ると考えられる．

ステップ4の結果から，アカシカ生息地としての空間連結性を示す地図（口絵5）が得られる．このようなネットワークにおける連結性を阻害するギャップや

表3.4 フロリダエコロジカルネットワークにおいて生態学上の優先地域を選ぶ基準（Hoctor and others 2000より一部を抜粋）

| データレイヤ | 優先的地域の基準 | 説明／理由 |
| --- | --- | --- |
| FWC[a]戦略的生息地保全地域（SHCA） | すべてのSHCA | 既存の保護地域以外の土地を含み，30の焦点脊椎動物種，希少な自然群落型，渡り鳥のために重要な湿地，および地球規模で希少な植物種の最小存続個体数を維持あるいは回復するために必要．この分析で用いられる多くの焦点種は，その保全が他の種にとっての必要条件を満足させるようなアンブレラ種であり，特定された自然群落は種群を保護するための粗濾過アプローチをあらわしている |
| FWCホットスポット | 7種以上の焦点種に対して潜在的生息地を含む地域 | SHCAの同定において分析される，7種以上の焦点種にとっての潜在的生息地を含む地域．FWCスタッフは7種という閾値を提案した |
| FWC湿地ホットスポット | 7種以上の湿地依存種あるいは4種以上の湿地と台地の両方の生息地を必要とする種にとっての潜在的生息地を含む地域 | フロリダの湿地を代表する地域で，追加的な湿地依存性かつ部分的に湿地依存性の脊椎動物種を潜在的に支える生息地を含む地域．FWCスタッフはその閾値を提案した |
| FNAI[b]保全関心地域（ACI） | すべてのACI | ACIは空中写真，自然遺産データ，および専門家の知識によって現在の公共地以外の土地から選ばれた．ACIは質が高く，その中で希少種が存在し得るような比較的原生的な土地 |
| FNAI潜在自然地域（PNA） | 顕著な撹乱により最低順位をつけられたもの以外のすべてのPNA | フロリダで自然の生態系を保全するために利用可能な残された土地の多くを含む．いくらかの撹乱は受ける可能性があり追跡された種の状態は完全には知られていない |
| FWC生息地データおよびFNAIによる順位付けにもとづく希少的かつ優先的自然群落型 | 22クラスのFWC土地被覆図によって特定されたS2以上の順位をもつすべての群落型．沿岸地，乾性プレーリー，砂性マツとカシ低木林，砂丘，熱帯堅木ハンモック，淡水沼沢地，湿性プレーリーを含む | FNAIの「S」ランクはThe Nature Conservancyの地球規模順位付け（G1～G5, 1はもっとも危機に瀕している）にもとづく．FWC土地被覆データは1985～89年のLandsat衛星を分類したもの．分類のスケールが粗いためS1群落はこのデータセットのなかでは同定されていない．しかし，これらの群落は，SHCA, ACI, およびPNA分析の中では表現されている |

a　FWC：フロリダ魚類・野生生物保全委員会
b　FNAI：フロリダ自然地域インベントリ

障壁に対して，空間連結性を増すような効果的なコリドーの設計が求められる．

　この事例では草量や道路の状況からアカシカの牧養力や移動を推定しており，直接，アカシカの生息数や移動の状況を把握しているわけではない．アカシカの

生態的な特性は必要な草量や移動能力を通して評価に反映されている．

このように景観保全のための鍵種を特定できる場合には，その鍵種の生息に適した環境を維持・管理することにより他の種も含む総合的な自然環境の保全を図るという戦略が有効であろう．

### 3.4.2 GIS を用いた連結された景観の特定とその保全

Hoctor and others (2000) は，アメリカのフロリダ州において，GIS を活用することによって，生息地間の連結性を解析し，保全上，重要な生態学的ネットワークを特定した．

評価は以下の4段階の評価から成っており，$180 \times 180$ m グリッドを解析の単位としている．

ステップ1：生態学的に重要な地域の特定（表3.4）
ステップ2：生物多様性および生態プロセスの保護のための潜在的コアエリア（ハブ）の特定（道路等の質の悪い地域を除外してまとまった生息地を選ぶ）
ステップ3：「最小費用経路」関数を用いたリンケイジの特定．3種類の景観単位（①台地，②河川，湿地，③沿岸部）と5種類のリンケイジ型（①沿岸-

表3.5 7段階の保全計画策定フレームワーク（Groves and others 2002）

| | |
|---|---|
| ステップ1：保全対象の特定 | 群集と生態系<br>非生物的な対象（物理的にあるいは環境から導かれた対象）<br>種：危機にさらされた種，固有種，局地的なキーストーン種 |
| ステップ2：情報収集と情報ギャップの特定 | さまざまなソースの利用<br>迅速な生態学的評価，迅速な評価プログラム<br>生物学的インベントリ<br>専門家ワークショップ |
| ステップ3：保全目標の設定 | 目標のふたつの要素：代表性と質<br>環境傾度を横切るターゲットの分布<br>さまざまな現実的な目標の設定 |
| ステップ4：既存の保全地域の評価 | GAP 分析 |
| ステップ5：保全対象の存続能力の評価 | サイズ，条件，および景観文脈の基準の利用<br>GISベースの「適性指数」の利用 |
| ステップ6：保全地域のポートフォリオの編集 | サイト・地域選択方法とアルゴリズムをツールとして利用<br>生物地理学の原理を用いた保全地域のネットワークの設計 |
| ステップ7：優先的保全地域の特定 | 既存の保護・保全価値，脅威，可能性，および行動力の基準を利用 |

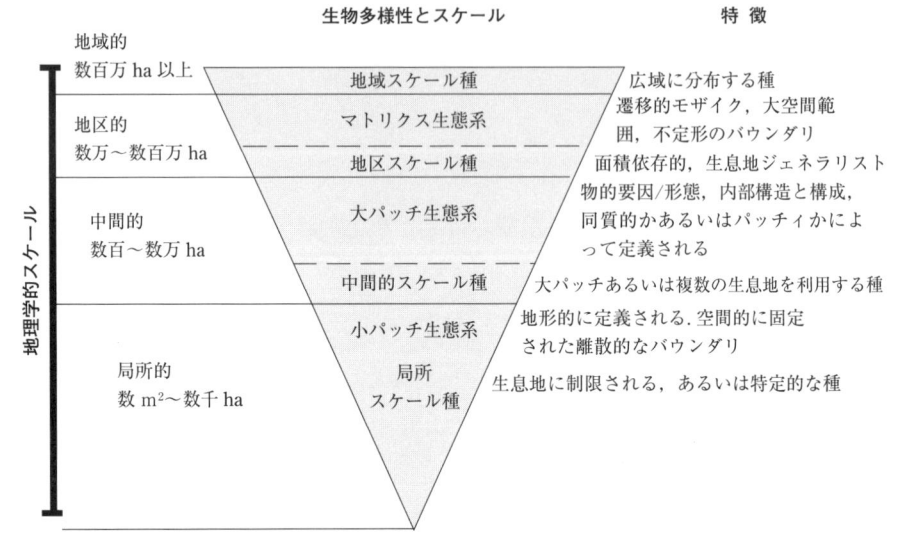

```
                      生物多様性とスケール              特 徴

地域的
数百万ha以上        地域スケール種      広域に分布する種
地区的              マトリクス生態系    遷移的モザイク,大空間範
数万〜数百万ha                          囲,不定形のバウンダリ
                   地区スケール種      面積依存的,生息地ジェネラリスト
中間的              大パッチ生態系      物的要因/形態,内部構造と構成,
数百〜数万ha                            同質的かあるいはパッチィかによ
                                       って定義される
                   中間的スケール種    大パッチあるいは複数の生息地を利用する種
                   小パッチ生態系      地形的に定義される.空間的に固定
                                       された離散的なバウンダリ
局所的              局所
数m²〜数千ha        スケール種          生息地に制限される,あるいは特定的な種
```

**図 3.4** 空間スケールと生物のレベル (Groves and others 2002)
保全対象は局所スケールから地域スケールの4空間スケールに対応される.各空間スケールに対する一般的な大きさ (ha) がピラミッドの左に,2種類の保全対象(種および生態系)の一般的特性が右に示されている.Poiani and others (2000) より許可を得て再掲.

沿岸,②河川-河川,③台地-台地,④河川-沿岸,⑤ハブ-ハブ)に類型化
ステップ4:フロリダエコロジカルネットワークの作成(特定されたハブとリンクを結合)

先の事例ではアカシカを指標種としていたのに対し,この事例では種を特定せず,生息地の一般的な重要性を評価した上で,どちらかと言えば景観の構造的な特性にもとづき評価をおこなっている.

### 3.4.3 生物多様性保全のための7段階地域計画フレームワーク

アメリカに本部を置くTNC (The Nature Conservancy) という国際的な自然保護団体がある (http://nature.org/). Groves and others (2002) は,このTNCが開発した生物多様性を保全するための地域開発計画のための7段階のフレームワーク(表3.5)を紹介している.

この7段階のフレームワークには以下のような利点があるという.
① 保全計画家は,種,群集,および生態系の生物学的な要求の評価にもとづき目標を設定することができるようになる

② このフレームワークは，単一種にもとづく保全アプローチを補うものであり，多様なレベルの生物学的組織および種における保全目標を組み込むことができる

③ 24カ所の計画での費用の中央値は23万4,000米ドル（スタッフのサラリーと全営業費を含む），平均期間は2年以下ですんだ

④ 保全計画家に対して，保全地域を分析し計画を策定する手段を与える

⑤ 生態学的なプロセスと機能に対して十分な配慮を与える

⑥ 地球規模の気候変化に際しても生物多様性を保全するのに役立つ

図3.4には局所スケールから地域スケールまでの四つの空間スケールに対応する，保全対象となる種あるいは生態系の一般的な特性が示されている．保全対象の選択にあたっては，このようないくつかの空間スケールに対応する種あるいは生態系を選ぶというアプローチも有効であろう．

● 参考文献 ●

Aars J, Ims RA. 1999. The effect of habitat corridors on rates of transfer and interbreeding between vole demes. *Ecology* **80** : 1648-1655.

Andrews J. 1993. The reality and management of wildlife corridors. *British Wildlife* **5** : 1-7.

Arnold GW, Weeldenberg JR, Steven DE. 1991. Distribution and abundance of two species of kangaroo in remnants of native vegetation in the central wheatbelt of Western Australia and the role of native vegetation along road verges and fencelines as linkages. In : Saunders DA, Hobbs RJ, editors. *Nature Conservation 2 : the Role of Corridors*. Chipping Norton, Australia : Surrey Beatty & Sons, pp. 273-280.

Beier P. 1995. Dispersal of juvenile cougars in fragmented habitat. *Journal of Wildlife Management* **59** : 228-237.

Beier P, Noss RF. 1998. Do habitat corridors provide connectivity?. *Conservation Biology* **12** : 1241-1252.

Bennett AF. 1990. Habitat corridors and the conservation of small mammals in a fragmented forest environment. *Landscape Ecology* **4** : 109-122.

Bowne DR, Peles JD, Barrett GW. 1999. Effects of landscape spatial structure on movement patterns of the hispid cotton rat (*Sigmodon hispidus*). *Landscape Ecology* **14** : 53-65.

Brooker L, Brooker M. 2002. Dispersal and population dynamics of the blue-breasted fairy-wren, *Malurus pulcherrimus*, in fragmented habitat in the Western Australian wheatbelt. *Wildlife Research* **29** : 225-233.

Bruinderink GG, Van der Sluis T, Lammertsma D, Opdam P, Pouwels R. 2002. Designing a coherent ecological network for large mammals in northwestern Europe. *Conservation Biology* **17** : 549-557.

Collinge SK. 2000. Effects of grassland fragmentation on insect species loss, colonization, and movement patterns. *Ecology* **81** : 2211-2226.

Danielson BJ, Hubbard MW. 2000. The influence of corridors on the movement behavior of individual *Peromyscus polionotus* in experimental landscapes. *Landscape Ecology* **15** : 323-331.

Date EM, Ford HA, Recher HF. 1991. Frugivorous pigeons, stepping stones, and needs in northern New South Wales. In : Saunders DA, Hobbs RJ, editors. *Nature Conservation 2 : the Role of Corridors*. Chipping Norton, Australia : Surrey Beatty & Sons, pp. 241-245.

Downes SJ, Handasyde KA, Elgar MA. 1997. Variation in the use of corridors by introduced and native rodents in south-eastern Australia. *Biological Conservation* **82** : 379-383.

Dunning JB Jr, Borgella JR, Clements K, Meffe GK. 1995. Patch isolation, corridor effects, and colonization by a resident sparrow in a managed pine woodland. *Conservation Biology* **9** : 542-550.

Fahrig L, Merriam G. 1985. Habitat patch connectivity and population survival. *Ecology* **66** : 1762-1768.
Forman RTT. 1995. *Land Mosaics*. Cambridge, USA : Cambridge University Press, 632 p.
Gonzalez A, Lawton JH, Gilbert FS, Blackburn TM, Evans-Freke I. 1998. Metapopulation dynamics, abundance, and distribution in a microecosystem. *Science* **281** : 2045-2047.
Groves CR, Jensen DB, Valutis LL, Redford KH, Shaffer ML, Scott JM, Baumgartner JV, Higgins JV, Beck MW, Anderson MG. 2002. Planning for biodiversity conservation : putting conservation science into practice. *BioScience* **52** : 499-512.
Haas CA. 1995. Dispersal and use of corridors by birds in wooded patches on an agricultural landscape. *Conservation Biology* **9** : 845-854.
Haddad NM. 1999. Corridor and distance effects on interpatch movements : a landscape experiment with butterflies. *Ecological Applications* **9** : 612-622.
Haddad NM, Baum KA. 1999. An experimental test of corridor effects on butterfly densities. *Ecological Applications* **9** : 623-633.
Haddad NM, Bowne DR, Cunningham A, Danielson BJ, Levey DJ, Sargent S, Spira T. 2003. Corridor use by diverse taxa. *Ecology* **84** : 609-615.
Hale ML, Lurz PWW, Shirley MDF, Rushton S, Fuller RM, Wolff K. 2001. Impact of landscape management on the genetic structure of red squirrel populations. *Science* **293** : 2246-2248.
Hess GR, Fischer RA. 2001. Communicating clearly about conservation corridors. *Landscape and Urban Planning* **55** : 195-208.
Hoctor TS, Carr MH, Zwick PD. 2000. Identifying a linked reserve system using a regional landscape approach : the Florida ecological network. *Conservation Biology* **14** : 984-1000.
Howard E. 1902. *Garden Cities of To-Morrow* [長　素連訳. 1968. 明日の田園都市. 東京：鹿島出版会, 281 p].
[IUCN] International Union for the Conservation of Nature and Natural Resources. 1980. *World Conservation Strategy*. Gland, Switzerland : IUCN, 267 p.
Mech SG, Hallett JG. 2001. Evaluating the effectiveness of corridors : a genetic approach. *Conservation Biology* **15** : 467-474.
Noss RF, Cooperrider A. 1994. *Saving Nature's Legacy : Protecting and Restoring Biodiversity*. Washington DC : Degenders of Wildlife and Island Press, 416 p.
Poiani KA, Richter BD, Anderson MG, Richter HE. 2000. Biodiversity conservation at multiple scales : Functional sites, landscapes, and networks. *BioScience* **50** : 133-146.
Rosenberg DK, Noon BR, Megahan JW, Meslow EC. 1998. Compensatory behavior of *Esatina eschscholtzii* in biological corridors : a field experiment. *Canadian Journal of Zoology* **76** : 117-133.
Seabrook WA, Dettmann EB. 1996. Roads as activity corridors for cane toads in Australia. *Journal of Wildlife Management* **60** : 363-368.
Simberloff D, Farr JA, Cox J, Mehlman DW. 1992. Movement corridors : conservation bargains or poor investments?. *Conservation Biology* **6** : 493-504.
Smith JNM, Hellman JJ. 2002. Population persistence in fragmented landscapes. *Trends in Ecology & Evolution* **17** : 397-399.
Stoner KE. 1996. Prevalence and intensity of intestinal parasites in mantled howling monkeys (*Alouatta palliata*) in northeastern Costa Rica : implications for conservation biology. *Conservation Biology* **10** : 539-546.
Sutcliffe OL, Thomas CD. 1996. Open corridors appear to facilitate dispersal by ringlet butterflies (*Aphantopus hyperantus*) between woodland clearings. *Conservation Biology* **10** : 1359-1365.
Taylor PD, Fahrig L, Henein K, Merriam G. 1993. Connectivity is a vital element of landscape structure. *Oikos* **68** : 571-572.
Tischendorf L, Fahrig L. 2000. On the usage and measurement of landscape connectivity. *Oikos* **90** : 7-19.
Verboom J, Foppen R, Chardon P, Opdam PFM, Luttikhuizen PC. 2001. Introducing the key patch approach for habitat networks with persistent populations : an example for marshland birds. *Biological Conservation* **100** : 89-101.

Wilson EO, Willis EO. 1975. Applied biogeography. In : Cody ML, Diamond JM, editors. *Ecology and Evolution of Communities*. Cambridge, USA : Harvard University Press, pp. 523–534.

Zaitzevsky C. 1982. *Frederick Law Olmsted and the Boston Park System*. Cambridge, USA : The Belknap Press of Harvard University Press, 262 p.

# 4 生物生息環境の定量的評価

## 4.1 生物生息環境の定量的評価の意義

　環境保全とかかわるさまざまな制度の中で生物の生息環境を定量的に評価することが求められている．とくに1997年に公布された「環境影響評価法」においては，従来からの「植物」「動物」項目に加えて新たに「生態系」の項目が設けられている．個々の動植物だけでなく，それらの生息する場所の環境を含めて評価することの重要性が認識されてきている．

　ここで生物の生息する環境を定性的ではなく，定量的に評価することの意義を考えてみよう．

　ひとつには，数字を使うことで「比較」が容易になる．たとえば対象地域内の保全適地の比較，代替案の比較，代償措置の比較に定量的評価は有効である．

　さらに環境計画における住民参加型の意思決定を支援するツールとして，定量的評価が重要な役割を果たす．第5章でも述べるように，さまざまな開発行為の場で住民参加，あるいは合意形成の重要性が増し，意思決定における透明性，公開性が求められている．そしてその合理的な意思決定には定量的評価が欠かせない．

　意思決定を扱う分野の中に，オペレーションズ・リサーチ（Operations Research：OR）という分野があるが，OR分野の専門家の言葉を借りると，定性的評価に比べた定量的評価の利点は，以下のようである（齊藤 2002）．

　　「定性的な表現は一般的に言って曖昧かつ抽象的であり，説得力に乏しい．
　　それに対して，定量的な表現は，万人に共通する数字を用いているためにわ
　　かりやすく，具体的で説得力がある．」

　また生物種の存続可能性について言えば，国際自然保護連合（International Union for Conservation of Nature and Natural Resources：IUCN）による絶滅危惧

種の定義自体にも，絶滅リスクの定量的基準が設けられるなど，保全生物学的にも定量的評価の重要性が増している．

## 4.2 定量的評価の方法

生物の生息環境を定量的に評価する手法をいくつか紹介する．

### 4.2.1 生息地の物的環境の評価

景観生態学の概念および生息地の連結性の意義については，第2章および第3章で述べたが，そのような知見を基礎として，景観生態学の分野では，生息地の面積や形状，景観構造等の生息環境の物的条件にもとづく評価がおこなわれている（表4.1）．

この種の評価では，生物のいる／いないを直接的には扱わない．したがって，このような物的環境に即した評価は，生物の側から見るとその意味合いは間接的なものになる．一方，空間計画をおこなう側からすると，生息地の面積や配置といった空間計画の内容と直接的につながるので，空間計画との親和性は比較的高いものとなる．

### 4.2.2 生息種の観点からの評価

生物の側からの評価の例としては，アメリカの環境アセスメントで使われている「生息地評価手続き（Habitat Evaluation Procedures：HEP）」における「生息地適性指数（Habitat Suitability Index：HSI）」がよく知られている．HEP を一口に言えば，開発行為による影響を，生物種の生息地（habitat）を基礎に定量的に評価し，代替案との比較をおこなう手法である．HSI は，その HEP の中で用いられる指数（index）であり，対象となる土地の生息地としての適性（habitat

表4.1 生息地の物的環境の評価指標

| | |
|---|---|
| パッチ | 面積，コア面積，パッチ周長，形，円度，楕円率 |
| コリドー | コリドー長，コリドー幅 |
| 景観 | 最近隣距離，平均パッチ面積，パッチ密度 |
| 景観要素の連結性 | アルファ・ベータ・ガンマ指数，リンク数 |
| モザイク異質性 | 相対多様性，相対均質性，優占度，パッチの孤立度 |
| 分断化 | 景観分割度，連結度，有効メッシュサイズ，線密度 |

suitability) を数値的に評価する．また HSI は必ずしも HEP の中でのみ使われるわけではなく，最近では保全策の評価に広く使われている（たとえば Kliskey and others 1999）．HEP の詳細については本シリーズの第 5 巻で，田中章氏が解説されるので，ここではその手法に焦点をあてて述べることにする．

HEP では地域全体の生息地の環境を評価するのに，生息地単位（habitat unit：HU）ごとにその質と量（面積）を掛けあわせ，それを合計する．各生息地単位の質は HSI を使って 0〜1 で評価する．式であらわせば以下のようになる．

$$HU = AREA（面積）\times HSI$$

$$HSI = \frac{調査区域の生息地の状態}{最適な生息地の状態}$$

HEP/HSI の具体的な事例としては，猛禽類の一種，ハクトウワシのモデルを 4.3.3 項で紹介する．

### 4.2.3　環境アセスメントにおける生態系の評価

環境影響評価法の成立（1997 年）を受け，生物多様性の評価手法を検討するため，環境省は「生物の多様性分野の環境影響評価技術検討会」を設置し，「生態系」項目の環境アセスメントの考え方と技術的指針に関する報告書をまとめた（私は陸域分科会のメンバとして，この検討に参加した）．この報告書では，スコーピング，調査・予測，環境保全措置，評価，および事後調査の各段階における技術手法を整理している．

環境アセスメントでは，まず「スコーピング」によって，調査・予測の項目や手法を広く一般に提示して地方公共団体や住民，専門家などから意見を聴く．事業者は，これらの意見を考慮して項目および手法を再検討し，もっとも適した実施方法を選定した上で，環境アセスメントの実施段階に入る．

図 4.1 に調査・予測の手順を示した．基盤環境と生物群集の関係に着目した調査，注目種・群集に関する調査，および生態系の機能に関する調査の後，生態系への影響を予測する．ここで注目種・群集に関する調査とは，事業の影響による生態系の構造と機能の変化を注目種・群集を通してとらえるための調査であり，生態系の環境アセスメントの中でも枢要な部分になると思われる．特定の種を通して環境全体を評価するという意味では，上述した HEP と同じような考え方に立脚する．

注目種・群集の選定にあたっては，上位性・典型性・特殊性の視点から，対象

4.2 定量的評価の方法

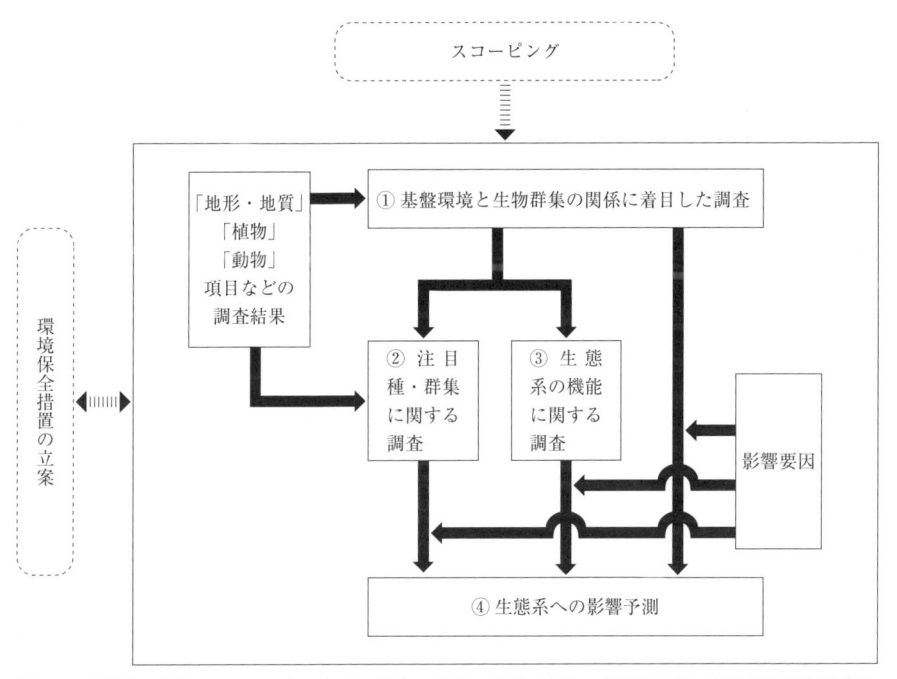

```
                    ┌──────────────┐
                    │ スコーピング  │
                    └──────┬───────┘
                           ↓
┌─────────────────────────────────────────────────┐
│  ┌──────────┐  ┌─────────────────────────────┐  │
│  │「地形・地質」│→│① 基盤環境と生物群集の関係│  │
│  │ 「植物」  │  │   に着目した調査           │  │
│  │ 「動物」  │  └──────┬──────────────────────┘ │
│  │ 項目などの│         ↓                        │
│  │ 調査結果  │  ┌─────┐  ┌─────┐                │
│  └──────────┘  │② 注目│  │③ 生態│               │
│                │種・群集│  │系の機能│  ┌──────┐ │
│                │に関する│  │に関する│  │影響要因│ │
│                │ 調査  │  │ 調査  │  └──────┘ │
│                └───┬───┘  └───┬───┘            │
│                    ↓          ↓                │
│                ┌─────────────────────┐          │
│                │④ 生態系への影響予測 │          │
│                └─────────────────────┘          │
└─────────────────────────────────────────────────┘
```

図 4.1 生態系の環境アセスメントにおける調査・予測の手順（生物の多様性分野の環境影響評価技術検討会編 2002）

地域の生態系の特性を効率的かつ効果的に把握できるような種および群集を選定する，とされている．

ここで上位性というのは「相対的に栄養段階の上位の種で，生態系の攪乱や環境変化などの影響を受けやすい種」であり，たとえば哺乳類ではヒグマ，キツネ，イタチ，鳥類ではイヌワシ，オオタカ，フクロウなどがあげられている．

典型性というのは「生物間の相互作用や生態系の機能に重要な役割を担うような種・群集，生物群集の多様性を特徴づける種や生態遷移を特徴づける種など」であり，たとえば群集ではブナ林，スダジイ林，種ではタヌキ，ヤマガラ，ヤマアカガエルなどがあげられている．

特殊性というのは「小規模な湿地，洞窟，噴気口の周辺，石灰岩地域などの特殊な環境や，砂泥底海域に孤立した岩礁や貝殻礁などの対象地域において，占有面積が比較的小規模で周囲にはみられない環境に注目し，そこに生息する種・群集」であり，たとえば洞窟性のコウモリ，湿地のモウセンゴケなどがあげられている．

環境アセスメントの中では，スコーピングは実施段階に先立っておこなわれ，まずここできちんと調査の方法を議論してから実施段階の調査がおこなわれることになっている．種の選定もまずスコーピングの手続きの中でおこなわれ，実施段階では必要に応じ見直されることになっている．

### 4.2.4 ドイツにおけるビオトープの評価

生態系の機能は生物に対して生息環境を提供することだけではなく，たとえば微気象の緩和や視覚的景観の改善など多様なものがある．そのような生態系のもつ多面的な機能を評価している事例として，ここではドイツのニーダー・ザクセン州のオスナブリュック郡でおこなわれているビオトープの評価の例を紹介する．ビオトープ（Biotop）とはドイツ語で動植物の生息場所を意味する．

評価の項目としては ① ビオトープの種多様性，② 危急種・絶滅危惧種の存在，③ ビオトープの特殊性，④ 植生構造，⑤ 生態的ネットワークとしての機能，⑥ 特別な立地条件，⑦ 集約的土地利用の頻度，⑧ 再生の可能性，⑨ 古さ，⑩ 面積，⑪ 珍しさ，⑫ 影響の受けやすさ，⑬ 景観としての重要性，⑭ 小気候への貢献性，⑮ 歴史的な重要性，があげられており，それぞれを6段階で評価し，点数を付ける（中尾 2000）．

ビオトープの種多様性といった生物的な評価だけでなく，景観としての重要性や歴史的な重要性といった社会的・文化的な側面についての評価も含まれている点が興味深い．

## 4.3 GISによる生息地適性の評価

### 4.3.1 生息地分布モデル

GISの発展は，生物の生息環境の評価においても大きく貢献してきた．とくに近年の生息地分布モデルの急速な向上の背景には，GISの発展と新しい統計手法の開発が大きく貢献している（Guisan and Zimmermann 2000）．

一口に生息地分布モデルと言っても，その対象（種・群集）や方法はさまざまであるが，それらは大きく相関モデル（correlative model）と機械モデル（mechanistic model）に分けられる（Beerling and others 1995）．

相関モデルは，種の分布と，それを規定する環境要因との間の強い，しばしば間接的な関連性にもとづき生息地の予測をおこなうものである（Beerling and others 1995).相関的アプローチは,広範な(ときには予期せぬ)気候と植生分布との間の関係を解明することによって,潜在的に重要な,そして以前は見過ごされていたような生理学的メカニズムを特定する上で役に立つ(Stephenson 1998).

一方,機械モデルは対象種の生活史属性および環境変数に対する生理学的反応に関する詳細な知識を用いることにより(Stephenson 1998),種の分布と観測された環境属性との相関の背景に存在すると考えられるメカニズムをシミュレートしようとするものである(Beerling and others 1995).機械モデルは,生理生態モデル(eco-physiological models〈Stephenson 1998〉)あるいはプロセス指向モデル(process orientated models〈Carpenter and others 1993〉)ともよばれている.

生息地分布モデルは,基礎生態学および応用生態学の両者で広く用いられている.

基礎生態学の分野では,対象生物の分布を説明する環境要因の分析は,もとより生態学の中心的課題であった.とくに動物や植物の分布を説明する気候的要因の重要性は古くから認識されていた.

一方,応用生態学の分野では,表4.2にまとめられているように保全生物学,

表4.2 応用生態学における生息地分布モデルの利用(Manel and others〈2001〉よりタイトルを改変して引用)

| 応用分野 | 種予測の利用 |
| --- | --- |
| 保全生物学 | 環境データを用いた重要種を支えると期待される土地の特定 |
| | 種の再導入にとっての土地の特定 |
| | 種の出現を助けることが知られる特徴を操作することによる土地管理の指針 |
| | 分布におけるギャップの特定とその要因の診断 |
| | 種絶滅のリスクのある場所の特定 |
| 生物学的指標 | 種分布に対する主要な影響の特定,指標値の明示 |
| | 生息地と種の分布に対する汚染の効果とを識別し,不在の要因を診断 |
| | 他の生物相を予測材料として用いることによる重要種に対する立地値の予測 |
| 有害種 | 大発生のリスクがある土地の予測 |
| | 種の出現を抑制することが知られている特徴を操作することによる土地管理の指針 |
| 侵略生態学 | 外来種に対して敏感な土地の予測 |
| | 非在来種が在来生物相に及ぼす負の影響のモデル化 |
| 応用生態学の全領域 | 気候変動あるいは土地利用変動に対応する分布変化の予測 |

生物学的指標，有害種，侵略生態学，その他の領域で利用されている（Manel and others 2001）．以下，そのいくつかを紹介する．

ひとつには保全適地の選定における生息地分布モデルの利用がある．これは，生物多様性の保全のために優先的に保護されるべき地域を選定するため，鍵種の生息地を知ることによって，その保全上，重要な土地を探索するのに用いられている．たとえば Pearlstine and others (2002) は，フロリダ Gap 分析の方法を紹介している（Gap 分析については，たとえば Scott and others (1996)，あるいは http://www.gap.uidaho.edu/ を参照）．フロリダにおける哺乳類，鳥類，爬虫類，両生類，バッタ・アリ類の適性生息地（suitable habitat）を特定することによって，生息地分布モデルを開発している．対象とする生物が実際に対象地域に生息するが，対象地域が広域にわたるなどして，その分布情報が十分に得られない場合には，このような生息地分布モデルが有効である．

また地域的に絶滅した種の再導入にとって候補となる地域を特定するのに生息地分布モデルが使われる場合がある．これは，環境データから生息地分布モデルを用いて潜在的な生息地を予測し，それをもとに再導入するのに適した地域を特定するものである．たとえば Mladenoff and others (1999) は，アメリカのウィスコンシン州において 1979 年以来再導入されたハイイロオオカミ（*Canis lupus*, 英名：grey wolf）のラジオテレメトリデータを用いて，ロジスティック回帰分析を用いた北部五大湖周辺の生息地適性の予測的空間モデルを開発し，ウィスコンシン州，ミネソタ州，およびミシガン州においてハイイロオオカミの適性生息地を地図化している．

気候変動の影響予測にも生息地分布モデルが用いられている．これは，大気温室効果ガス濃度の増加にともなう将来の地球規模気候変動（地球温暖化）が生物の分布に及ぼす影響を，生息地分布モデルにおいて生息地分布を説明する環境要因（通常は気候変数を含む）を変化させることによって，潜在的な分布域を予測する．このアプローチは広く用いられているが，他の樹木種との競争，土壌特性，分散に対する障壁，および病虫害の分散を含む，気候と他の環境要因の両者の影響を無視していることから，モデルにもとづく気候変動が森林に及ぼす影響は過小評価されるのではないかという批判もある（Loehle and LeBlanc 1996）．

上記の三つのいずれの場合にも，潜在的生息地（ポテンシャルハビタット：potential habitat）という言葉が使われることがあるが，その意味するもの（「潜在」の意味）が微妙に異なることには注意しておこう．

## 4.3.2 希少猛禽類を対象とした生息環境の評価——クマタカの事例

つぎに私がかかわった事例を紹介する．環境省，経済産業省，国土交通省，および林野庁の4省庁は「希少猛禽類調査検討委員会」を設置し，クマタカ (*Spizaetus nipalensis*) とイヌワシ (*Aquila chrysaetos*) について，生態的な調査や分布の調査を実施してきた．

この検討会の中ではイヌワシとクマタカの全国の生存個体数を推定するため現地調査を重ねたが，生存が確認されていない所が多く，全域を埋めきることがなかなかむずかしい．確認された場所だけの地図ではクマタカの生息状況を過小評価してしまう．かと言って全国を網羅的に現地調査で埋めていくには，時間も費用もかかりすぎて現実的でない．そこで比較的データのそろっている岩手県を対象としてクマタカの分布を予測するモデルを開発し，生息環境を評価してみようということとなった．

まずクマタカの専門家にヒアリングをおこない，クマタカの生息地の環境要因を以下のように言葉で表現した．

・標高が高いこと
・起伏があること
・営巣用の大径木（マツ等）が存在すること
・エサの豊富な自然植生の方が良い
・市街地から離れていること
・近傍に別のクマタカがいないこと
・近傍にイヌワシがいないこと

これをモデルの中で表現するため，条件をあらわすデータとして，平均標高，標高差，起伏度，谷密度，高木自然植生の割合，低木・原野・農耕地・住宅地の割合，周辺グリッドにおけるクマタカの生息の有無，イヌワシの生息の有無等のデータが求められた．

### a. 利用可能なデータ

しかし，実際問題としては求められるデータがすべてそろうわけではない．

データは，クマタカの分布と生態に関する情報とクマタカが必要とする環境に関するデータというふたつに分けることができる．

クマタカの分布と生態に関するデータとしては下記のようなものがある．

・生態調査（生息・繁殖個体の追跡調査）
・分布調査（20 km グリッドの高密度区／低密度区における調査）

- 県レベルの分布調査
- その他（環境アセスメント等により収集されたデータ）

このようなデータを検討した結果，県レベルの分布調査データを利用することにした．

一方，環境側のデータには下記のようなものがある．
- 緑の国勢調査による「自然環境 GIS」（植生データ）
- 農水省の「第3次土地利用基盤整備基本調査データ」（農地データ）
- 森林 GIS（民有林データ）
- 50 m DEM（Digital Elevation Model：数値標高データ）
- その他（「森林簿」国有林データ，紙ベース）

民有林については森林 GIS，農地については農水省のデータというように部分的には詳細なデジタルデータがそろっていたが，岩手県は国有林が広い面積で存在しており，その国有林の部分が抜けてしまう．そこで最終的には環境省の自然環境 GIS と DEM のデータを使用することにした．

### b. モデル

クマタカの分布と環境変数との関連性を統計的に評価し，有意な差が認められる変数を独立変数，クマタカの生息確認／未確認を従属変数とし，判別分析をおこなった．

選択された変数は，平均標高（$X_1$），最低標高（$X_2$），平均傾斜（$X_3$），自然度5（背丈の高い草原）面積（$X_4$），自然度6（植林地）面積（$X_5$），自然度7（二次林）面積（$X_6$），自然度8（自然植生に近い代償植生）面積（$X_7$），水域面積（$X_8$）であった．単位は標高に関する変数では m，平均傾斜では度，面積に関する変数では $km^2$ である．

線形判別関数は以下のようである．

$$Z = 0.005\,X_1 - 0.005\,X_2 + 0.057\,X_3 + 0.096\,X_4 + 0.054\,X_5 + 0.067\,X_6 + 0.166\,X_7 + 0.088\,X_8 - 2.730$$

このモデルを使って，生息確率を 0～1 で示した地図（図 4.2）と，実際に生息が確認されたグリッドの地図（図 4.3）とを見比べると，両者は比較的よく一致しており，判別率は 80.4% であった．

### 4.3.3　HEP/HSI における猛禽類の生息環境評価──ハクトウワシの事例

このクマタカを対象とした統計的なモデルと対比するため，HEP/HSI による

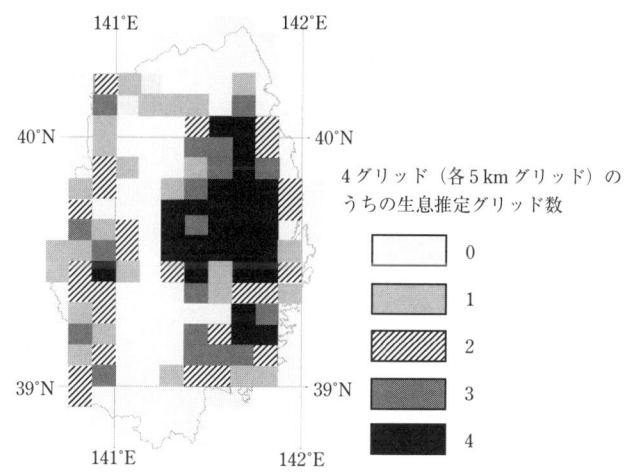

4.3 GISによる生息地適性の評価

**図4.2** 判別分析を用いた岩手県におけるクマタカの生息推定地図（10 km グリッド）（伊藤ら 2004）
5 km グリッド四つのうちクマタカの生息確率が0.5以上と推定されたグリッド数を示す．

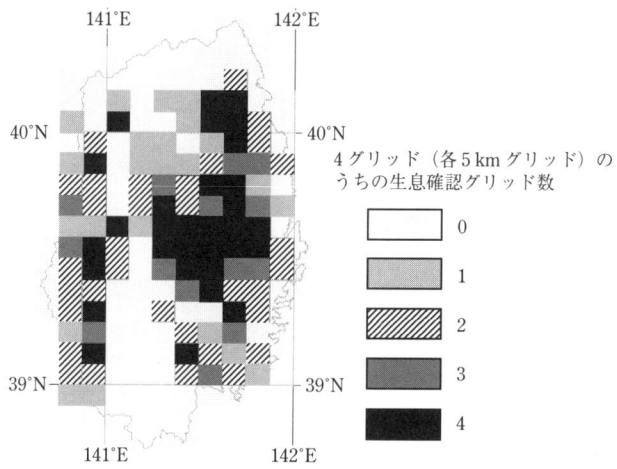

**図4.3** 岩手県内においてクマタカの生息が確認されたグリッド（10 km グリッド）（伊藤ら 2004）
5 km グリッド四つのうちクマタカが確認されたグリッド数を示す．

猛禽類の一種ハクトウワシ（白頭鷲：*Haliaeetus leucocephalus*，英名：bald eagle）のモデル（Peterson 1986）を紹介する．

このハクトウワシのレポートは25ページからなり，まず最初に生息地の利用情報として，既往文献からハクトウワシの生態的な特性をレビューしている．たとえば食料では，「ハクトウワシの狩猟採集に適した土地は，川，湖および河口域である」ではじまり，約3ページにわたり論文などからの引用がまとめられている．

モデルの適用性という項では「ハクトウワシモデルは影響の評価には用いられるかもしれない．しかし，このモデルの中で使われている変数は，管理によっては変化しないもの（たとえば水域面積や地形変数）なので，管理の方法を評価するのには役に立たない．」と書かれている．要するにモデルを構成する変数によって用途が変わってくる，あるいは用途に応じて変数を変えていかなければいけないという点が指摘されている．

検証レベルについては，このモデルの場合には，実際のデータでは検証されておらず，レポートには8人の研究者，行政官の名前とポストが記され，この8人によってレビューされたと説明されている．

ハクトウワシのHSIモデルは以下のような式で与えられている．

$HSI = (SI_R \times SI_{HD})^{1/2} \times (SI_F)$

$SI_F$（食料に対する適性指数）$= (SIV_1 \times SIV_2)^{1/2}$

　　　$SIV_1 =$ 開放水域あるいは隣接する湿地の面積

　　　$SIV_2 =$ 地形指数

$SI_R$（繁殖に対する適性指数）$= SIV_3$

　　　$SIV_3 =$ 成熟林における潜在的営巣面積割合

$SI_{HD}$（人為的攪乱に対する適性指数）$= SIV_4$

　　　$SIV_4 =$ 建物あるいはキャンプ用地の密度

上述した統計モデルとこのHEP/HSIを比較してみよう（表4.3）．

導き方としては，統計モデルでは要因間の関係は，ブラックボックスであり，要因の意味は後付けになる．HEP/HSIでは，なぜその要因が選ばれたのか，どういう因果関係があるのかが，生態学的な知見から説明される．

検証の方法については，統計モデルでは分布データで検証される．HEP/HSI（ハクトウワシモデルの場合）では専門家によるレビューによっており，データで検証されているわけではない．一見すると統計モデルの方が正確なように思え

表 4.3 統計モデルと HEP/HSI の比較

|  | 統計モデル | HEP/HSI |
|---|---|---|
| 導き方 | 統計的（要因間の関係はブラックボックス） | 生態学的な知見から要因をブレークダウン |
| 検証の方法 | ○（生息分布データで検証） | △（専門家によるレビュー） |
| 一般の人からみたモデルのわかりやすさ | △（モデル構造がわかりにくい） | ○（モデル構造がわかりやすい） |

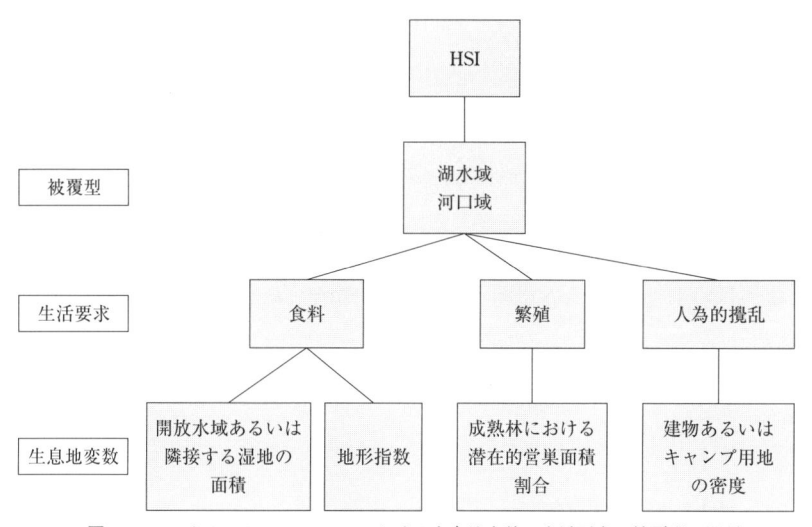

図 4.4 ハクトウワシ HSI モデルにおける生息地変数，生活要求，被覆型の関係

るかもしれないが，実際には根拠となるデータ自身の精度が良くない場合もあり，そのような現実を考えると，一概にどちらが正確とは言いかねる．

またモデルの理解しやすさについては，図 4.4 に示したように，HEP/HSI ではモデルの全体構造が比較的わかりやすいように思われる．

## 4.4 個体群存続可能性分析（PVA）

個体群存続可能性分析（Population Viability Analysis : PVA）とは，その名のとおり，ある生物個体群に対する存続可能性，すなわち将来のサイズと絶滅のリスクを数値モデルによって推定する手法である．PVA は，生活史あるいは個体群

成長速度データを用いて，個体群モデルをパラメタライズし，つぎにそれを用いて動態を予測し，個体群サイズと構造を推定する（Ludwig 1999）．取り扱いの容易な PVA ソフトによって，保全管理者はさまざまな個体群に対して将来の個体群サイズと絶滅リスクを予測することができる（Ludwig 1999）．

前節で紹介した HEP/HSI とこの PVA は，ともに生物多様性の保全に用いられるツールであり，また特定の種に注目して評価するという点では共通するが，どちらかと言えば HSI はその種を通して環境を評価するのに力点が置かれるのに対し，PVA は環境条件も含む，ある一定の条件の下でのその種の存続可能性を評価する．両者の違いを強調すれば，HSI は環境の評価，PVA は生物種の評価に対してより近いと言えるかもしれない．また HSI は環境アセスメントという場で，コミュニケーションのツールとして使われるという色彩がより強い．それに対し PVA はより科学の場に近く，学界でも盛んにその妥当性の議論がおこなわれている．

PVA は以下のような用途で使われている（Coulson and others 2001）．

① 個体群の将来サイズの予測（Brook and others 2000, Boyce 1992, Lacy 1993）
② 絶滅に向かいつつある個体群に対して，ある期間における絶滅確率の推定（Boyce 1992）
③ どのような管理あるいは保全戦略が，個体群の存続確率を最大にするかの評価（Lindenmayder and Possingham 1996）
④ 小さな個体群の動態に対するさまざまな仮定がもたらす影響の探索（Lindenmayer and others 1995）

PVA については，すでに良いテキストが日本語でも出されているので（巻末「さらに学びたい人のために」参照），PVA の詳細についてはそれらを読んでいただきたい．ここでは PVA の概要を理解してもらうために，PVA を用いて保全策を評価した例を紹介し，つぎに PVA の有用性に関する最近の議論を紹介する．

### 4.4.1 PVA の事例

オーストラリアにフクロネズミ目（有袋類）のオポッサムの一種，フクロモモンガダマシ（*Gymnobelideus leadbeateri*，豪州名：leadbeater's possum）が生息している．Lindenmayer and Possingham (1996) は，ALEX という PVA のシミュレーションプログラムを用いてフクロモモンガダマシの保全対策の有効性を評価

した（ここで紹介するのはその一部である）．ALEX モデルに入力したフクロモモンガダマシの生活史特性は表 4.4 のとおりである．

　植林事業から保護される，全部で 300 ha の保護地域を設定するため，そのいくつかの選択肢の効果が検討された．選択の幅は 300 ha × 1 カ所から，25 ha × 12 カ所までを与えた．

　シミュレーションの結果，山火事の頻度および火事による焼失面積の両者が大きくなるにつれて，メタ個体群の絶滅確率は増大することが予測された（表 4.5，

表 4.4 メタ個体群存続可能性モデル ALEX に対して入力されたフクロモモンガダマシ（*Gymnobelideus leadbeateri*）の生活史特性の値 (Lindenmayer and Possingham 1996)

| 属　性 | 数　値 |
| --- | --- |
| 最高品質の生息地における雌の最小行動圏 | 1.0 ha[a] |
| 原生林における繁殖雌の最小行動圏サイズ | 3.3 ha[b] |
| 最大個体群密度（雌/ha） | 2 |
| **繁殖率** | |
| 　雌あたり 0 雌子の年確率 | 0.45 |
| 　雌あたり 1 雌子の年確率 | 0.30 |
| 　雌あたり 2 雌子の年確率 | 0.18 |
| 　雌あたり 3 雌子の年確率 | 0.06 |
| 　雌あたり 4 雌子の年確率 | 0.01 |
| 　性的成熟年齢（歳） | 2 |
| **死亡率** | |
| 　年死亡率 | |
| 　　新生獣 | 0.0 |
| 　　幼若獣 | 0.3 |
| 　　成獣 | 0.3 |
| **個体群成長率** | |
| 　理想的な条件下での個体群成長率 | 1.21[c] |
| 　擬似絶滅に対する個体群閾値 | 2 |
| **移動率** | |
| 　幼若獣の平均移住距離 | 2 km |
| 　移住前の個体群密度（最大値の％） | 20% |
| 　亜成獣の移住確率 | 70% |
| 　拡散前の個体群密度（最大値の％） | 10% |
| 　亜成獣に対する拡散確率 | 20% |

　a　この数値は環境容量に対する制限を設定する．
　b　この数値は所与のサイズのひとつのパッチにおいて繁殖可能な成獣雌の数を示す．
　c　入力値の合成から ALEX により計算される．

**表4.5** 合計で300 haとなる保護地の構成と,さまざまな山火事の両者のコンビネーションに対するマリンディンディ森林ブロックにおけるフクロモモンガダマシの個体群の予測絶滅確率[a] (Lindenmayer and Possingham 1996)

| 保護パッチ数 | 各保護パッチの面積 (ha) | 火災 | | | | | |
|---|---|---|---|---|---|---|---|
| | | 焼失パッチ (%) | | | 火事の年確率 (%) | | |
| | | 100 | 75 | 50 | 1.33 | 1 | 0.67 |
| 動物移動が制約されない場合 | | 150年後の予測絶滅確率[b] | | | | | |
| 12 | 25 | 78 | 34 | 7 | 42 | 34 | 18 |
| 6 | 50 | 77 | 36 | 6 | 49 | 36 | 19 |
| 4 | 75 | 77 | 47 | 14 | 57 | 47 | 30 |
| 3 | 100 | 80 | 46 | 22 | 64 | 46 | 32 |
| 2 | 150 | 77 | 57 | 32 | 70 | 57 | 43 |
| 1 | 300 | 77 | 69 | 56 | 77 | 69 | 46 |
| 動物移動が制約される場合 | | | | | | | |
| 12 | 25 | 80 | 57 | 24 | 68 | 57 | 34 |
| 6 | 50 | 77 | 49 | 15 | 62 | 49 | 29 |
| 4 | 75 | 81 | 50 | 20 | 64 | 50 | 30 |
| 2 | 100 | 75 | 63 | 35 | 77 | 63 | 43 |
| 1 | 150 | 77 | 69 | 56 | 77 | 69 | 46 |

a 保護地域内の火災後植林の効果はこの分析ではシミュレートされていない.
b マリンディンディ森林ブロックに対するシミュレーションにおいて予測された150年後の絶滅確率.

図4.5).大規模な火事が少ない場合,メタ個体群の予測絶滅確率がもっとも低くなるのは25 ha×12カ所あるいは50 ha×6カ所の保護地域が設けられた場合である.

　生息地パッチ間の動物の移動が制限された場合,予測絶滅確率がもっとも低くなるのは50 ha×6カ所および75 ha×4カ所の保護地域が設けられた場合である.

　このように,より小さな保護地の個体群は,人口学的な確率性や環境変動による絶滅に対して脆弱である.逆に少数で広い保護地を設定する場合は,自然火災などのまれな破局的変動に影響されやすく,それを防ぐにはいくつかの分散した保護地を設定しなければならない.

　このような検討は,本書2.2でも紹介したSLOSSの問題に対してPVAを使って答えを与えたものとも言える.保全戦略を評価する上でのPVAの有用性がこ

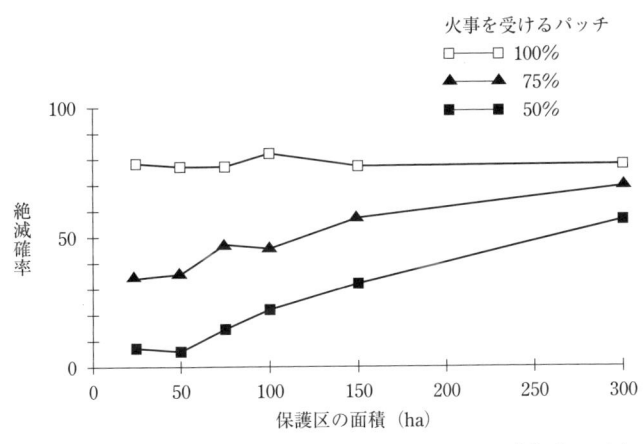

## 4.4 個体群存続可能性分析 (PVA)

**図 4.5** さまざまな保護設計戦略に対するマリンディンディ森林ブロックにおける 150 年以内のフクロモモンガダマシ個体群の絶滅確率
(Lindenmayer and Possingham 1996)
$x$ 軸は全部で 300 ha の森林を保護するためのさまざまな構成をあらわす．これらのシミュレーションにおける年確率は 1% に設定した．三つの折れ線はさまざまな山火事に対応しており，ある構成における焼失パッチ数を 50 % から 100 % の間で変動させた．

の例からも理解されるだろう．とくに GIS を利用して生息地の大きさや配置の効果を組み込んだ空間明示型の PVA は，今後の空間計画において活用されることが期待される．さらに空間明示型 PVA と景観動態モデルの結合による，変貌する景観における絶滅リスクの評価 (Akçakaya 2001) も重要な研究課題であろう．

### 4.4.2 PVA は有用か否か？

PVA は，今日，個体群と種の絶滅リスクの予測および絶滅リスクを軽減するための保全戦略の評価に広く使われている．しかしこの PVA の有用性，とくにその予測精度の信頼性については今日でも多くの議論が続いている．

PVA に対して懐疑的な意見には以下のようなものがある．

- Ludwig (1999) は PVA に関する問題の可能性として，絶滅確率に対する推定値には十分な精度が欠如していること，モデルの仮定に対して推定値が敏感であること，および個体群絶滅に影響する重要な要因に対して十分な注意が払われていないことの 3 点を指摘した上で，自然個体群の擬似絶滅 (quasi-extinction) の確率を計算した．その結論として，PVA はパラメータ

の推定値に敏感であること，自然個体群は偶発的な破局的変動を被り，それによって絶滅確率が大きく増加すること，絶滅の危機に瀕した個体群に対してこのようなデータを十分に得ることはむずかしいことから，信頼できる絶滅確率を推定することは困難なことを指摘している．

・PVAの問題のひとつにPVAでは空間変異（spatial variation）と種の移動が無視されているという点があった．そこでLindenmayer and others（2003）は，空間変異と個体の移動を考慮し，複数の種を対象としてPVAをおこなった．その結果，種によって良い推定を与えたものとそうでないものがあった．推定の精度を低下させた要因としては，景観構造と生活史属性の間の相互作用をあげている．ただし結論としては，かれらはPVAは完全とは言えないが，代替的なアプローチのない状況においては有用なツールだとして，PVAモデルの検証の重要性を指摘している．

上述のようにPVAでは十分に考慮されないような絶滅の要因があること，絶滅の危機に瀕した個体群のように個体数の少ない場合には精度の良いモデルを構築するのに十分なデータが得られないことが大きな問題とされてきた．

一方，Brook and others（2000）は，21事例の長期生態学研究によって得られたデータを用いてPVAの検証をおこなった．パラメータは，それぞれのデータの半分から推定し，残りの半分をモデルのパフォーマンスの評価に用いた．その結果，PVAにより得られた予測はきわめて正確なこと，個体群減衰のリスクは，観察された結果とそっくり一致すること，有意なバイアスはないこと，個体群サイズ予測は，現実と大きく異ならないこと，そして用いた五つのPVAソフトの予測は，ほぼ一致することを報告している．この結果から，かれらはPVAは絶滅危惧種の判別と管理に対して有効で十分に正確なツールだと結論づけている．

一方，この論文に対してCoulson and others（2001）は，Brookらの事例研究は長期間のもので，これは絶滅危惧種の個体群からの典型的なものではないこと，データの質が高いこと，そしてこれらの事例の中ではひとつの個体群が絶滅したのみであることを指摘し，これらのことからBrookらの結論がその分析に用いたデータにおけるバイアスの影響を受けていると言う．そしてPVAにより正確に絶滅確率を予測する条件として，信頼できるデータが広範にあること，そして個体群成長速度と出生速度が将来も変わらないと仮定できることをあげる．とくに破局的変動が絶滅の大きな誘因であるが，破局的変動の確率の推定値は信用できるものではない，という点に注意を喚起する．

このようなPVAの限界を踏まえて，Beissinger and Westphal（1998）は，PVAを絶対的な絶滅リスクよりもむしろ相対的なものの評価に使うこと，予測は短期間についてのみおこなうこと，ならびに複雑なモデルよりも単純なモデルを使うことを提言している．

またAkçakaya and others（1999）は，PVAを保全のための有用なツールだとした上で，「モデルの使用者は，モデルに関する諸々の仮定と限界を知っていて，それらをモデルの結果とあわせて知らせなくてはならない」と述べている．

## 4.5 不確実性の問題

絶滅危惧種を保全するためには，その種が絶滅する前に策を講じる必要がある．あたり前の話である．しかしそのためには絶滅するかどうかを事前に予測・評価することが求められ，そこには不確実性（uncertainty）の問題が発生する．

不確実性の問題は，これまでも経済学や，情報科学，政策科学などさまざまな分野で論じられてきた．環境科学においても，重要な問題のひとつである．不確実性には，現状における不確実性と，将来起こり得る事象の不確実性の両方が含まれるが，とくに問題となるのは後者の場合である．将来における不確実性を簡単に定義すれば，提示される仮説・推論・判断にもとづく予想と異なる結果が将来，生じる可能性，と言えよう．

問題が起こってから事後的に対処するのではなく，問題が起こる前に事前的，予防的，あるいは予見的に対処することが求められる場面では，本来的にこの将来における不確実性の問題と直面する．上で述べたような生物多様性の分野（種が絶滅する前の保全）のほか，地球温暖化やオゾン層破壊のように，問題が顕在化してからでは遅すぎる場合には，この予防的対処が強く求められる．また環境アセスメントは開発による環境への重大な影響が生じる前にその対策を講じる政策手段のひとつである．

さて，話を絶滅リスクの評価に戻そう．現在，絶滅危惧種の判定規準として国際的に用いられているのが，国際自然保護連合（IUCN）による絶滅危惧種レッドリストのカテゴリと基準（バージョン3.1）（IUCN 2001）である．このIUCN（2001）では「付属文書1 不確実性」が添付されているが，その内容は，基本的にはAkçakaya and others（2000）が引用・要約されたものである．

Akçakaya and others（2000）は，判定における不確実性は，自然変動，用語お

およびの定義の曖昧さ，ならびに測定誤差の三つの要因から生じるとしている．そしてこの不確実性への対応姿勢（attitude）次第で，評価結果に強い影響を与え得ると指摘する．かれらはリスクおよび不確実性に対する対応姿勢には以下のふたつの要素があるとする．

第一の要素は「異論許容度（dispute tolerance：DT）」であり，これはどの程度確からしいデータを判定に用いるかの尺度（0〜1の値）である．低いDT値は，判定に関する不一致や異論を避けるため，できるだけ多くのデータ（推定値）を用いて判定することをあらわす（確かさは減るが，異論は避けられる）．一方，高いDT値は，判定に用いるデータから極端な値を排除し（より確かなデータに限定し），異論は出るかもしれないがそれは許容するという対応姿勢である（異論は出るかもしれないが，確かさは増す）．換言すれば，DTは求める確からしさの程度であり，DTが高いほどより確からしさを求める対応姿勢をあらわしている．

第二の要素は「リスク許容度（risk tolerance：RT）」であり，これも0〜1の値で与えられる．Akçakayaらは，リスク許容度が低い対応姿勢を「予防的対応姿勢（precautionary attitude）」，リスク許容度が高い対応姿勢を「証拠にもとづく対応姿勢（evidentiary attitude）」とよんでいる．前者は，その種が絶滅の危機に瀕していないことが確かな場合にのみ，絶滅危惧に至っていないとの判定を受け入れる．一方，後者は，絶滅の危険性を示す確かな証拠がある場合にのみ，絶滅危惧の判定を受け入れる．すなわち絶滅リスクの過小評価を避ける立場（前者）と，過大評価を避ける立場（後者）の違いとも言えよう．

Akçkaya and others（2000）は，このDTおよびRTを定量的に扱う方法を提示している．図4.6は，オーストラリアに生える*Grevillea caleyi*（ヤマモガシ科シノブノキ属の一種）の絶滅危険性の判定に関する事例である．DTおよびRTを用いて，不確実性に対する対応姿勢を明示的かつ数量的に与えた場合に，分類がどのように変わるかを示している．不確実なデータから絶滅危険性を判定する場合には，不確実性への対応姿勢によって判定が変わり得ることがこの図からわかる．

不確実性への対応として，どの程度の不確実性を許容するのかという側面と，どの程度のリスクを許容するのかという側面の二つを明示的にとらえることは，判定に至る論理の曖昧さを排除する上で有効であろう．ただし，どの程度のDTおよびRTを適用するかについての関係者のコンセンサスをどのように得るのだ

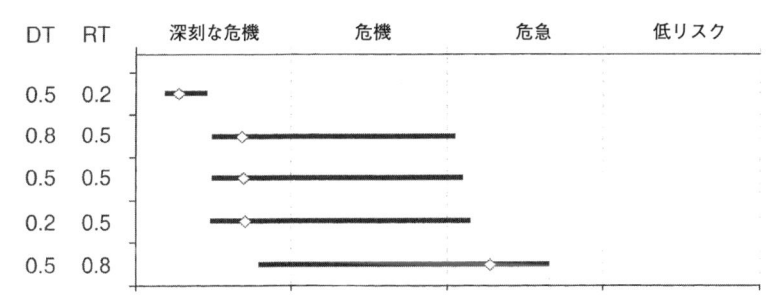

| DT | RT | 深刻な危機 | 危機 | 危急 | 低リスク |
|---|---|---|---|---|---|
| 0.5 | 0.2 | | | | |
| 0.8 | 0.5 | | | | |
| 0.5 | 0.5 | | | | |
| 0.2 | 0.5 | | | | |
| 0.5 | 0.8 | | | | |

図 4.6　IUCN ルールに基づく不確実性の下で推定される *Grevillea caleyi* の絶滅危惧クラス．異論許容度（DT）とリスク許容度（RT）に対する対応姿勢の違いにより異なる結果が得られる．各横線は妥当なカテゴリの幅を示し，◇は脅威の状態を示している（Akçakaya and others 2000）．

ろうかと想像すると，実際の保全現場ではまた別の問題が生じそうである．

Regan and others（2002）は，生態学および保全生物学における不確実性を知識上の不確実性（epistemic uncertainty），すなわち確定的な事実（determinate facts）における不確実性と，言語上の不確実性（linguistic uncertainty），すなわち言葉の定義などの不確実性に分け，それぞれの不確実性のタイプに応じた一般的な対処戦略を提示している（表 4.6）．

不確実性の下での資源管理について，Ludwig and others（1993）は，効果的管理のために以下の五つの自然資源管理の原則を示している．

① 人間の動機づけと対応を研究および管理のシステムの一部として取り入れること
② 科学的合意が得られる前に行動すること
③ 問題を理解するためには科学者を信用するが，しかし問題の解決をかれらに求めてはいけないこと
④ 持続性の主張を疑うこと
⑤ 不確実性に立ち向かうこと

### 4.5.1　IPCC における不確実性への対処

一方，地球温暖化の分野では不確実性にどう対処しているか．IPCC（Intergovernmental Panel on Climate Change：気候変動に関する政府間パネル）の第三次報告書の横断的事項に関する指針文書では，Moss and Schneider（2000）が不確実性のソース（表 4.7）と不確実性への対処指針（表 4.8）を提示

**表 4.6** 知識上の不確実性および言語上の不確実性のさまざまなソースとそれに対するもっとも適切な一般的な対処法（Regan and others 2002）

| 不確実性のソース | 一般的な対処法 |
| --- | --- |
| **知識上の不確実性** | |
| 測定誤差 | 統計手法：信頼区間 |
| 系統誤差 | バイアスの認識と除去 |
| 自然変動 | 確率分布：信頼区間 |
| 固有のランダムネス | 確率分布 |
| モデルの不確実性 | 検証：観察に基づく理論の見直し：解析的誤差推定（メタモデルに対して） |
| 主観的判断 | 信頼の程度：不明確な確率 |
| **言語上の不確実性** | |
| 数値的曖昧さ | シャープな描写：超付値：ファジー集合：直観主義論理的，3値，ファジー，不規則整合的，および様相論理学：ラフな集合 |
| 非数値的曖昧さ | 多次元的計測値を与え，つぎに数値の曖昧さとして扱う |
| 文脈依存性 | 文脈の特定 |
| 多義性 | 意味の明確化 |
| 理論用語における不確定性 | 必要に応じ将来の語法を決定 |
| 非一意性 | 最狭の範囲の提示：すべての利用可能なデータの特定 |

**表 4.7** 不確実性のソースの例（Moss and Schneider 2000）

■データに関する問題
1. データの中の構成要素の欠損あるいはエラー
2. 偏った，あるいは不完全な観察によるデータの中の「ノイズ」
3. サンプルにおける無作為抽出の誤りおよび偏り（非代表性）

■モデルに関する問題
4. モデルの構造における既知のプロセスではあるが，未知の関数関係，あるいは誤り
5. いくつかの重要なパラメータにおける，既知の構造ではあるが，未知の，あるいは誤った数値
6. 既知の歴史的データおよびモデル構造，しかしパラメータを信じる理由あるいはモデル構造が時間とともに変化する
7. システムあるいは効果の予測可能性に関する不確実性（たとえば無秩序の，あるいは確率的な振る舞い）
8. モデルを特徴づける方程式を解くのに使われる近似手法によって導入される不確実性

■不確実性の他のソース
9. あいまいに定義された概念および用語
10. 不適切な空間／時間単位
11. 背景にある仮定における確かさの不適切さ，あるいは欠如
12. 「自然的」ソース（たとえば，気候感度，カオス）に起因する不確実性とは区別される，人間行動（たとえば将来の消費パタン，あるいは技術変化）の予測に起因する不確実性

## 4.5 不確実性の問題

**表 4.8** TAR（IPCC 第 3 次報告書）における不確実性を評価するための推奨されるステップの要約（Moss and Schneider 2000）

1. 期待される主要な発見のそれぞれに対して，結論に影響を与える可能性の高い，もっとも重要な要因と不確実性を同定しなさい．またどの重要な要因／変数が外生的または固定的に扱われているかを特定しなさい．ほとんどの場合，いくつかの重要な構成要素は，TAR において検討される複雑な現象に取り組むときにこのような方法で取り扱われる
2. 不確実性の鍵となる理由に関する情報のソースを含めて，文献における幅と分布を記述しなさい．発見を支持するのに使われる証拠の型を考慮することが重要であることに注意しなさい（たとえば，観察と検定された理論から十分に確立された知見と，それほど確立されていない知見とを区別する）
3. 不確実性の性格と科学の現状のもとで，正確さの適切な水準について初期決定をしなさい．現状の科学のもとではただ定性的な推測だけが可能なのか，あるいは定量的な推測が可能なのか．そしてもし可能ならば，有効数字は何桁なのか？ 評価の進展にあわせて，新しい情報の評価に即して，正確さの水準を再校正しなさい
4. 定量的または定性的に，パラメータ，変数あるいは結果がとる数値の分布の特性を示しなさい．第一に，執筆陣が設定する幅の終点，大きな影響，低い確率性の結果あるいは「はずれ値」を特定しなさい．どの部分の幅が，推定の中に含まれるのか（たとえば，これは 90% の信頼区間である），どの幅にもとづいているのかを特定することに，とくに注意が必要である．それから分布の一般的な形（たとえば，均質，鐘型，双峰型，非対称，対称）の評価を与えなさい．最後に，（もし適切ならば）分布の中心的な傾向の評価を与えなさい
5. 以下に示された用語を用いて，結論および／または推定値が根拠とする科学的情報の状況を見積もり，記述しなさい（すなわちステップ 4 から）
6. 一連の重要な証拠，適用された証拠の基準，複数の証拠を結合／調整したアプローチ，総合化の方法の明白な説明，および重要な不確実性を含めて，執筆陣が特定の確率分布を採用する理由を説明する「さかのぼることのできる理由」を準備しなさい
7. オプション的：各執筆陣に適した，専門家の判断を評価するために正規の確率的枠組み（すなわち，意思決定分析手法）を用いなさい

している（このふたつは千年紀生態系評価〈Millenium Ecosystem Assessment：MA〉でもとりあげられている〈MA 2002〉）．

　以上のように環境問題に対して未然に対処するためには，将来予測が不可欠であるが，将来予測は不確実性をともなう．データ誤差等の軽減し得る不確実性は極力排除することが必要である．しかしどうしても避けることのできない不確実性は合理的な意思決定という枠組みの中で不確実性と適切に対応していくことが求められるだろう．

　このような不確実性の下での意思決定の問題は，今日の科学者に課せられた大きな課題であるように思われる．従来の「科学」では確実なことのみを言うことが社会から求められ，科学者が不確実なことを言うことは科学者としてのモラルに反しているように思われていた．しかし環境問題という人類の危機に直面する

今日，科学者は完全に確かではなくても，信頼できる範囲内でその知見を述べることが社会の側から求められるようになった．しかしそれはただ闇雲に予測結果を示してよいのではないだろう．不確実性の要因と幅をどのように評価するのか，科学者が社会に対してその予測結果に含まれる不確実性をいかにして伝えるか，いくつかの将来予測のうちもっとも確かな予測をだれがどのように判断するのかといった新しい問題が提起されている．敷衍して言えば，「科学者」の新しい役割が求められる中で，これまでの科学の規範とは異なる新しい科学のあり方が模索されている（伊東 1996；吉川 2002）．

● 参考文献 ●

Akçakaya HR. 2001. Linking population-level risk assessment with landscape and habitat models. *The Science of the Total Environment* **272** : 283-291.

Akçakaya HR, Burgman MA, Ginzburg LR. 1999. *Applied Population Ecology : Principles and Computer Exercises using RAMAS EcoLab 2.0* ［楠田尚史・小野山敬一・紺野康夫訳．2002．コンピュータで学ぶ応用個体群生態学：希少生物の保全をめざして．東京：文一総合出版，326 p］．

Akçakaya HR, Ferson S, Burgman MA, Keith DA, Mace GM, Todd CR. 2000. Making consistent IUCN classifications under uncertainty. *Conservation Biology* **14** : 1001-1013.

Beerling DJ, Huntley B, Bailey JP. 1995. Climate and the distribution of *Fallopia japonica* : use of an introduced species to test the predictive capacity of response surfaces. *Journal of Vegetation Science* **6** : 269-282.

Beissinger SR, Westphal MI. 1998. On the use of demographic models of population viability in endangered species management. *Journal of Wildlife Management* **62** : 821-841.

Boyce MS. 1992. Population viability analysis. *Annual Review of Ecology and Systematics* **23** : 481-506.

Brook BW, O'Grady JJ, Chapman AP, Burgman MA, Akçakaya HR, Frankham R. 2000. Predictive accuracy of population viability analysis in conservation biology. *Nature* **404** : 385-387.

Carpenter G, Gillison AN, Winter J. 1993. DOMAIN : a flexible modelling procedure for mapping potential distributions of plants and animals. *Biodiversity and Conservation* **2** : 667-680.

Coulson T, Mace GM, Hudson E, Possingham H. 2001. The use and abuse of population viability analysis. TRENDS in Ecology & Evolution **16**(5): 219-221.

Guisan A, Zimmermann NE. 2000. Predictive habitat distribution models in ecology. *Ecolgical Modelling* **135** : 147-186.

[IUCN] World Conservation Union. 2001. *IUCN Red List Categories and Criteria (Version 3.1)*. Cambridge, UK : IUCN, 30 p.

Kliskey AD, Lofroth EC, Thompson WA, Brown S, Schreier H. 1999. *Landscape and Urban Planning* **45** : 163-175.

Lacy RC. 1993. Vortex : a computer simulation model for population viability analysis. *Wildlife Research* **20** : 45-65.

Lindenmayer DB, Burgman MA, Akçakaya HR, Lacy RC, Possingham HP. 1995. A review of the generic computer programs ALEX, RAMAS/space and VORTEX for modelling the viability of wildlife metapopulations. *Ecological Modelling* **82** : 161-174.

Lindenmayer DB, Possingham HP. 1996. Ranking conservation and timber management : options for Leadbeater's Possum in Southeastern Australia using population viability analysis. *Conservation Biology* **10** : 235-251.

Lindenmayer DB, Possingham HP, Lacy RC, McCarthy MA, Pope ML. 2003. How accurate are population models? : lessons from landscape-scale tests in a fragmented system. *Ecology Letters* **6** : 41-47.

Loehle C, LeBlanc D. 1996. Model-based assessments of climate change effects on forests : a critical review. *Ecological Modelling* **90** : 1-31.
Ludwig D. 1999. Is it meaningful to estimate a probability of extinction?. *Ecology* **80** : 298-310.
Ludwig D, Hilborn R, Walters C. 1993. Uncertainty, resource exploitation, and conservation. *Science* **260, 17, 36**.
Manel S, Williams HC, Ormerod SJ. 2001. Evaluating presence-absence models in ecology : the need to account for prevalence. *Journal of Applied Ecology* **38** : 921-931.
[MA] Millennium Ecosystem Assessment. 2002. *Millennium Ecosystem Assessment Methods*. Penang : MA secretariat, 81 p（available from : http://www.millenniumassessment.org/en/products.aspx）.
Mladenoff DJ, Sickley TA, Wydeven AP. 1999. Predicting gray wolf landscape recolonization : logistic regression models vs. new field data. *Ecological Applications* **9**(1): 37-44.
Moss RH, Schneider SH. 2000. Uncertainties in the IPCC TAR : recommendations to lead authors for more consistent assessment and reporting. In : Pachauri R, Taniguchi R, Tanaka K, editors. *Guidance Papers on the Cross Cutting Issues of the Third Assessment Report of the IPCC*. Geneva : World Meteorological Organization, pp. 33-51.
Pearlstine LG, Smith SE, Brandt LA, Allen CR, Kitchens WM, Stenberg J. 2002. Assessing state-wide biodiversity in the Florida Gap analysis project. *Journal of Environmental Management* **66** : 127-144.
Peterson A. 1986. *Habitat Suitability Index Models : Bald Eagle（Breeding Season）. Biological Report 82*, Washington DC : US Department of the Interior, 25 p.
Regan HM, Colyvan M, Burgman MA. 2002. A taxonomy and treatment of uncertainty for ecology and conservation biology. *Ecological Applications* **12**(2): 618-628.
Scott JM, Tear TH, Davis FW, editors. 1996. *Gap Analysis : A Landscape Approach to Biodiversity Planning*. Maryland : American Society for Photogrammetry and Remote Sensing. 320 p.
Stephenson NL. 1998. Actual evapotranspiration and deficit : biologically meaningful correlates of vegetation distribution across spatial scales. *Journal of Biogeography* **25** : 855-870.
伊東俊太郎．1996．現代文明と環境問題（伊藤俊太郎編．環境倫理と環境教育．東京：朝倉書店）．pp. 1-9.
伊藤健彦・三浦直子・恒川篤史．2004．GISを活用した岩手県におけるクマタカの分布域推定．GIS―理論と応用 **12**(1): 67-72.
齊藤芳正．2002．はじめてのOR：グローバリゼーション時代を勝ち抜く技法．東京：講談社，204 p.
生物の多様性分野の環境影響評価技術検討会編．2002．環境アセスメント技術ガイド 生態系．東京：（財）自然環境研究センター，277 p.
中尾理恵子．2000．ドイツにおける地域計画と代償ミティゲーション．東京：東京大学大学院農学生命科学研究科修士論文，70 p.
吉川弘之．2002．科学者の新しい役割．東京：岩波書店，240 p.

# 5 環境評価システムと意思決定

[環境の評価]

　ある土地において大規模な開発計画がもち上がったとする．その開発をすすめるべきか否か．そのような意思決定の場面において環境の評価は重大な意味をもつ．開発行為がその土地に棲む生物にどのような影響を及ぼすのか．道路工事によって水系は変化しないのか．周囲の視覚的景観に与える影響はどの程度なのか．

　評価の方法は環境評価の対象によりさまざまである．水質汚濁や大気汚染といった汚染物質による環境負荷の場合には主として理化学的手法が，生物多様性や生態系の評価には生物学的手法が，住民の快適性や視覚的景観の評価には心理学的あるいは社会学的手法が用いられる．また近年，環境の価値や開発行為の及ぼす環境影響などを貨幣的価値に換算して評価する環境経済学的評価の事例も増えてきている（たとえば Costanza 1997 ; Scott and others 1998）．

　このような環境の評価をコンピュータを用いることにより，大量の情報を処理しつつ，定量的におこなうシステムをここでは環境評価システムとよぶ．環境評価システムの性格は，その対象となる環境の空間的広がりや評価される環境の要素（種類），あるいはその評価が実施される制度的な枠組み（環境アセスメント，環境管理計画など）によってさまざまだが，ここでは地球環境と地域環境に分けて考えてみよう．

　地球環境問題は，問題の所存が広域的・国際的であり，問題の発生から解決までが長期にわたり，人類にとってきわめて大きな影響を及ぼすといった特性がある．とられる対策も，社会的，経済的に影響が大きなものとなることが多い．したがって，環境評価のあり方としては，多様かつ広範囲にわたる膨大なデータを環境政策の判断に用いることができるように少数で代表性のある指標に集約すること，また社会経済への影響についても評価することなどが求められる．

一方，地域環境の場合，問題は一般的にはより個別的，具体的，短期的なものとなる．そしてたとえば工場の新規開発を例にとれば，どこに施設を置くのか，どの緑地を保全するのかというように，開発行為の内容だけでなく，その配置（場所・位置）が大きな問題となる．このような位置の情報（地理情報）を処理するコンピュータシステムは地理情報システム（GIS）とよばれる．今日，GISをベースとした環境評価システムが地域の自然環境保全に果たす役割が強く認識されるようになってきた．

上記のように，環境評価システムはその対象により性格を大きく異にする．ここでは地域レベルの自然環境保全において用いられるGISベースの環境評価システムに焦点をあて，意思決定における環境評価システムの役割について述べることとする．

## 5.1 環境評価システムの発展とその動向

### 5.1.1 GISを用いた環境評価システムの事例

GISが世にあらわれたのは1960年代とされているが，その頃すでに「GIS的な」環境評価と計画策定への応用はおこなわれていた．たとえばペンシルベニア大学のMcHarg（マクハーグ）は1960年代に「地域生態計画（ecological planning）」の方法を提案している（McHarg 1992）．この手法は，地質，土壌，土地利用などをもとに，開発適地や保全適地を抽出するというものである．そこで用いられているオーバーレイ（重ね合わせ）の手法はGISの基本的空間操作のひとつであるが，当時はそれを手作業で実現していた．ここでは自然環境が地質，土壌，水文などの環境要素の統合されたものと考えられており，これはGISにおけるレイヤの概念と相通じるものである．

ハーバード大学のSteinitz（スタイニッツ）は，このマクハーグの方法に影響を受けつつも，独自の計画理論を構築した（Steinitz 1996）．かれの「代わり得る将来（alternative future）」の方法は計画対象地域について，① 生態環境，視覚的景観，水文などに関するGISベースの評価モデルを用意する，② いくつかの将来像（シナリオ）をデジタル地図（GISデータセット）として与える，③ 各シナリオに対して評価モデルを適用することにより将来の環境を予測・評価する，④ 望ましい将来シナリオを抽出していくとともに，必要ならば新たなシナリオや評価項目を追加して検討を繰り返し，よりすぐれた計画案を作っていく，というものである．

一方，国内では 1980 年代に国立公害研究所（現国立環境研究所）において内藤正明氏らにより「快適環境指標」が開発された．これは，地域住民を対象に快適性に関する意識調査をおこない，その主観的環境評価の結果と，大気，水質，騒音，土地利用などの物的環境データとの対応関係を明らかにし，その評価モデルを構築するものである（日本計画行政学会 1986）．さらに快適環境の現状評価と同様に，指標値推定モデルによって将来予測について試みた事例もみられる．

東京大学の武内和彦氏らは逗子市において独自の環境情報システムを開発し，このシステムを用いて緑地のもつ環境保全機能の計量化と相互評価に取り組んだ（伊藤ら 1993）．このシステムでは緑地のもつ環境保全機能を土地機能，生態系維持機能，視覚的景観保全機能に分けて評価しており，環境保全目標を定量的に示すことができる．逗子市では「逗子市の良好な都市環境をつくる条例」を制定し，この環境保全目標が具体的に達成されるように，環境アセスメントの実施を義務づけた．

### 5.1.2 環境評価システムの発展

このように環境評価システムは，コンピュータ技術の飛躍的な発展や地理データの整備などを背景としつつ，近年，急速な発展をとげている．その方向性は以下の 5 点に要約される．

第一にモデルをベースとした定量的，数値的な評価が主体となってきている．GIS の誕生前は手作業によりオーバーレイをおこなうなど地理情報の処理は困難を極めていたが，GIS の発展にともない膨大な地図情報をコンピュータ上で迅速に解析処理できるようになるとともに，種々のモデル開発が促された．

第二に評価の対象となる環境要素が拡大されてきた．近年では野生生物の生息地の評価（Garcia and Armbruster 1997 ; Dale and others 1998），湿地の評価（Hruby 1999），土壌侵食の評価（Navas and Machin 1997）のほか，視覚的景観の評価や汚染物質の評価など多様な領域で環境評価システムが用いられてきている．

第三にその土地の現況あるいは土地の潜在力に関する静的な評価から，将来予測を取り込んだ動的な評価へと移行しつつある．すなわち，土地利用予測モデルや人口予測モデルなどにより将来の環境条件を予測した上で，その環境を評価するという方向に進展しつつある．

第四に環境評価システムが，より具体の環境政策の中で活用されるようにな

り，それとともに環境評価システムが利用される制度全体の枠組みとそこにおける環境評価システムの位置づけが強く意識されるようになってきた．

第五に意思決定支援のツールとしての環境評価システムの有効性が認識されるようになってきた（Zhu and others 1998 ; Costanza and Ruth 1998）．すなわち評価の定量性・迅速性や評価結果の理解しやすさなどの環境評価システムの特長が意思決定の場において役立てられている．

## 5.2　環境評価システムの機能と役割

環境評価システムではどのような対象をどのような方法で評価するのだろうか．私がシステム開発の当初から参画し，（株）鹿島建設が開発した「緑環境評価システム（Environmental Assessment System for Ecology : 通称 EASE）」の場合，評価の対象とする環境保全機能については，表 5.1 に示すような体系が考えられている．

評価に際しては，グリッド形式のデータ（いわゆるメッシュデータ）を用いた評価モデルを作り，対象地域のデータを評価モデルに入力することで，その土地の環境保全機能を定量的に把握する．

たとえば水涵養機能評価の場合，ここでは農林水産省農業環境技術研究所（当時）において加藤好武氏らにより開発されたモデルを用いているが，これは年間降水量，土地利用区分，傾斜角，土壌分類，表層地質（保水性および透水性）をもとに水涵養機能を評価するものである（Kato and others 1997）．

この評価モデルに上記のデータを入力すると，グリッドごとに機能評価値が数値として算出される．この結果から対象地域のどこで水涵養機能が高いのかがグラフィカルに表示される（図 5.1）．

またこの機能評価値についての対象地域全体における総和を求めることにより，計画案ごとの機能評価が求められる．たとえば事業実施前（現況）の評価値と事業実施後（計画にもとづく評価）とを比較することにより，事業が水涵養機能にもたらす環境影響を評価することができる．また計画

表 5.1　緑地のもつ環境保全機能

| 項　目 | 機　能 |
|---|---|
| 環境負荷軽減 | 二酸化炭素固定機能 |
|  | 大気浄化機能 |
| 生態系維持 | 水質浄化機能 |
|  | 水涵養機能 |
|  | 生物多様性維持機能 |
|  | 生命基盤維持機能 |
| アメニティ創出 | 景観向上機能 |
|  | 気象緩和機能 |
|  | 保健休養機能 |

74   5. 環境評価システムと意思決定

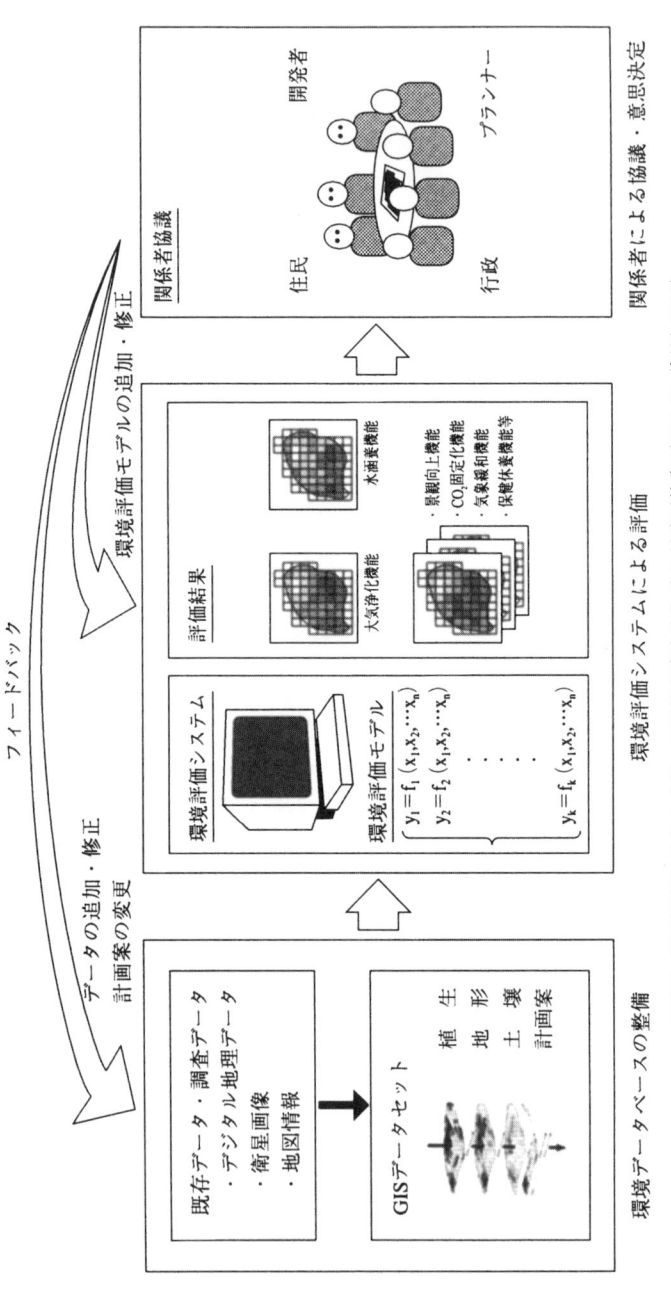

図 5.1 環境評価システムを用いて環境配慮を取り込んだ計画策定プロセス（恒川 1999）

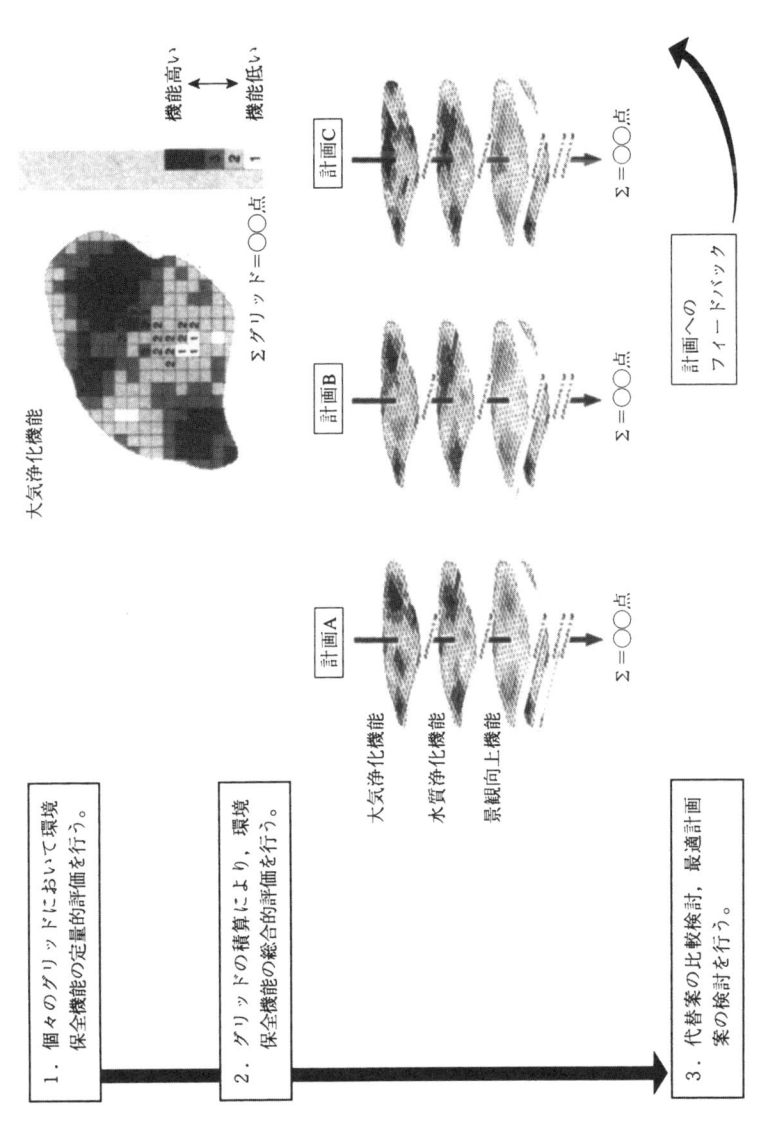

## 5.2 環境評価システムの機能と役割

図 5.2 環境評価システムを用いた代替案評価の流れ (恒川 1999)

案としてA案,B案,C案があったとして,それら3者の評価値を比較することにより,代替案の比較に際して一定の情報を与えることができる(図5.2).

## 5.3 緑地のもつ環境保全機能評価の事例

この「緑環境評価システム(EASE)」を用いて,緑地のもつ環境保全機能を定量的に評価した事例として,我々が静岡県掛川市を対象としておこなった研究を紹介する.

この研究では,表5.1にあげた緑地のもつ環境保全機能のうち,緑の基本計画で重要視され住民の関心も高い気象緩和,大気浄化,生命基盤維持,ならびに地球規模の環境問題として注目されている二酸化炭素固定の4機能を評価項目としてとりあげた.

4機能の評価方法は以下のとおりである(用いたデータならびに評価方法の詳細については,山田ら(2003)を参照).

・気象緩和機能:土地利用データから100 mグリッドごとの夏季一日あたりの発生顕熱量をモデルを用いて算出した.
・大気浄化機能:植生区分ごとの総生産量および大気中の汚染物質濃度から,掛川市の緑地が汚染ガスを吸着・吸収する量を算出した.
・生命基盤維持機能:掛川市に広く生息し,良好な水環境と森林環境とが連続するエリアを必要とするシュレーゲルアオガエル(以下,「アオガエル」)を指標として選定し,その生息可能な面積を評価した.
・二酸化炭素固定機能:樹木の全乾比重および年間成長量を変数とする評価モデルにより,掛川市の緑地が1年間に固定する炭素量を算出した.

この研究では,対象地域の将来計画のシナリオを以下のように設定した.
・A案:施設緑地および地域制緑地の指定を受けていない自然林,クヌギ・コナラなどの二次林,松林,竹林が住宅地として開発され緑地面積が減少するシナリオ.
・B案(環境保全対策案):A案の条件下で住宅・商業・工業用地面積の50%を草本類で屋上緑化すること,さらに,アオガエルが繁殖に利用できるよう水田に4～5月中旬にかけて水を入れ,人為的に生息エリアとしての機能を満足させるシナリオ.このシナリオは,建ぺい率60%の建造物の屋根または屋上を80%緑化すること,さらに農作業の効率よりもアオガエルの産卵

時期を重視して従来よりも早期に水を張ることを意味する．

以上の評価の結果を口絵 6 に示す．この結果から，たとえば施設緑地や地域制緑地の指定を受けていない緑地が喪失した場合（シナリオ A），最大で大気浄化機能が約 30%，二酸化炭素固定機能が約 20% 減少すること，また，草本類の屋上緑化を実施する対策案（シナリオ B）により，夏季の気温上昇が緩和されることが示された．また，水田の灌水期に注目したシナリオ評価からアオガエルの生息と水田管理の関係が示された．

GIS を用いない従来の検討手法では，このような評価を実施することは経済的・時間的負担が大きく，限られた予算・期間内に十分な検討を実施することが困難であった．一方，GIS をベースとした本手法では，屋上緑化の面積や植栽の質を変更するシナリオの修正に必要な作業時間はごくわずかであり，経済的かつ迅速に対応することができた．

## 5.4 意思決定と環境評価システム

良い意思決定とは何か．端的に言えば，それはその意思決定の結果が，より多くの人々により多くの幸福や利益を与えることと同時に，その意思決定のプロセスが透明で合理的なことである．すなわち意思決定の中身とそのプロセスの両者がともに重要である（Coninck and others 1999）．とりわけ近年，そのプロセスのあり方が問われているように思う．意思決定のプロセスを一般に公開し，より多くの人が意思決定のプロセスへ参加できるよううながし，より多くの人の納得を得ようと努める．ひいては，そのような過程を踏むことが判断の合理性をも高めていくという考え方が次第に理解を広めつつある．

意思決定の場面においては，環境評価システムから得られる現況および将来の環境に関する評価をもとにして，開発者，行政，住民等が同じテーブルで開発のあり方について協議することが可能になる．このように環境評価システムが，とくに意思決定に役立てられる場合，「意思決定支援システム（Decision Support System : DSS）」というようなよび方もされている（Garcia and Armbruster 1997）．

なぜ環境評価システムが意思決定支援のツールとして有効だと考えられるのか，とくに GIS ベースの環境評価システムの機能を振り返りつつ，その理由を述べたい．

第一に評価に用いられるデータやモデルが原則として公開されるため，住民や関係者はその評価結果算出のプロセスに対して反証する機会が与えられている．必要ならば，より正確なデータやモデルパラメータにもとづき評価を修正することも可能である．

第二に評価が定量的におこなわれるので，代替案の相互比較などが容易である．ただしその定量化の手法については，評価の総合化の手法も含めてさまざまな議論がある．

第三にコンピュータをベースとしているので，評価モデルと必要なデータが整備されていれば，たとえば将来シナリオの修正などに対して迅速に評価結果を算出することができる．近年ではリアルタイムで対応できる環境評価システムも開発されてきており，住民側から提出された代替案に対する評価も短期間におこなうことができる．

第四に GIS ベースの環境評価システムにおいては，評価の結果が地図として表示されるので住民にとっては自分の住む場所がどうなるのか，よく行くあの森はどうなるのかといった具体的なイメージをもとに計画案の是非に対して考えをめぐらすことができる．これはプランナーにとっても同様で，環境への配慮を具体的な場所とともに検討することが可能となる．

第五に評価結果がグラフィカルに表示されるので一般の人にとっても関心を抱きやすい．数値標高データ（DTM）とリンクさせて評価結果を 3D の鳥瞰図として表示したり，視点を変えていきアニメーションにするなど，近年ではプレゼンテーションの質が格段と高まっており，このことは住民参加をうながすことにもつながる．

### 5.4.1 今後の課題

以上述べてきたように，意思決定のあり方が見直される中で GIS をベースとした環境評価システムの果たすべき役割に対する期待は大きい．今後，環境評価システムを発展させていく上で，その用いられる場面と機能とによってふたつの方向性が考えられる．

ひとつは「とりあえず」型の環境評価システムである．それは開発行為の初期段階，すなわち比較的開発計画が未確定な段階において適用することが想定される．この段階においては事業そのものの成否も不確定なため，環境アセスメントに支出される費用も大きくはなく，さらに評価に与えられる期間も時間的に限ら

れていることが多い．このような制約条件の中で効率的に評価をおこなうためには，独自の調査にもとづく詳細なデータを用意することは困難である．そのため国内で幅広く整備されているデータを前提とする，広範囲に適用可能なモデルのひな型を用意しておくことが必要である．

もうひとつは「じっくり」型の環境評価システムである．これは開発計画の大枠がすでに定まった段階で適用されることが想定される．この段階においては，比較的多くの金と時間が用意され，その代わりその信頼性，確実性は高いものが要求される．このようなケースでは，独自の調査にもとづくデータ（たとえば野生動植物の生息データ）を用意したり，その地域におけるオリジナルなモデルを開発することが求められるだろう．

このような環境評価システム自体の開発をすすめるとともに，それを実際の開発行為の場面で適用しつつ，意思決定支援システムとしての機能を検証していくことが求められよう．

### ● 参考文献 ●

Coninck PD, Seguin M, Chornet E, Laaramee L, Twizeyemariya A, Abatzoglou N, Racine L. 1999. Citizen involvement in waste management : an application to the STOPER model via an informed consensus approach. *Environmental Management* 23 : 87-94.

Costanza R, dArge R, deGroot R, Farber S, Grasso M, Hannon B, Limburg K, Naeem S, O'Neill RV, Paruelo J, Raskin RG, Sutton P, van den Belt M. 1997. The value of the world's ecosystem services and natural capital. *Nature* 387(6630): 253-260.

Costanza R, Ruth M. 1998. Using dynamic modeling to scope environmental problems and build consensus. *Environmental Management* 22 : 183-195.

Dale VH, King AW, Mann LK, Washington-Allen RA, McCord RA. 1998. Assessing land-use impacts on natural resources. *Environmental Management* 22 : 203-211.

Garcia LA, Armbruster M. 1997. A decision support system for evaluation of wild life habitat. *Ecological Modelling* 102 : 287-300.

Hruby T. 1999. Assessments of wetland functions : what they are and what they are not. *Environmental Management* 23 : 75-85.

Kato Y, Yokohari M, Brown RD. 1997. Integration and visualization of the ecological value of rural landscapes in maintaining the physical environment of Japan. *Landscape and Urban Planning* 39 : 69-82.

McHarg IL. 1992. *Design with Nature*. New York : John Wiley & Sons, 197 p.

Navas A and Machin J. 1997. Assessing erosion risks in the gypsiferous steppe of Litigio (NE Spain) : an approach using GIS. *Journal of Arid Environments* 37 : 433-441.

Scott MJ, Bilyard GR, Link SO, Ulibarri CA, Westerdahl HE. 1998. Valuation of ecological resources and functions. *Environmental Management* 22 : 49-68.

Steinitz C. 1996. *Biodiversity and Landscape Planning : Alternative Futures for the Region of Camp Pendleton, California*. Cambridge, USA : Harvard University, 142 p.

Zhu XA, Healey RG, Aspinall RJ. 1998. A knowledge-based systems approach to design of spatial decision support systems for environmental management. *Environmental Management* 22 : 35-48.

伊藤泰志・武内和彦・井手 任・加藤和弘・恒川篤史・斉藤 馨．1993．緑地の持つ環境保全機能の評価と解析支援システムに関する研究．造園雑誌 56(5): 319-324.

恒川篤史．1999．自然環境保全のための環境評価システムと意思決定．環境情報科学 **28**(3): 24-29.
日本計画行政学会編．1986．環境指標：その考え方と作成手法．学陽書店，191 p.
山田順之・上田純広・恒川篤史．2003．GIS を活用した緑地の環境保全機能の評価：静岡県掛川市を例として．GIS—理論と応用 **11**(1): 61-69.

# Ⅲ. リモートセンシングによる緑地環境のモニタリング

# 6 土地被覆のリモートセンシング

## 6.1 土地利用と土地被覆

　土地利用および土地被覆に関する情報は，土地資源のモニタリング，計画，および管理に欠かせない．また土地利用・土地被覆情報は，農業，水文，生態系に関するモデルの多くにとって必須の入力パラメータのひとつでもある．

　世界的には「地球圏-生物圏国際協同研究計画（International Geosphere-Biosphere Programme：IGBP）」と「地球環境変化の人間・社会的側面に関する国際研究計画（International Human Dimensions Programme on Global Environmental Change：IHDP）の共同で，「土地利用・被覆変化研究計画（Land-Use and Land-Cover Change：LUCC）」プロジェクト（http://www.geo.ucl.ac.be/LUCC/lucc.html）が1995年に立ち上げられるなど，土地利用・土地被覆情報の有用性が認識されている．またこのプロジェクトに，自然科学者の集まりであるIGBPと人文社会学者の集まりであるIHDPが共同でかかわっていることは，土地利用・土地被覆が自然環境系と人間環境系の接点となっていることを端的にあらわしている．

　さて，狭い地域で土地利用図や土地被覆図を作るには，その全域をくまなく踏査して，どこに家がたっているのか，どこに畑があるのかなどを調べればよい．しかしそのような従来の測量技術による図化には，膨大な時間と労力，費用がかかる．とくに広域の土地利用図・土地被覆図を作成する際には，対象地域全域をくまなく踏査するのは非効率的，非現実的であり，リモートセンシングを利用するのが一般的である．

　話が前後するが，そもそも土地利用とは何か，土地被覆とは何か．

　土地被覆（land cover）とは，地上の表面被覆の物的状態のことである．土地

被覆区分の例としては，植被地，建ぺい地，水面などがあげられる．

一方，土地利用 (land use) とは，人が土地を使う用途のことである．土地利用区分の例としては，林地，農地，住宅地などがあげられる．

両者の間には，上述したような違いがあるが，両者は密接に連関しており，しばしば土地利用と土地被覆は同じような言葉で語られる．たとえば「森林」は土地被覆としては樹木が植わっている土地を，土地利用としては木の植わっている土地を人が利用していることをあらわしている．一方，土地利用と土地被覆が必ずしも一致しない場合もある．たとえば建築物の建っている土地は，土地被覆としてみれば中身が何であろうと「建ぺい地」であるが，土地利用的にみれば，その建物が住宅なのか，商業施設なのかによっても用途は異なる．また学校のキャンパスは，土地利用としてはすべて学校用地だが，土地被覆としては，建ぺい地，裸地土壌（グラウンド）などの区分に分けられる．

この章で述べるリモートセンシングから直接的に得られるのは，土地被覆に関する情報である．リモートセンシングから土地利用を判別するには，まず土地被覆を判別し，必要に応じて他の情報も加えつつ土地利用を推測することになる．

## 6.2 リモートセンシングからみた土地被覆の特徴

リモートセンシング (remote sensing) とは「離れたところから直接ふれずに対象物を同定あるいは計測し，またその性質を分析する技術」（日本リモートセンシング研究会 2001）のことである．本書では，おもに人工衛星や航空機から地表面を観測する計測技術に限定してリモートセンシングという用語を用いる．

対象物（地表面）から反射または放射される電磁波などを受ける装置のことをセンサ（リモートセンサ：remote sensor）と言い，センサを搭載する移動体のことをプラットフォーム (platform) と言う．おもなプラットフォームには，人工衛星，航空機，ヘリコプター，気球などがある．

表 6.1 に緑地環境のモニタリングに用いられるおもな衛星とセンサを示した．たとえば Landsat というのは，アメリカの打ち上げた衛星シリーズの名前で，個々の衛星は Landsat 1 号，2 号というようによび，この衛星ごとに軌道や回帰日数が決まる．

図 6.1 に JERS-1 衛星の外観を示したが，この図からわかるように衛星には，太陽光を受け発電するための太陽電池，発電されたエネルギーを用いて地表面を

# 6. 土地被覆のリモートセンシング

表6.1 緑地環境のモニタリングに用いられる主要な衛星とセンサ（日本リモートセンシング研究会 2001 より改変して引用，一部データを更新）

| 衛星名 | 軌道要素 | 搭載センサ | |
|---|---|---|---|
| | | 主要センサ | 観測諸元 |
| LANDSAT<br>-1(1972), -2(1975)<br>-3(1978)<br>（米国） | 太陽同期軌道<br>高度：約915 km<br>傾斜角：約99°<br>回帰日数：18日 | MSS (Multispectral Scanner System) | 可視2バンド，近赤外2バンド，熱赤外1バンド(3号のみ)<br>分解能：80 m(可視・近赤外)，240 m(熱赤外)<br>観測幅：185 km |
| LANDSAT<br>-4(1982)<br>-5(1984)<br>（米国） | 太陽同期軌道<br>高度：約705 km<br>傾斜角：約98°<br>回帰日数：16日 | MSS<br>TM (Thematic Mapper) | 同上<br>可視3バンド，近赤外1バンド，短波長赤外2バンド，熱赤外1バンド<br>分解能：30 m(可視・近赤外・短波長赤外)，120 m(熱赤外)<br>観測幅：185 km |
| LANDSAT<br>-7(1999)<br>（米国） | 太陽同期軌道<br>高度：約705 km<br>傾斜角：約98.2°<br>回帰日数：16日 | ETM+ (Enhanced Thematic Mapper Plus) | TMとほぼ同様の7バンドに加えてパンクロ(0.50～0.90μm) 1バンド<br>分解能：15 m(パンクロ)，30 m(可視・近赤外・短波長赤外)，60 m(熱赤外)<br>観測幅：185 km |
| NOAA/POES<br>-6(1979), -7(1981)<br>-8(1983), -9(1984)<br>-10(1986), -11(1988)<br>-12(1991), -13(1993)<br>-14(1994)<br>（米国） | 太陽同期軌道<br>高度：約833 km<br>または870 km<br>傾斜角：約99° | AVHRR/2 (Advanced Very High Resolution Radiometer) | 可視1バンド，近赤外1バンド，中間赤外1バンド，熱赤外2バンド<br>分解能：1.1 km<br>観測幅：2,700 km |
| NOAA/POES-Next<br>-15(1998), -16(2000)<br>-17(2002), -18(2005) | 太陽同期軌道<br>高度：約833 km<br>または870 km<br>傾斜角：約99° | AVHRR/3 (AVHRR Model 3) | 可視1バンド，近赤外1バンド，短波長赤外1バンド，中間赤外1バンド，熱赤外2バンド<br>分解能：0.5 km(可視)，1.0 km(その他)<br>観測幅：2,700 km |
| SPOT<br>-1(1986), -2(1990)<br>-3(1993)<br>（フランス） | 太陽同期軌道<br>高度：約832 km<br>傾斜角：約99°<br>回帰日数：26日 | HRV (High Resolution Visible) | 可視近赤外4バンド(内1バンドはパンクロ)<br>分解能：10 m(パンクロ)，20 m(その他)<br>観測幅：60 km×2<br>オフナディア視：+26°～-26° |

表 6.1 （続き）

| 衛星名 | 軌道要素 | 搭載センサ | |
| --- | --- | --- | --- |
| | | 主要センサ | 観測諸元 |
| SPOT<br>-4(1998)<br>-5A(2002)<br>-5B(2007*)<br>（フランス） | 太陽同期軌道<br>高度：約832 km<br>傾斜角：約99°<br>回帰日数：26日 | HRVIR(High Resolution Visible and Middle Infrared) | 可視3バンド(内1バンドはパンクロ)，近赤外1バンド<br>分解能：10 m(赤バンド)，20 m<br>（その他）<br>観測幅：60 km×2<br>オフナディア視：±26° |
| | | VEGETATION | 可視3バンド，近赤外1バンド，短波長赤外1バンド<br>分解能：1.15 km<br>観測幅：2,200 km |
| MOS-1(もも)<br>-1(1987)<br>-1b(1990)<br>（日本） | 太陽同期軌道<br>高度：約909 km<br>傾斜角：約99°<br>回帰日数：17日 | MESSR(Multispectral Electronic Self Scanning Radiometer) | 可視2バンド，近赤外2バンド<br>分解能：50 m<br>観測幅：100 km×2 |
| ADEOS(みどり)<br>(1996)<br>（日本） | 太陽同期軌道<br>高度：約979 km<br>傾斜角：約99°<br>回帰日数：41日 | AVNIR(Advanced Visible and Near Infrared Radiometer) | 可視4バンド(内1バンドはパンクロ)，近赤外1バンド<br>分解能：8m(パンクロ)，16m(その他)<br>観測幅：80 km |
| ADEOS-II(みどりII)(2002)<br>（日本） | 太陽同期軌道<br>高度：803 km<br>傾斜角：98.6°<br>回帰日数：4日 | GLI(Global Imager) | 0.375～0.87 $\mu$m に19バンド(バンド幅10nm)，可視3バンド，近赤外4バンド，短波長赤外3バンド，中間赤外4バンド，熱赤外3バンド<br>分解能：250 m または1 km<br>観測幅：1,600 km |
| JERS-1(ふよう)<br>(1987)<br>（日本） | 太陽同期軌道<br>高度：約568 km<br>傾斜角：約98°<br>回帰日数：44日 | OPS(Optical Sensor) | 可視2バンド，近赤視1バンド，短波長赤外4バンド，立体視1バンド<br>分解能：18×24 m<br>観測幅：75 km |
| | | SAR(Synthetic Aperture Radar) | マイクロ波(L-バンド，H-H偏波)<br>分解能：18×24 m<br>観測幅：75 km |

表 6.1 （続き）

| 衛星名 | 軌道要素 | 搭載センサ | |
|---|---|---|---|
| | | 主要センサ | 観測諸元 |
| IKONOS<br>(1999)<br>次世代機(2006*)<br>(米国民間) | 太陽同期軌道<br>高度：680 km<br>傾斜角：98.1°<br>回帰日数：11 日 | | 可視3バンド，近赤外1バンド，<br>パンクロ1バンド<br>分解能：1 m(パンクロ)，4 m(その他)<br>観測幅：11 km(最大110 km)<br>（前後左右視±45°） |
| EOS<br>-Terra(1999)<br>-Aqua(2001)<br>(米国) | 太陽同期軌道<br>高度：約705 km<br>赤道通過時刻：<br>　10：30 AM(Terra)<br>　1：30 PM(Aqua)<br>傾斜角：98.2°<br>回帰日数：16 日 | MODIS(Moderate Resolution Imaging Spectrometer) | 可視～熱赤外に計36バンド<br>分解能：250 m，500 m，1,000 m<br>観測幅：2,330 km |
| | | ASTER（Terra のみ）<br>(Advanced Spaceborne Thermal Emission and Reflectance Radiometer) | 可視2バンド，近赤外1バンド，短波長赤外6バンド，熱赤外5バンド<br>分解能：15 m(可視・近赤外)，30 m(短波長赤外)，60 m(熱赤外)<br>観測幅：60 km |
| | | MISR（Terra のみ）<br>(Multi-angle Imagine Spectro Radiometer) | 0.400～0.880 μm に4バンド<br>分解能：240 m，1.92 km<br>観測幅 408 km |
| EO-1(2000)<br>(米国) | 太陽同期軌道<br>高度：約705 km<br>傾斜角：約98.2°<br>回帰日数：16 日 | ALI(Advanced Land Imager) | 可視5バンド，近赤外3バンド，短波長赤外2バンド<br>分解能：10 m（0.45～0.52 μm バンド），30 m（その他）<br>観測幅：37 km |
| | | Hyperion | 0.85～1.5 μm に220バンド<br>分解能：30 m<br>観測幅：7.5 km |
| QuickBird<br>(2001)<br>次世代機(2006*)<br>(米国民間) | 太陽非同期軌道<br>高度：450 km<br>傾斜角：約66°<br>回帰日数：20 日<br>（最短：1～4 日） | | 可視3バンド，近赤外1バンド，パンクロ1バンド<br>分解能：0.61 m（パンクロ），2.5 m（その他）<br>観測幅：16.5 km（前後左右視±30°） |
| Orb-View<br>-3(2003)<br>(米国民間) | 太陽同期軌道<br>高度：470 km<br>傾斜角：97°<br>回帰日数：16 日<br>（最短：3 日） | | 可視3バンド，近赤外1バンド，パンクロ1バンド<br>分解能：1 m（パンクロ），4 m（その他）<br>観測幅：8 km（前後左右視±45°） |

表 6.1 （続き）

| 衛星名 | 軌道要素 | 搭載センサ | |
| --- | --- | --- | --- |
| | | 主要センサ | 観測諸元 |
| ALOS<br>(2005*)<br>（日本） | 太陽同期軌道<br>高度：690 km<br>傾斜角：98°<br>回帰日数：46 日 | AVNIR-2 | 可視3バンド，近赤外1バンド<br>分解能：10 m<br>観測幅：70 km |
| | | PRISM | 0.52〜0.77 μm 1バンドで前方，直下，後方をステレオ視し，DEMを作成<br>分解能：2.5 m<br>観測幅：70 km（直下），35 km（前方・後方視） |

注　打上年の後ろに＊を付したものは本稿執筆時点で計画段階のもの．

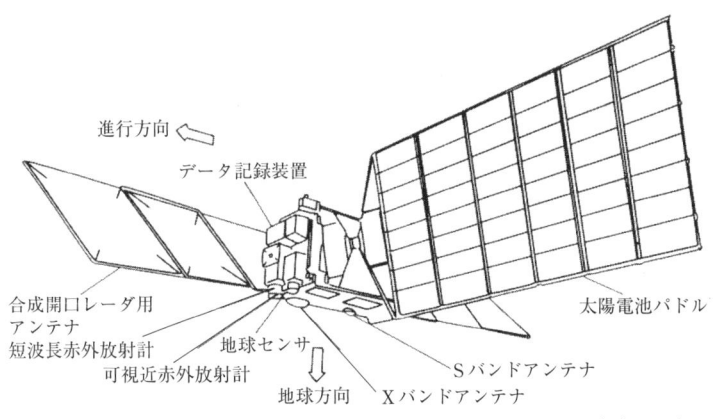

図 6.1　地球観測衛星（JERS-1）の外観（日本リモートセンシング研究会 2001）

観測するためのセンサ，センサで得られたデータを地上に送るためのアンテナなどが搭載されている．

この図のように各衛星にはひとつないし複数のセンサが搭載されており，たとえば Landsat 5 号には TM センサと MSS センサが搭載されている．センサによって観測する波長帯や分解能が決まる．

## 6.2.1　分光反射特性

衛星・航空機リモートセンシングでは，地表面等の対象物から放出される電磁

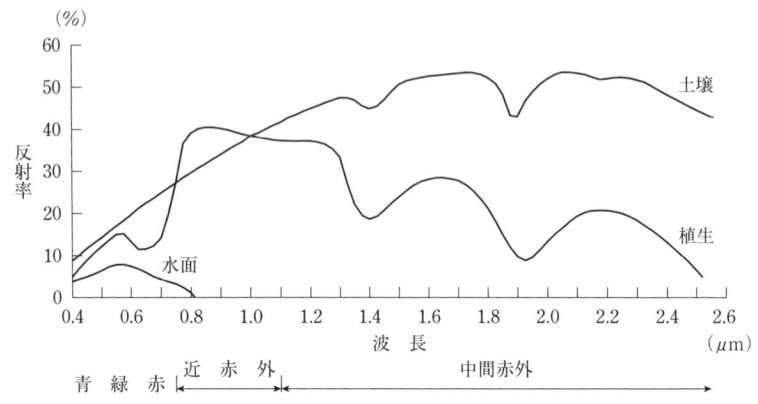

**図 6.2** 可視～中間赤外域における土壌，植生，水面の分光反射特性（Richards 1986より一部改変して引用）

波の特徴を用いて，対象物の特性を解析する．

図 6.2 は，土壌，植生，および水面の分光反射特性（スペクトル反射特性：spectral reflectance characteristics，波長に応じた反射率の特性）を示している．この図の横軸は波長，縦軸は反射率である．波長 0.4～0.7 μm は可視域，すなわち人間が目で知覚できる波長帯に相当し，色で言うと波長の短い方から青，緑，赤領域となる．青よりも波長の短いのが紫外域，赤よりも波長の長いのが赤外域で，赤外域の中で可視域に近いのが近赤外域である．

反射率は，対象に照射される入射光のエネルギーと，対象物から反射される反射光のエネルギーの比であり，0～1 の値（無次元）をもつ．反射率は，物体に固有の値である．たとえば曇天で太陽の光が弱いときには反射エネルギーの大きさは小さくなるが，反射率は反射エネルギーの大きさを入射エネルギーの大きさで除するので晴天でも曇天でも変わらない（ただし入射および反射の方向を考慮する方向性反射率は変わり得る）．

図 6.2 を見ると，土壌や水面の反射率は可視域～近赤外域では比較的単調に推移している．水面は土壌に比べると反射率が小さく，それに対して，土壌は，反射率が大きい．

一方，植生はやや複雑な曲線を示している．0.4～0.5 μm（青紫領域）および 0.68 μm 近傍（赤領域）では吸収があり（反射が小さい），これは葉緑素（クロロフィル：chlorophyll）やカロチノイド（carotenoid）などの光合成色素によるものである．中間の 0.55 μm（黄緑領域）あたりでは吸収が小さい（反射が大き

い）．0.75〜1.3 μm（近赤外領域）での強い反射はプラトー（plateau：高台，平坦域のこと）とよばれ，健全な葉に特徴的なものである．1.4 μm および 1.9 μm（中間赤外領域）の吸収は水分による．

### 6.2.2 分光反射特性の季節変化

リモートセンシングで観測すると，植生は他の非生物的な土地被覆にはない季節変化を示すが，これは植生の生物季節（フェノロジー：phenology）によるものである．生物季節とは，生物が季節的に示す諸現象のことである．植生は，夏季または湿潤期と冬季または乾燥期の間で現存量（バイオマス：biomass）に大きな違いがあるため，このような季節的な特徴を利用すれば，植生や土地被覆の種類を判別することも可能である．

図 6.3 にその例を示した．この図の横軸は年間の各月，縦軸は植生指数である．植生型に応じて，常に高い値を示すタイプ（熱帯林），成長期には高い値を，非成長期には低い値を示すタイプ（落葉樹林，草原等），一年を通じて低い値を示すタイプ（砂漠等）といった特徴があらわれる．

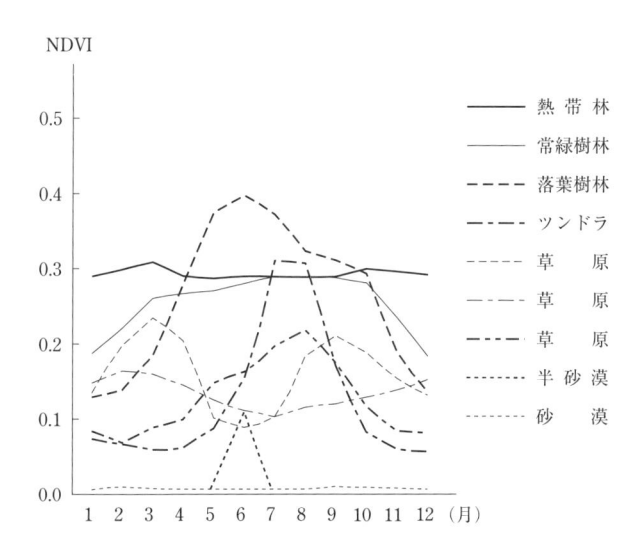

図 6.3 植生指数の季節変化（本多・村井 1992 より改変して引用）

### 6.2.3 波長帯とセンサのバンド

　口絵7に衛星／センサ／バンドごとの観測波長帯を示した．一番左の欄のLandsat, SPOT(スポット)等は衛星の名称，その右の欄は各衛星に搭載されたセンサの名称で，横長の四角は各センサのバンド（観測波長帯）を示す．たとえばLandsat衛星にはTMセンサとMSSセンサが搭載されている．TMには七つの観測バンドがあり，バンド3が赤色域，バンド4が近赤外域に相当する．一番下にNOAA(ノア)衛星のAVHRRセンサが示されているが，AVHRRセンサの場合にはバンド1が可視域，バンド2が近赤外域に相当する．

　衛星データは，このバンドごと，画素（ピクセル：pixel）ごとに整数値（たとえば8ビットデータの場合，0〜255の間の整数値）で与えられる．TMの場合には，空間解像度が30 mなので，画像上の画素が映し出している地表面（1単位が30×30 m）から来る放射エネルギーが，たとえばバンド3の値は33，バンド4の値は75というようなデジタル値（digital number：DN）として与えられる．この値が大きいほど，センサに入ってくるエネルギーの大きさが大きいことをあらわす．

### 6.2.4 土地被覆の分類方法

　対象地域の主たる土地被覆の種類を判別することを土地被覆分類という．リモートセンシングデータを利用した土地被覆分類法は，ふつう教師つき分類法と教師なし分類法に分けられる．

　① 教師つき分類法（supervised classification）：対象地域における土地利用区分（市街地，森林，畑など）を決め，画像の中から各区分に対応する典型的な領域（トレーニングエリア，このことを「教師」とよんでいる）を選ぶ．そして分類が未知の画素について，その画素がどの区分にもっとも近いかを統計的に求める．統計手法としては，セル法（多次元レベルスライス法，パラレルパイプ法），最短距離法，最尤法(さいゆうほう)，決定木（decision tree：DT，決定樹，判定木／樹，決断分岐図，決定樹形図などと訳されている）法などが使われる．

　② 教師なし分類法（unsupervised classification）：教師つき分類法では，「教師」＝トレーニングエリア（区分の既知の画素）を用いるが，教師なし分類法ではトレーニングエリアを用いない．対象地域を構成する画素全体を統計的手法により，複数の類似した画素にグルーピングした後に，各グループがどのような土地利用区分に対応するかを判別する．統計手法としては，おもにクラス

表6.2 衛星リモートセンシングを用いた土地被覆図化における縮尺（空間スケール）と空間解像度の関係（Franklin nad Wulder 2002 を一部改変して引用）

| | |
|---|---|
| 低空間解像度画像 | 最適な観測対象は，数百～数千 m（小縮尺）で生じる現象であり，GOES，NOAA/AVHRR，Terra/MODIS，SPOT/VEGETATION のデータが用いられる |
| 中空間解像度画像 | 最適な観測対象は，数十～数百 m（中縮尺）で生じる現象であり，通常，Landsat，SPOT，IRS，JERS，ERS，Radarsat およびシャトルプラットフォーム上のセンサから得られる画像が用いられる |
| 高空間解像度画像 | 最適な観測対象は，数 cm～数 m（大縮尺）で生じる現象であり，航空機搭載のセンサあるいは，IKONOS から得られるデータを用いたり，あるいは低解像度画像を併せて用いる |

タ分析が用いられる．

## 6.2.5 センサの空間解像度

リモートセンシング・センサによって観測された画像上の識別可能な最小領域をその大きさまたは距離によりあらわしたものを空間解像度（または空間分解能：spatial resolution）という．

リモートセンシングデータを用いて，土地被覆分類をおこなう場合，データの空間解像度が重要な要素となる．

表6.2では，空間解像度を3種類に大別している．その3種類に対応した画像を口絵8に示した．高空間解像度画像（QuickBird，IKONOS など）の場合，樹木の1本1本の位置まで識別することができ，この図でも港に係留されたボートが確認できる．中空間解像度画像（SPOT/HRV，Landsat/TM など）の場合は，樹木1本1本の識別は困難だが，大きな建物や道路，まとまった樹林は識別できる．低空間解像度画像（NOAA/AVHRR，SPOT/VEGETATION，Terra/MODIS など）の場合，砂漠や広がりのある森林では1画素全体が均質な地域に覆われるが，都市のように土地被覆が細かく混じり合っているような地域では，さまざまな土地被覆が1画素の中に混在する．

前者のように対象物が1画素に対応する地上の範囲（＝地上解像度：ground resolution）よりも大きく，1画素がひとつの土地被覆型で覆われている場合，その画素を純粋画素（ピュアピクセル：pure pixel）と言い，逆に後者のように複数の土地被覆型で覆われている画素をミクセル（mixel, mixed pixel の略：混合画素）と言う．

## 6.3 全球的な土地被覆分類

リモートセンシングによる土地被覆分類がとくに有効なのは対象が広域にわたる場合である．ここでは地球全体を対象にした土地被覆分類について説明する．

地球全体ではデータの大きさもさることながら，前処理としての幾何補正，輝度補正，複数の画像をつなぎ合わせるモザイク処理，全球をできるだけ統一的に処理する土地被覆分類アルゴリズムの開発など，多くの困難をともなう．そのためこれまで全球土地被覆分類はそれほど多くはおこなわれていない．1 km 解像度のものとしては，表 6.3 に示すアメリカ地質調査所（United States Geological Survey：USGS）が IGBP DISCover プロジェクトのために作成したデータセットと，メリーランド大学が作成したデータセットのふたつがその代表的なものである．

両者ともに，NOAA 衛星 AVHRR センサのデータセットを用いている．データ収集期間は 1992 年 4 月～1993 年 3 月の 1 年間である．IGBP データセットは 12 個の月最大 NDVI データを用いているのに対し，メリーランド大学データセットでは五つの AVHRR チャネル値と，12 個の NDVI 月合成値から得られた 41 の指標値を用いている．

両者の土地被覆分類スキーム（凡例）を表 6.4 に示した．メリーランド大学のデータセットは 14 分類，IGBP のデータセットは 17 分類となっている．後者にあって，前者にないのは，通年湿地，耕地／自然植生モザイク，および雪・氷の 3 分類である．

メリーランド大学で開発された 1 km 解像度全球土地被覆分類は，教師つき分

表 6.3　1 km 解像度データセット（Hansen and Reed 2000）

| プロダクトの特徴 | IGBP DISCover | メリーランド大学 |
|---|---|---|
| センサ | AVHRR | AVHRR |
| データ収集期間 | 1992 年 4 月～1993 年 3 月 | 1992 年 4 月～1993 年 3 月 |
| 入力データ | 12 カ月 NDVI 合成値 | NDVI およびバンド 1～5 から求められた 41 の指標値 |
| 分類手法 | 教師なし分類（クラスタリング） | 教師つき分類（決定木） |
| 処理単位 | 大陸ごと | 全球 |
| 分類スキーム | IGBP スキーム（17 クラス） | 簡略化された IGBP スキーム（14 クラス） |
| 更新スケジュール | 年に 1 度 | 現在更新中 |
| 検証 | 1998 年 9 月 | 他のデジタルデータセットを用いて評価 |

表6.4 土地被覆分類スキーム（凡例）(Hansen and others 2000)

| メリーランド大学植生クラス<br>**IGBPと共通の被覆型** | IGBP-DIS 土地被覆分科会植生クラス<br>**メリーランド大学と共通の被覆型** |
| --- | --- |
| 常緑針葉樹林：キャノピー被覆率>60％，高さ5m以上の樹木により優占された土地．ほとんどすべての樹木は通年，緑を残す．キャノピーは緑葉を絶やさない | 常緑針葉樹林：キャノピー被覆率>60％，高さ2m以上の樹木が優占する土地．ほとんどすべての樹木は通年，緑を残す．キャノピーは緑葉を絶やさない |
| 常緑広葉樹林：キャノピー被覆率>60％，高さ5m以上の樹木により優占された土地．ほとんどすべての樹木は通年，緑を残す．キャノピーは緑葉を絶やさない | 常緑広葉樹林：キャノピー被覆率>60％，高さ2m以上の樹木が優占する土地．ほとんどすべての樹木は通年，緑を残す．キャノピーは緑葉を絶やさない |
| 落葉針葉樹林：キャノピー被覆率>60％，高さ5m以上の樹木により優占された土地．樹木は寒冷季に対応して同時に葉を落とす | 落葉針葉樹林：キャノピー被覆率>60％，高さ2m以上の樹木が優占する土地．1年に葉のある時とない時の期間をもつ季節性針葉樹木群落から構成される |
| 落葉広葉樹林：キャノピー被覆率>60％，高さ5m以上の樹木により優占された土地．樹木は乾季または寒冷季に対応して同時に葉を落とす | 落葉広葉樹林：キャノピー被覆率>60％，高さ2m以上の樹木が優占する土地．1年に葉のある時とない時の期間をもつ季節性広葉樹木群落から構成される |
| 混合樹林：キャノピー被覆率>60％，高さ5m以上の樹木により優占された土地．針葉樹林型および広葉樹林型の散在状混合あるいはモザイクから成る樹木群集から構成される．どちらの型も＜25％または＞75％景観被覆にならない | 混合樹林：キャノピー被覆率>60％，高さ2m以上の樹木が優占する土地．他の四つの森林被覆型の散在状混合あるいはモザイクをもつ樹木群落から構成される．どの森林型も景観の60％を超えない |
| 疎林：>40％かつ<60％の草本性あるいは木本性林床植生および樹木キャノピー被覆をもつ土地．樹木は5mを超え，常緑あるいは落葉のどちらもあり得る | 木本性サバンナ：草本および他の林床システムをもつ土地．30～60％の森林キャノピーをもつ．森林被覆の高さは2mを超す |
| 木本の混じる草原／低木地：草本性あるいは木本性林床植生および>10％かつ<40％の樹木キャノピー被覆をもつ土地．樹木は高さ5mを超え，常緑あるいは落葉のどちらもあり得る | サバンナ：草本層と他の低木層をもつ土地．10～30％の森林キャノピーを有する．森林被覆高は2mを超す |
| 閉鎖ブッシュ地あるいは低木林地：ブッシュあるいは低木の優占する土地．ブッシュと低木はキャノピー被覆率>40％．ブッシュは高さ5mを超さない．低木あるいはブッシュは常緑あるいは落葉のどちらもあり得る．樹木キャノピー率は<10％．残りの被覆は裸地または草本 | 閉鎖低木地：高さ2m以下の木本植生および低木キャノピー被覆>60％をもつ土地．低木の葉は常緑あるいは落葉のどちらもあり得る |
| 開放低木地：低木の優占する土地．低木キャノピー被覆は>10％かつ<40％．低木は高さ2mを超えず，常緑あるいは落葉のどちらもあり得る．残りの被覆は裸地あるいは一年生草本型 | 開放低木地：高さ2m以下の木本性植生および10～60％の低木キャノピー被覆をもつ土地．低木の葉は常緑あるいは落葉のどちらもあり得る |
| 草原：連続した草本性被覆と<10％の樹木あるいは低木キャノピー被覆をもつ土地 | 草原：草本性被覆型をもつ土地．樹木および低木被覆は10％未満 |

表6.4 （続き）

| メリーランド大学植生クラス<br>**IGBPと共通の被覆型** | IGBP-DIS 土地被覆分科会植生クラス<br>**メリーランド大学と共通の被覆型** |
| --- | --- |
| 耕地：景観の>80%を作物によって覆われた土地．多年生木本作物は適切な森林あるいは低木地被覆型として分類されることに注意 | 耕地：一次的な作物，ついで収穫，および裸地土壌期間となる土地（たとえば単独および複数の耕作システム）．多年生木本作物は適切な森林あるいは低木地被覆型として分類されることに注意 |
| 不毛地：1年を通じ10%以上の植生に覆われず，土壌，砂，岩石，雪，氷に覆われた土地 | 不毛地：1年を通じ10%以上の植生に覆われず，土壌，砂，岩石，雪に覆われた土地 |
| 都市および建ぺい地：建築物および他の人工構造物により覆われた土地．このクラスはAVHRR画像から地図化されるのではなく，Digital Chart of the World の人口密集地から作成されることに注意（Danko 1992） | 都市および建ぺい地：建築物および他の人工構造物により覆われた土地．このクラスはAVHRR画像から地図化されるのではなく，Digital Chart of the World の人口密集地から作成されることに注意（Danko 1992） |
| 水面：海洋，湖沼，人工湖，河川．淡水あるいは塩水のどちらもあり得る | 水面：海洋，湖沼，人工湖，河川．淡水あるいは塩水のどちらもあり得る |
|  | **メリーランド大学と共通しない被覆** |
|  | 通年湿地：広い地域を覆う水面と草本あるいは木本植生が通年，混合する土地．植生は塩水，汽水，あるいは淡水中に存在し得る |
|  | 耕地／自然植生モザイク：耕地，森林，低木地，および草原のモザイクから成る土地．どの要素も景観の60%を超えない． |
|  | 雪および氷：1年を通じ雪あるいは氷で覆われた土地 |

類の一手法である，決定木を用いている（Hansen and others 2000）．図6.4に分類の全体像を，図6.5に具体的な数値を入れた例を示した．画素ごとに，あみだくじのようにこの図を上から下にたどり，分岐ごとにその画素のもつバンド値に応じて，行き先を判定して，一番下まで行ったところが，その画素の推定される土地被覆型となる．

### 6.3.1 MODIS プロダクト

1999年12月に打ち上げられたTerra衛星には，MODISというセンサが搭載されている．MODIS は "Moderate Resolution Imaging Spectroradiometer"（中解像度画像化分光放射計）の略で，その名のとおり比較的高解像度のセンサ（たとえばLandsat/TM の 30 m，SPOT/HRV の 20 m）と，低解像度のセンサ（たとえばNOAA/AVHRR の 1.1 km）の中間の 250 m や 500 m という解像度をもつ

6.3 全球的な土地被覆分類

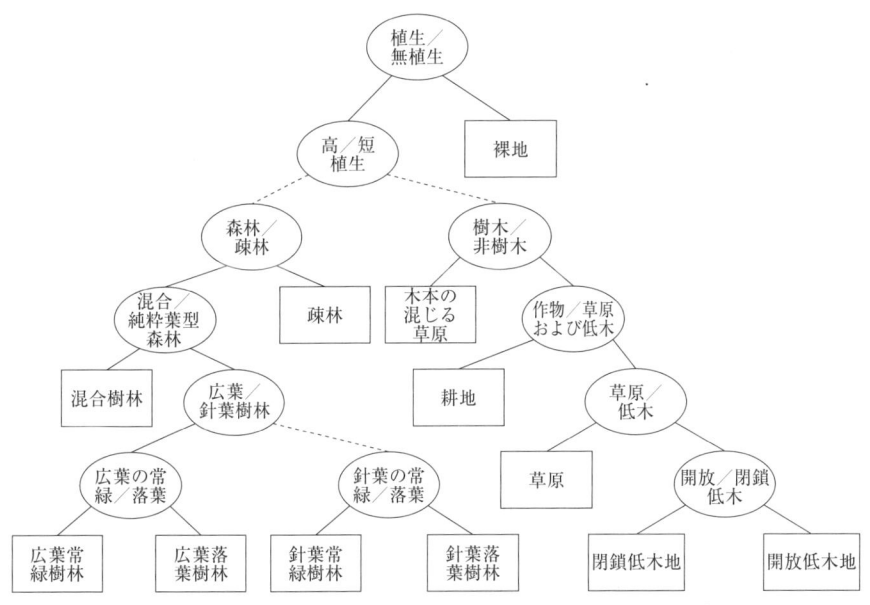

図 6.4 メリーランド大学 1 km プロダクトの作成に用いられた 2 クラス階層ツリー (Hansen and others 2000)

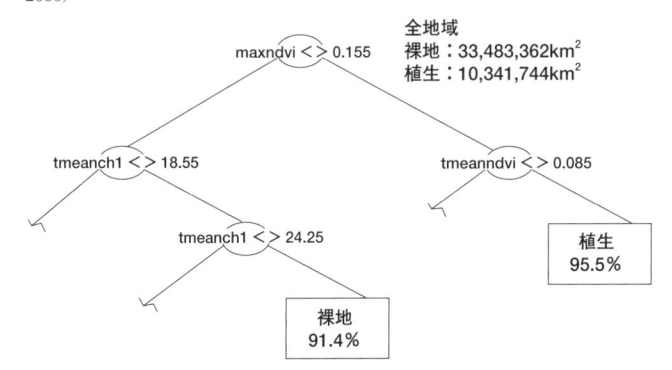

図 6.5 植生／非植生分類ツリー (主要部分のみ)(Hansen and others 2000)

ことに特徴がある．さらに以下に述べるような種々の利点により，このセンサは現在，全球的な陸域リモートセンシングにおいて，大きな役割を果たしている．2003年末時点では，MODISセンサは，前述したTerra衛星 (旧名称 EOS AM-1, 1999年12月18日打ち上げ，午前観測) とAqua衛星 (旧名称 EOS PM-1, 2002年5月4日打ち上げ，午後観測) の2基の衛星上に搭載されている．

表6.5にMODISセンサの概要を示した．観測幅は2,330 km，空間解像度はバ

表 6.5 MODIS センサの概要（Justice and others 2002）

| 軌道 | 705 km，太陽同期，近極標準降下赤道交差地方時刻 10：30* |
|---|---|
| 観測幅 | 2,330 km±55°（クロストラック方向） |
| 分光帯 | 36 バンド，0.405〜14.385 μm，衛星搭載校正サブシステムを有する |
| 分光校正 | バンド 1〜4，反射率に対して 2% |
|  | バンド 5〜7，調査中（いくらかのシーン依存的電子混信） |
| データレイト | 11 Mbps（ピーク昼間） |
| 輝度分解能 | 12 ビット |
| 直下点空間分解能 | 250 m（バンド 1〜2），500 m（バンド 3〜7），1,000 m（バンド 8〜36） |
| 本務サイクル | 100% |
| 周回カバレッジ | 毎日（北緯 30 度以上の地域） |
|  | 2 日に 1 回（緯度 30 度以下の地域） |
| 格子化ランドプロダクトの位置精度 | 直下点で 150 m（1 シグマ）以内 |
| バンド間位置補正 | スキャン方向に 50 m 以内 |
| バンド 1〜7 に対して | トラック方向に 100 m 以内 |

＊ 特定通過時刻は http://www.earthobservatory.nasa.gov/MissionControl/overpass.html を参照．

表 6.6 主要な MODIS プロダクト（Justice and others（2002）より改変して引用）

| 表面反射率 250 m–500 m–1 km | MOD09 |
|---|---|
| 雪被覆 | MOD10 |
| 表面温度・放射率 1 km–5 km–0.05 度 | MOD11 |
| 土地被覆型および変化 0.25 度–1 km | MOD12 |
| 植生指数 250 m–500 m–1 km | MOD13 |
| 熱アノマリ／火災 1 km | MOD14 |
| LAI/FPAR 1 km | MOD15 |
| 純光合成 8 日間 1 km | MOD17 |
| 年 NPP 1 km |  |
| 蒸発散／表面抵抗 8 日間 1 km |  |
| BRDF/アルベド 16 日間 1 km–0.05 度 | MOD43 |
| 植生被覆転換 32 日間 250 m | MOD44 |

ンドによるが 250 m，500 m，1,000 m の 3 通りである．バンド数は全部で 36 あり，このうちバンド 1 および 2 が 250 m の解像度をもつ．観測周期は，地域により毎日，または 2 日に 1 回．センサの位置計測の精度は直下点で 150 m とされている．

表 6.6 に MODIS の主要なプロダクト（生産物）を示した．今までの衛星データ（たとえば NOAA/AVHRR，Landsat/TM）と異なり，MODIS の場合は，デジタル値だけでなく，土地被覆やさまざまな植生機能に加工したデータが提供さ

表 6.7 MODIS 250 m 土地被覆変化抽出の方法 (Zhang and others 2000)

| 時期1被覆型 | 時期2被覆型 | | | | |
|---|---|---|---|---|---|
| | 森林 | 非森林植生 | 裸地 | 水面 | 焼失地 |
| 森林 | – | 森林伐採 | 森林伐採 | 洪水 | 焼失 |
| 非森林植生 | 再成長 | – | 都市化 | 洪水 | 焼失 |
| 裸地 | 再成長 | 農業 | – | 洪水 | – |
| 水面 | 洪水後退 | 洪水後退 | 洪水後退 | – | – |
| 焼失地 | 再成長 | 再成長 | – | – | – |

表 6.8 変化抽出手法 (Zhang and others 2002)

| 方法の名称 | 用いられる基準 | 実 行 |
|---|---|---|
| 赤−近赤外空間布置 | 所与の時期・緯度における被覆型間の赤−近赤外空間の布置にもとづく．ある被覆型のサブスペースから第二のサブスペースへの画素値の変化を特定 | 時期1および2における各月および緯度に対する赤・近赤外反射率の所与のペアに対する被覆型をあらわすLUT（ルックアップテーブル）を用いて実行 |
| 赤−近赤外空間変化ベクタ | 赤−近赤外空間を用いて，時期1から時期2への画素値によって定義されるベクタの角度と大きさにもとづく．変化の角度と大きさは以下のように定義される<br>$\theta = \arctan(\Delta\rho_{red}/\Delta\rho_{NIR})$<br>$A = \sqrt{(\Delta\rho_{red})^2 + (\Delta\rho_{NIR})^2}$<br>ここで $\theta$ = 変化角度，A = 変化の大きさ，$\rho_{red}$ = 赤反射率，$\rho_{NIR}$ = 近赤外反射率 | 各月および緯度帯の各ペアに対するすべての可能な土地被覆変化と結びつく角度と大きさの対をあらわすLUTを用いて実行 |
| 修正デルタ空間閾値 | 各画素（変化のない場合を原点とする）の赤および近赤外の値に対する時期1と時期2の画素値における差によって定義される空間を用いる．原点からの角度と距離および画素の初期状態によって定義される変換型 | 時期1における初期被覆型と時期2における画素が存在するデルタ空間の領域を定義するLUTを用いて実行 |
| 空間的テクスチャ | 時期1および2における3×3カーネル内のNDVIの変動係数を用いる．変化が閾値を超えたとき変換のフラグを立てる | 各月，緯度帯，および画素の初期状態に対する被覆型の各ペアの間の変化の閾値を定義するLUTを用いて実行 |
| 線形特徴 | 3×3カーネル内の各近傍画素に対する画素値の絶対差の平均を計算する．線形特徴があるかどうかを決定する閾値 | 時期1には存在しなかった時期2における線形特徴が存在するかどうかを特定する規則を用いて実行 |
| 変化の統合計測 | | 決定手法：五つの方法のうち三つで変換のフラグがあるときに変換として確定する |

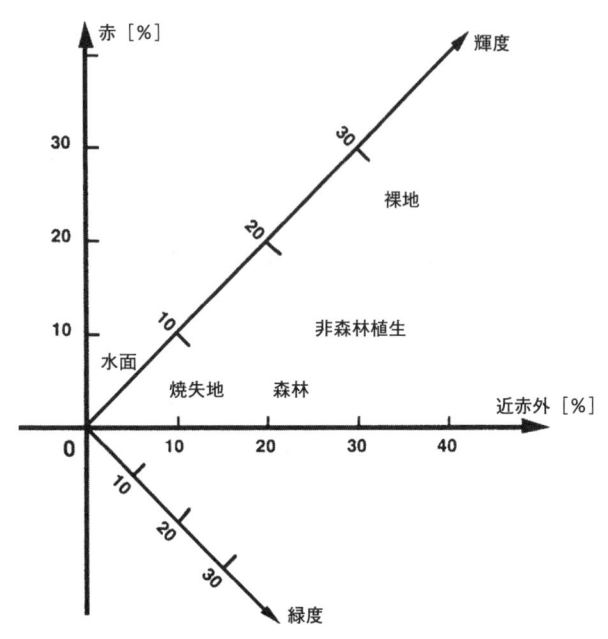

図 6.6　赤-近赤外空間と輝度-緑度空間との関係およびさまざまな土地被覆型の典型的な分光特性（Zhang and others 2000）

れる．たとえば 1 km 解像度の土地被覆型は MOD12，250 m 解像度の植生被覆変化は MOD44 として公開される．

### 6.3.2　MODIS-1 km 土地被覆・土地被覆変化（MOD12）

　MODIS の 1 km 解像度の全球土地被覆・土地被覆変化データセットは，ボストン大学の Strahler らの開発したアルゴリズムを用いる（Strahler and others 1999）．土地被覆分類のスキームは，前述した IGBP の土地被覆分類を踏襲し，17 項目となっている．分類方法は，32 日間のデータベースを処理して，決定木と人工ニューラルネットワーク（artifical neural network）分類アルゴリズムを用いて，トレーニングデータにもとづき土地被覆クラスを決定する．

　Giri and others（2005）は，この MODIS による 1 km 解像度土地被覆データセットと，SPOT／VEGETATION から作成された全球土地被覆 2000（Global Land Cover 2000：GLC-2000）データセットを比較し，全体としては両者は一致しているが，サバンナ／低木林および湿地では不一致が見られたと報告している．

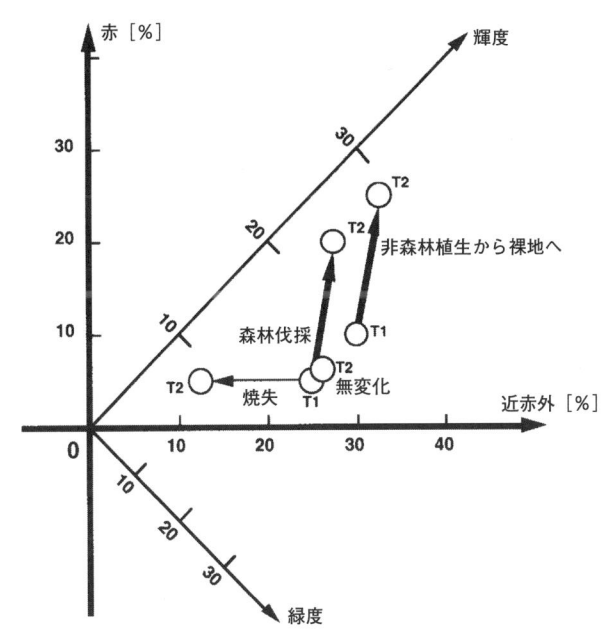

**図 6.7** 輝度-緑度空間をあらわす赤-近赤外空間における非森林植生からの変化，森林伐採，および森林焼失プロセスと結びついた典型的な変化ベクタ（Zhang and others 2000）
小円は，時期 1（T1）および時期 2（T2）における典型的な分光特性を示している．

### 6.3.3 MODIS-250 m 植生変化（MOD44）

MODIS の 250 m 植生被覆転換（Vegetation Cover Conversion : VCC）データセットは，メリーランド大学の Townshend らの開発したアルゴリズムを用いる（Zhan and others 2000, 2002）．

このアルゴリズムでは，まず土地被覆型を森林，非森林植生，裸地，水面，および焼失地の五つに分ける．土地被覆変化は，これらの被覆型間の変化として与えられ，森林伐採，洪水，焼失，再成長，農業，洪水，都市化の七つに設定されている（表 6.7）．土地被覆変化型の抽出には，表 6.8 に示したような方法が用いられる．このうち三つの方法は，分光領域（spectral domain）を利用し，残りのふたつはテクスチャ（texture，画像上の肌理の細かさ，対象の形状）にもとづき分類する．すなわち① 赤-近赤外空間布置法（red-NIR space partitioning method），② 赤-近赤外空間変化ベクタ法（red-NIR space change vector method），③ 修正デルタ空間閾値法（modified delta space thresholding method），④ 空間的テクスチャの変化，および ⑤ 線形特徴の変化の五つの方法であり，これらの方法で変化を検出し，それをもとに各画素の土地被覆変換を推定する．

図6.6は，赤-近赤外空間における上記の五つの土地被覆型の典型的な位置を示している．土地被覆変化は，この空間上の位置の変化，すなわち変化ベクタとしてあらわされる．図6.7は，時期T1からT2にかけての変化ベクタによって，たとえば非森林植生→裸地，森林伐採，焼失の変化がどのようにあらわされるかを示している．この変化ベクタの向きや大きさによって土地被覆変化が推定される．

### ● 参考文献 ●

Danko DM. 1992. The digital chart of the world project. *Photogrammetric Engineering and Remote Sensing* **58**: 1125–1128.

Franklin SE, Wulder MA. 2002. Remote sensing methods in medium spatial resolution satellite data land cover classification of large areas. *Progress in Physical Geography* **26**(2): 173–205.

Giri C, Zhu Z, Reed B. 2005. A comparative analysis of the Global Land Cover 2000 and MODIS land cover data sets. *Remote Sensing of Environment* **94**: 123–132.

Hansen MC, DeFries RS, Townshend JRG, Sohlberg R. 2000. Global land cover classification at 1 km spatial resolution using a classification tree approach. *International Journal of Remote Sensing* **21**: 1331–1364.

Hansen MC, Reed B. 2000. A comparison of the IGBP DISCover and University of Maryland 1 km global land cover products. *International Journal of Remote Sensing* **21**: 1365–1373.

Justice CO, Townshend JRG, Vermote EF, Masuoka E, Wolfe RE, Saleous N, Roy DP, Morisette JT. 2002. An overview of MODIS Land data processing and product status. *Remote Sensing of Environment* **83**: 3–15.

Richards JA. 1986. *Remote Sensing Digital Image Analysis*. Berlin: Springer-Verlag, 281 p.

Strahler A, Muchoney D, Borak J, Friedl M, Gopal S, Lambin E, Moody A. 1999. *MODIS Land Cover Product Algorithm Theoretical Basis Document (ATBD) Version 5.0: MODIS Land Cover and Land-Cover Change*, 66 p (available from: http://geography.bu.edu/landcover/userguidelc/index.html).

Zhan X, DeFries R, Townshend JRG, DiMiceli C, Hansen M, Huang C, Sohlberg R. 2000. The 250 m global land cover change product from the Moderate Resolution Imaging Spectroradiometer of NASA's Earth Observing System. *International Journal of Remote Sensing* **21**: 1433–1460.

Zhan X, Sohlberg RA, Townshend JRG, DiMiceli C, Carroll ML, Eastman JC, Hansen MC, DeFries RS. 2002. Detection of land cover changes using MODIS 250 m data. *Remote Sensing of Environment* **83**: 336–350.

日本リモートセンシング研究会編．2001．図解リモートセンシング（改訂版）．東京：日本測量協会，325 p．

本多嘉明・村井俊治．1992．世界の植生．地学雑誌 **101**(6): 514–527.

# 7 植生のリモートセンシング

## 7.1 植生図の作成方法

この章ではリモートセンシングを用いて,植生のさまざまな特性を計測する方法について述べるが,その前にまず通常の地上調査で作る植生図について説明しよう.

### 7.1.1 現存植生図とは

植物社会学的植生調査の方法によって作成された地図を「現存植生図」とよび,現在日本では縮尺5万分の1の現存植生図によって国土全域がカバーされている.日本でふつうに「植生図」と言うと,この植物社会学的植生調査にもとづく現存植生図のことをさすことが多い.

現存植生図は,以下のような手順で作成する.

① 植物社会学的植生調査:対象地域にみられるすべての植生型について,おおよそ $100 \sim 400 \, m^2$ 程度の植分を対象として,高さの階層別に出現種,被度,群度などを記載する.

② 植物群落の識別:①で得られた植生調査資料をもとに,素表,常在度表,部分表,識別表という手順で,種と植分の組み換えをおこなう.この作業を通じて,種の結びつきを類型化し,その類型としての植物群落(植生単位)を識別する.

③ 現存植生図の作成:識別された植物群落の種組成(その群落に出現する植物の種類の組み合わせ)や相観(physiognomy:植物群落の優占種の生活形〈高木,低木,草本など〉や密度・高さ・葉形などであらわされる様相,外観)などを用いて植生図作成指針を作る.この指針にしたがって現地におい

て各地点の群落が何かを同定し，それを地図上に表現する．

### 7.1.2 リモートセンシングによる植生図化の方法

現存植生図ではおもに種組成，すなわちそこに出現する植物の種類構成にもとづいて，その植生の種類を判別する．

一方，リモートセンシングでは種類構成を直接知ることは困難である．代わりにリモートセンシングで直接的にとらえられるのは，その植生のもつ電磁波的な特徴である．すなわち太陽から放射された光が植生によって反射され，その植生で反射された太陽光の電磁波がセンサで観測される．したがってリモートセンシングでは観測された電磁波的な特徴という物理的な情報にもとづいて植生を分類することになる．電磁波的な特徴を通して得られるのは，おもに対象とする植生の粗密（密な森林か，疎らな草原か）や，季節変化（常緑か落葉か）といった情報であり，これは種組成というよりは，どちらかと言えば植生の相観のもつ特性に近い．したがって，現存植生図がおもに種組成にもとづく分類であったのに対し，リモートセンシングによる植生分類は，おもに相観にもとづく分類になる．

## 7.2 植生の分光反射特性

図7.1は，画像中の画素ごとに，横軸に赤色域（赤色に対応する波長帯）の反

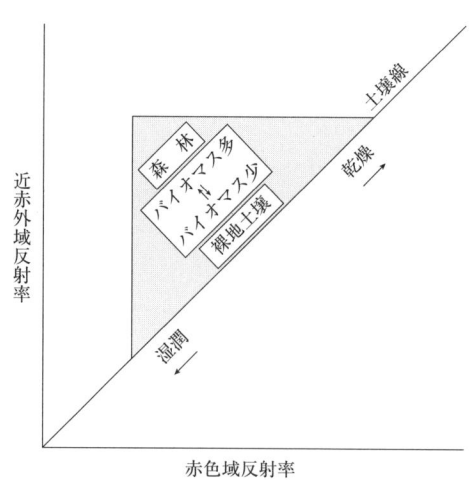

図7.1 模式的な植生の赤・近赤外分光散布図と土壌線

射率，縦軸に近赤外域の反射率をとって，散布図を作成した場合の模式図である．このような図を作ると，およそ図に示したような三角形状の部分に点が集中することが多い（口絵11参照）．

裸地土壌の分光反射率は土壌線（ソイルライン：soil line）として示した直線上に乗ることが知られており，乾燥土壌は土壌線上の右上に，湿潤土壌は左下に布置される．一方，現存量（バイオマス：biomass, 植生の面積あたりの乾燥重量）の大きな植生は散布図上の左上に，現存量の小さな植生は土壌線の近くに布置される．

前の章では，土壌，植生，および水面についての分光反射特性の図を示したが，その図で説明すれば（図6.2），乾燥した土壌は赤色域（0.7 $\mu$m 付近での反射率）で反射率が比較的高く（図7.1では横軸の値が原点から遠い），近赤外域（0.9 $\mu$m 付近）でも比較的高い（図7.1では縦軸の値が原点から遠い）．水面または湿潤な土壌は，赤色域，近赤外域とも反射率が比較的低い（図7.1では横軸，縦軸の値はともに原点に近い）．植生は，赤色域で低く，近赤外域で高い（図7.1では横軸が原点に近く，縦軸は原点から遠い）．このようなことから乾燥した土壌，水面または湿潤な土壌，およびバイオマスの多い森林などの植生は図7.1に示したような位置に布置されることが理解できるだろう．

### 7.2.1 QuickBird 衛星／マルチスペクトルセンサ画像の例

口絵7に示したように，QuickBird 衛星に搭載されたマルチスペクトルセンサには四つのバンドがある．このうち植生の判読にはバンド2, 3, 4 が使われることが多い．観測波長帯で言えば，バンド2 は 0.52〜0.60 $\mu$m（緑色域），バンド3 は 0.63〜0.69 $\mu$m（赤色域），バンド4 は 0.76〜0.89 $\mu$m（近赤外域）に相当し，これらは Landsat 衛星の TM センサおよびその後継の ETM＋センサのバンド2, 3, 4 とほぼ対応する．

口絵9は三宅島の QuickBird 画像であるが，左の列はフォルスカラー合成，すなわちバンド2（緑色域）を青，バンド3（赤色域）を緑，バンド4（近赤外域）を赤に割り当てて表示したもの．右の列はナチュラルカラー合成，すなわちバンド2を青，バンド3を赤，バンド4を緑に割り当てて表示したものである．上三つの画像で色の明るい部分は，そのバンドのデジタル値が高く（すなわちその観測波長帯における反射が強い），逆に暗い部分は，そのバンドのデジタル値が低い（その観測波長帯における反射が弱い）ことをあらわしている．最下段のカラ

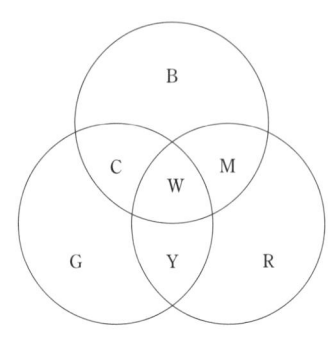

| 合成される色 | 3 原色 | | |
|---|---|---|---|
| | 青(B) | 緑(G) | 赤(R) |
| 黒 | 0 | 0 | 0 |
| 灰 | 127 | 127 | 127 |
| 白 (W) | 255 | 255 | 255 |
| 青 (B) | 255 | 0 | 0 |
| 緑 (G) | 0 | 255 | 0 |
| 赤 (R) | 0 | 0 | 255 |
| シアン(C) | 255 | 255 | 0 |
| マゼンタ(M) | 255 | 0 | 255 |
| イエロー(Y) | 0 | 255 | 255 |

**図7.2 色合成（加法混色）**
R（赤），G（緑），B（青）を 3 原色として，いろいろな色をその合成として表示する．右の表は 8 ビット（256 階調）の場合の色表示の例．

一の画像は，この青，緑，赤を 1 枚の画像に合成したものである．

たとえば 8 ビット（$=2^8$）の階調をもつデータの場合，画素ごとに青，緑，赤，それぞれ最小で 0，最大で 255 の値をもつ．この青，緑，赤の 3 色を合成することにより，白，灰，黒，黄，シアン，マゼンタなどの色を表現することができる（図7.2）．

口絵 9 のフォルスカラー合成画像（左下の図）では，植生は赤く，土壌は白っぽく，水面は黒っぽく示されている．植生が赤く示されるのは，植生は緑色植物のもつ葉緑素の分光特性のために，この画像で赤に割り当てられた近赤外域の反射が相対的に強いためである．フォルスカラー合成（false color composite：ニセ色合成）とよばれているのは，このような色の割り当てでは，実際には緑色に見える植生が画像上は赤く示されるためである．一方，口絵 9 のナチュラルカラー合成画像（右下の図）では，植生が自然な緑色で示されているので，ナチュラルカラー合成（natural color composite：自然色合成）とよばれる．ただしこの画像上の緑色は近赤外域のバンド値を示しているので観測波長帯と表示波長帯が異なっていることに注意が必要である．

## 7.3　さまざまな分光植生指数

分光植生指数（スペクトル植生指数：spectral vegetation index：SVI）とは，リモートセンシングで得られる分光情報にもとづく植生の指数のことである．こ

れまでさまざまな分光植生指数が考案されてきているが，基本的には「植生は可視域に対して近赤外域で比較的強い反射をもつ」という植生の分光的な特徴を用いている．これまでの研究で，分光植生指数は現存量，LAI（本書8.2参照），活力度などと相関があることが示されている．

以下，主要な分光植生指数について紹介しよう．

### 7.3.1 比植生指数（RVI : ratio VI または SR : simple ratio）

比植生指数（RVI）は Jordan（1969）がはじめて示したもので，以下の式で与えられる．

$$RVI = \frac{NIR}{VIS}$$

ここで $NIR$ は近赤外域のバンド値（たとえば AVHRR バンド2，MSS バンド7，TM バンド4などのデジタル値），$VIS$ は可視域のバンド値（たとえば AVHRR バンド1，MSS バンド5，TM バンド3など）．

すなわち比植生指数は，近赤外域のデジタル値を可視域のデジタル値で除した値であり，図7.3でいえば，原点と対象点（観測スペクトル）を結ぶ直線の傾きに対応する．

### 7.3.2 正規化差植生指数（NDVI : normalized differential vegetation index）

正規化差植生指数（NDVI）は，Rouse and others（1973）によって提案されたものであるが，正規化差指数の概念はそれ以前に Kriegler and others（1969）によって提示されている．NDVI は以下の式で与えられる．

$$NDVI = \frac{NIR - VIS}{NIR + VIS}$$

ここで $NIR$ と $VIS$ は，ともにゼロまたは正の値（たとえば8ビットデータの場合，0～255の値）をもつので，$NDVI$ は理論的には$-1.0$～$+1.0$の範囲の値をとる．実際に衛星画像を用いて NDVI を算出すると，だいたい$-1.0$～$+0.7$の範囲で，雲，水面，雪，氷の地域はマイナス，裸地土壌では$-0.1$～$+0.1$，植生量が増すにしたがって大きな値をとる．

NDVI は単純ではあるが，種々の条件の変動に対して安定していると言われており，今でもおそらくもっともよく使われている植生指数である．

表7.1 口絵10の水面(W), 土壌(S), 植生(V) におけるデジタル値と RVI および NDVI

| 図中の地点記号 | 土地被覆 | QuickBird衛星のデジタル値 | | | | RVI $=④÷③$ | NDVI $=((④-③)÷(④+③)$ |
|---|---|---|---|---|---|---|---|
| | | バンド1 (青色域) ① | バンド2 (緑色域) ② | バンド3 (赤色域) ③ | バンド4 (近赤外域) ④ | | |
| W1 | 水面 | 9 | 7 | 4 | 4 | 1.00 | 0.00 |
| W2 | 水面 | 6 | 9 | 5 | 3 | 0.60 | -0.25 |
| W3 | 水面 | 8 | 11 | 7 | 6 | 0.86 | -0.08 |
| S1 | 湿った土壌 | 18 | 20 | 23 | 26 | 1.13 | 0.06 |
| S2 | やや湿った土壌 | 18 | 22 | 30 | 44 | 1.47 | 0.19 |
| S3 | 乾いた土壌 | 53 | 58 | 76 | 99 | 1.30 | 0.13 |
| V1 | 疎な植生 | 6 | 9 | 11 | 80 | 7.27 | 0.76 |
| V2 | やや密な植生 | 8 | 13 | 16 | 126 | 7.88 | 0.77 |
| V3 | 密な植生 | 9 | 17 | 15 | 217 | 14.47 | 0.87 |

ここで, 具体的に RVI と NDVI を計算してみよう. 口絵10は, 口絵9の一部分 (三宅島の南東部, 太路池周辺) を拡大したもので, 画像上で水面, 土壌, 植生各3地点を抽出し, それぞれ QuickBird のバンド1~4のデジタル値を示してある. 表7.1では, この水面, 土壌, 植生におけるデジタル値を用いて, RVI と NDVI を算出した. RVI および NDVI で用いる可視域のバンドと近赤外域のバンドには, QuickBird のバンド3とバンド4を使っている. このように RVI, NDVI ともに, 植生は水面および土壌よりも大きな値を示す. さらに横軸にQuickBird のバンド3 (赤色域) の値, 縦軸にバンド4 (近赤外域) の値をとって散布図を作ってみよう. 植生, 土壌, 水面は, 図7.1で述べたような位置関係になっていることが確認できるだろう. 口絵11は口絵10の全画素を用いたバンド4-バンド3の散布図である. この図でRVIは, 各点と原点を通る直線の傾きをあらわしており, 傾きが大きいほどRVIが高く, 一般的には植生の現存量が大きいことをあらわしている. また NDVI も実は式を変形するとRVIの関数としてあらわされる. すなわち NDVI も各点と原点を通る直線の傾きの関数である.

### 7.3.3 垂直植生指数 (PVI : perpendicular vegetation index)

垂直植生指数 (PVI) は, Richardson and Wiegand (1977) によって提案された. 図7.3に示されるように, PVIは観測スペクトルと土壌線との距離として計算される.

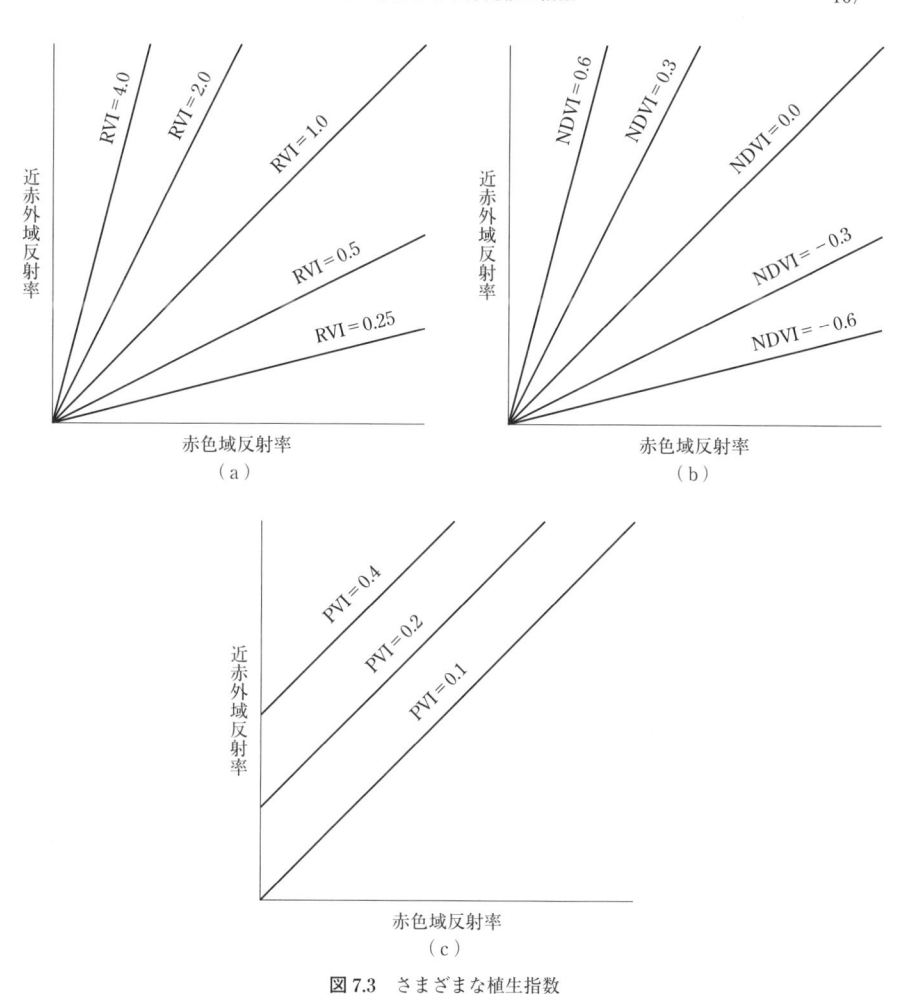

**図 7.3 さまざまな植生指数**
（a）比植生指数，（b）正規化差植生指数，（c）垂直植生指数．

## 7.3.4 土壌調整植生指数（SAVI : soil-adjusted vegetation index）

土壌調整植生指数（SAVI）は，Huete（1988）によって提案された．SAVI は以下の式で与えられる．

$$SAVI = \frac{NIR - Red}{NIR + Red + L} \times (1 + L)$$

ここで $NIR$ は近赤外域の反射率，$Red$ は赤色域の反射率，$L$ は補正率で高植被率の場合 0 に，低植被率の場合は 1 に近い値をとる．

土壌調整植生指数という名が示すとおり，SAVI は背景土壌（background soil：植生の背景となる土壌）の違いによる影響をできるだけ小さくすることを意図して開発されたものである．乾燥地域のように植生の疎らな所では NDVI よりも SAVI の方があてはまりの良い場合がある．

これに類する植生指数として，変換土壌調整植生指数（transformed soil adjusted vegetation index：TSAVI）（Baret and Guyot 1991），変形土壌調整植生指数（modified soil adjusted vegetation index：MSAVI）（Qi and others 1994）などがある．

### 7.3.5　MRVI（modified ratio vegetation index）

純粋画素における植物の抽出には，NDVI が他の指標に比べて有利だが，NDVI はミクセルについては誤差が大きい．そこで都市のように緑が細かく分布している地域でも利用可能な植生指数として MRVI が尹・梅干野（1998）によって開発された．

MRVI は以下の式で与えられる．

$$MRVI = \frac{NIR}{NIR + R + G + B}$$

ここで NIR, R, G, B は，それぞれ近赤外域，赤色域，緑色域，青色域における反射率である．

### 7.3.6　タッセルドキャップ分析（tasseled cap analysis）

タッセルドキャップ変換（tasseled cap transformation）は，衛星センサから得られる分光データに対して施される直交変換手法のひとつであり，分光データをいくつかの物的属性の推定値に変換する．Kauth and Thomas（1976）は，作物群落を対象にして，Landsat の MSS データに対してタッセルドキャップ変換を適用することにより，直交する明度（brightness）および緑度（greenness）をあらわす指標が得られることを示した．Landsat 衛星の MSS センサや TM センサに対しては地上での同期実験などをもとに標準的な係数が開発されていることもあり，タッセルドキャップ分析は今日でも広く用いられている．

タッセルドキャップ分析には，衛星データのデジタル値をそのまま適用する方法（Crist and Cicone 1984）と，デジタル値から輝度補正等を施して求められる反射率を適用する方法（Crist 1985）とがある．

表7.2 Landsat7号のETM+に対するタッセルドキャップ係数（Huang and others 2002）

| 指　標 | バンド1 | バンド2 | バンド3 | バンド4 | バンド5 | バンド7 |
|---|---|---|---|---|---|---|
| 明度 | 0.3561 | 0.3972 | 0.3904 | 0.6966 | −0.2286 | 0.1596 |
| 緑度 | −0.3344 | −0.3544 | −0.4556 | 0.6966 | −0.0242 | −0.2630 |
| 湿潤度 | 0.2626 | 0.2141 | 0.0926 | 0.0656 | −0.7629 | −0.5388 |
| 第4 | 0.0805 | −0.0498 | 0.1950 | −0.1327 | 0.5752 | −0.7775 |
| 第5 | −0.7252 | −0.0202 | 0.6683 | 0.0631 | −0.1494 | −0.0274 |
| 第6 | 0.4000 | −0.8172 | 0.3832 | 0.0602 | −0.1095 | 0.0985 |

表7.2はLandsat7号のETM+データに対する係数で，Huang and others (2002) によって開発されたものである．この係数は「衛星における反射率（at-satellite reflectance）」に対して適用されるものである（「衛星における反射率」の求め方については，Huang and others (2001) を参照）．表には，明度，緑度，湿潤度（wetness）などの6指標に対する係数が示されている．各指標値は，各バンドの「衛星における反射率」に，各バンドに対応する係数を乗じて，その線形和を計算することで求められる．

## 7.4 放射輝度と反射率

衛星データに含まれている画素ごと，バンドごとの値は，デジタル値（digital number : DN）とよばれる．デジタル値は，センサが取得した放射輝度（radiance : 単位面積あたりの放射強度）の相対的な大きさをあらわす．デジタル値は対象物の反射率のほか，入射エネルギーの大きさ（これは太陽と対象物とセンサの3者の位置関係等に依存し，太陽高度や季節によって異なる）や大気中の水蒸気量などの大気状態に左右される．

一方，反射率（reflectance）とは，ある波長帯における反射エネルギーを入射エネルギーで割った値である．反射率は，物体に固有の値で，太陽高度や大気状態などに左右されない．反射率は，分光放射計（スペクトロメータ : spectral radiometer）で計測することができる．

### 7.4.1 TOA-NDVIとTOC-NDVI

電磁波は大気の存在によって影響を受け得る．とくに水蒸気とエアロゾルによる影響は大きい．さまざまな条件の違いに対して比較的安定していると言われる

NDVIも大気条件によって差異を生じる.

ここでTOA-NDVIとTOC-NDVIという用語を使って大気の影響を説明しよう.

TOA-NDVIとはtop-of-atmosphere NDVI（大気圏上端で測定されるNDVI），TOC-NDVIとはtop-of-canopy（キャノピー上端で測定されるNDVI）を意味する．TOC-NDVIは地上で我々が計測し得る，植生のNDVIを意味するが，これは群落のすぐ上で測るので大気の影響は無視してよい．それに対してTOA-NDVIは大気圏の上部から測った植生のNDVIで，大気圏より上の宇宙空間では大気の影響を無視してよいから，これは衛星センサで計測されるNDVIに対応する．TOA-NDVIは大気の影響や，太陽-対象物-センサの3者間の位置関係に影響される（図7.4）.

第8章で述べるように，NDVIは現存量，LAI，FPARなどの生物物理量と良い相関がみられる．NDVIと生物物理量との間の関係式を求めるには，ある植物群落の現存量，LAI，FPARなどと，同じく地上で観測したNDVI（＝TOC-NDVI）を比較すればよい．さらにこうして求めた関係式にもとづき，衛星画像から地域的な現存量やLAI，FPARを推定するには，衛星で得られるTOA-NDVIから地上観測にもとづくTOC-NDVIに変換する必要がある．このTOA-NDVIからTOC-NDVIへの大気補正はモデルを用いておこなわれる．代表的な大気補正モデルにはLOWTRAN7（Kneizys and others 1988），MODTRAN4（Achaya and others 1999），6S（Vermote and others 1997）などがある．

大気の存在，とくに大気中の水蒸気の影響により，放射エネルギーは可視域よりも近赤外域で大きく減衰する．そのためふつうTOA-NDVIはTOC-NDVIよりも小さい値をとる．このように同じ植生を対象としても，NDVIは観測方法（地上か，衛星か），用いるセンサ，大気条件などによってさまざまな値をとり得ることに注意が必要である．すなわちNDVIはひとつの画像内での植生量の相対的な比較をする上では便利な指標であるが，NDVIの値をそのまま用いて地域間の比較をおこなったり，同じ地域の多時期の植生をNDVIで比較することには注意が必要である．

NOAA衛星に搭載されたAVHRRセンサで観測されるNDVIデータセットは1981年からのものが利用可能であるが，その時系列データセットには，成層圏および対流圏のエアロゾル，水蒸気による吸収，地表面異方性，軌道ドリフト，雲や火山エアロゾルの影響，センサ間校正誤差，1991年半ばから数年続くピナ

## 7.4 放射輝度と反射率

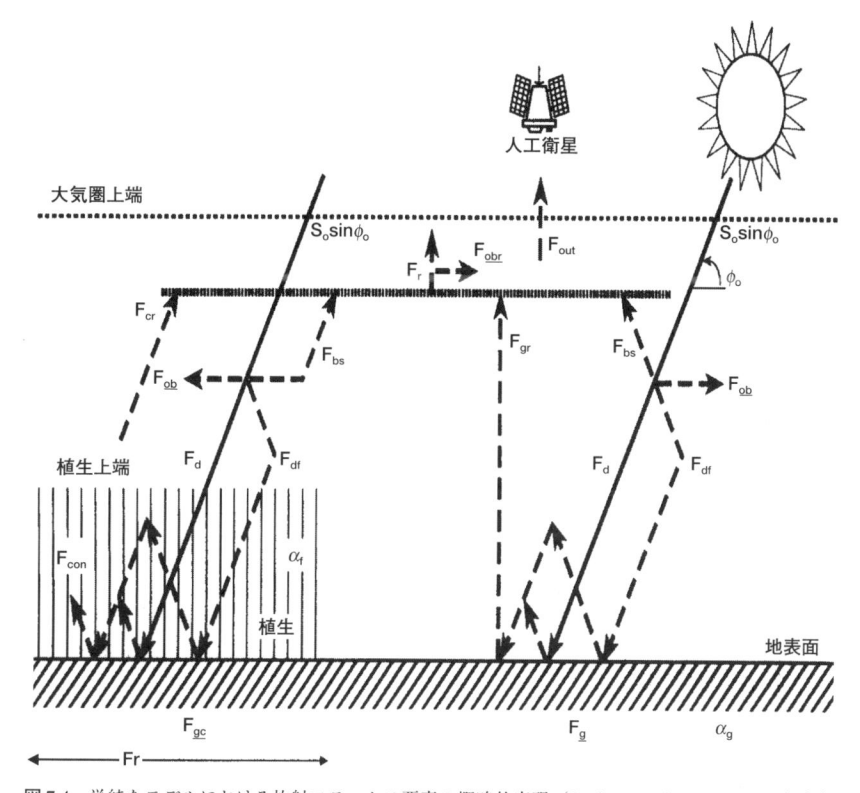

**図7.4** 単純なモデルにおける放射フラックス要素の概略的表現（Carlson and Ripley 1997 を改変して引用）

矢印のついた実線は仰角 $\phi_o$ における直接日射フラックス要素をあらわす．破線は裸地土壌フラクション（右側）と植被フラクション（$F_r$：左側）における拡散フラックス成分をあらわす．フラックスは記号 F であらわされ，小文字は，大気で吸収されるもの，地上あるいは植生キャノピー内で吸収されるもの，上向きあるいは下向きに散乱されるものといったさまざまなフラックス成分を示している（吸収フラックスにはすべて下線を付した）．衛星センサによって観測される宇宙へのフラックスは $F_{out}$ という破線によって示されている．

ツボ火山噴火の影響などの誤差要因がある．それらの影響の除去法については，たとえば 1982〜99 年の全球 NDVI データセット（PAL バージョン 3）を用いた Nemani and others (2003) の研究（本書第 11 章で紹介）に別添された「資料と方法」を参照されたい．

### ● 参考文献 ●

Achaya PK, Berk A, Anderson GP, Larsen NF, Tsay S, Stamnes KH. 1999. Modtran4 : multiple scattering and BRDF upgrades to MODTRAN. *SPIE Proceeding, Optical Spectroscopic Techniques and Instrumentation for Atmospheric and Space Research* Ⅲ, *Volume 3756* (available from : http://www. spectral. com/publications.htm).

Baret F, Guyot G. 1991. Potentials and limit of vegetation indices for LAI and APAR assessment. *Remote Sensing of Environment* **35** : 161-173.

Carlson TN, Ripley DA. 1997. On the relationship between NDVI, fractional vegetation cover, and leaf area index. *Remote Sensing of Environment* **62** : 241-252.

Crist EP. 1985. A TM tasseled cap equivalent transformation for reflectance factor data. *Remote Sensing of Environment* **17** : 301-306.

Crist EP, Cicone RC. 1984. A physically-based transformation of Thematic Mapper data — the TM Tasseled Cap. *IEEE Transactions on Geosciences and Remote Sensing* **22** : 256-263.

Huang C, Wylie B, Yang L, Homer C, Zylstra G. 2002. Derivation of a tasseled cap transformation based on Landsat 7 at-satellite reflectance. *International Journal of Remote Sensing* **23**(8) : 1741-1748.

Huang C, Yang L, Homer C, Wylie B, Vogelman J, DeFelice T. 2001. At-satellite reflectance : a first order normalization of Landsat 7 ETM+ images. *USGS EROS Data Center*. 9 p (available from : http://landcover.usgs.gov/pdf/huang2.pdf).

Huete AR. 1988. A soil-adjusted vegetation index (SAVI). *Remote Sensing of Environment* **25** : 295-309.

Jordan CF. 1969. Derivation of leaf area index from quality of light on the forest floor. *Ecology* **50** : 663-666.

Kauth RJ, Thomas GS. 1976. Tasseled Cap : a graphic description of the spectral-temporal development of agricultural crops as seen by Landsat. *Proceedings of the Machine Processing of Remotely Sensed Data Symposium*. Purdue University : West Lafayette, Indiana, 4b41-4b51.

Kneizys FX, Shettle EP, Abreu LW, Chetwynd JH, Anderson GP, Gallery WO, Selby JEA, Clough SA. 1988. *Users Guide to LOWTRAN 7*. Washington DC : Storming Media, 146 p.

Kriegler FJ, Malila WA, Nalepka RF, Richardson W. 1969. Preprocessing transformations and their effects on multispectral recognition. *Proceedings of the Sixth International Symposium on Remote Sensing of Environment*. Ann Arbor : University of Michigan Ann Arbor, pp. 97-131.

Nemani RR, Keeling CD, Hashimoto H, Jolly WM, Piper SC, Tucker CJ, Myneni RB, Running SW. 2003. Climate-driven increases in global terrestrial net primary production from 1982 to 1999. *Science* **300** : 1560-1563.

Qi J, Chehbouni A, Huete AR, Kerr YH. 1994. Modified soil adjusted vegetation index (MSAVI). *Remote Sensing of Environment* **48** : 119-126.

Richardson AJ, Wiegand CL. 1977. Distinguishing vegetation from soil background information. *Photogrammetric Engineering and Remote Sensing* **43** : 1541-1552.

Rouse JW, Haas RH, Schell JA, Deering DW. 1973. Monitoring vegetation systems in the great plains with ERTS. *Third ERTS Symposium, NASA SP-351 vol 1*. Washington DC : NASA, pp. 309-317.

Vermote EF, Tanre D, Herman M, Morcrette JJ. 1997. Second Simulation of the Satellite Signal in the Solar Spectrum, 6S : an over view. *IEEE Transactions on Geoscience and Remote Sensing* **35** : 675-686.

尹　敦奎・梅干野晁. 1998. 都市域における画素内緑被率推定のための指標. 日本リモートセンシング学会誌 **18**(3): 4-16.

# 8

# リモートセンシングによる生態系機能の観測

　本章では,リモートセンシングによる生態系機能の観測について述べる.リモートセンシングによってどのような生態系機能を,どのように観測するのかを概観するにあたり,「EOS 科学計画」(King 1999) が役に立つ.これはアメリカ航空宇宙局(National Aeronautics and Space Administration : NASA)がまとめたレポートであるが,地球環境問題において何を知らなければならないのかという科学における問題と,それを知るにはどのような観測情報が必要なのかという技術における課題の両者を説得力をもって結びつけている.

　そこで,ここでは EOS 科学計画の概要を紹介するとともに,EOS 科学計画で示された枠組みに従って,どのような生態系機能をどのように観測するのかについて述べる.

## 8.1　EOS 計画と EOS 科学計画の概要

### 8.1.1　EOS 計画とは

　EOS(Earth Observing System : 地球観測システム)計画は 1980 年代に NASA のイニシアティブによって始められた地球環境問題への貢献を目指す国際協力プロジェクトである.EOS 計画は,大きく科学系(EOS Science),観測系(スペースクラフト,センサ),情報系(EOS–DIS : Data Information System : データ情報システム)の三つに分けられる.

　科学面では,全球変動現象のうち全球気候変動の解明を主要なターゲットとし,水・エネルギー循環,海洋,対流圏・下部成層圏の化学,陸域の水文・生態系,氷河・極氷,中層・上層成層圏の化学,および個体地球を観測する.

### 8.1.2 EOS 科学計画とは

EOS 科学計画（EOS Science Plan）の目的は，地球科学が今日，直面している重要な問題に対して，EOS 衛星と衛星に搭載された観測機器によって得られる衛星観測データを利用することによって，その解決に向けてどのような貢献がなされるかを示すことである．

現時点での EOS 科学計画（King 1999）は 1999 年に策定されたものであり，全体で約 400 ページの大部のものである．

**表 8.1** EOS 計画と関連する重要な科学的疑問（King 1999）
USGCRP（アメリカ地球変動研究プログラム）によって認定された政策関連の「疑問」で EOS と関連するもの．

- 地球の放射収支と熱収支における雲の役割は何か？
- 熱の貯蔵，輸送，および取り込みにおいて海洋が大気とどのように相互に作用しあうか？
- 気候変化は，どのように温度，降水量および土壌水分のパタン，ならびに地表面における水と氷の全体的な分布に影響を及ぼすか？
- 全球スケールおよび地域スケールの気候予測の信頼性はどのように改良されるか？
- 化石燃料二酸化炭素のシンクとしての海洋・陸域生物圏の相対的な重要性は何か？ それは経時的にどのように変化するか？
- 大気の亜酸化窒素およびメタンにおける現在の上昇に対する主要なソースは何か？
- 塩素および臭素の濃度上昇が，全球および極域における成層圏オゾンにもつ意味合いは何か？
- 全球変動に対してもっとも敏感な生態学的システムは何か？ 生態学的システムにおける自然変動はどのようにして他の要因によって引き起こされる変化と区別することができるか？
- 全球変動による生態学的システムにおける妥当な変化速度はどれくらいか？ 自然のシステムおよび管理されたシステムはそれに適応するか？
- 生態学的システムそれ自体は，全球変動のプロセスにどのように寄与するか？
- 気候システムおよび環境システムにおける変化の幅と速度はどれくらいか？
- 過去の気候における突然の転換に対して，生態系はどれくらいの速度で適応したか？
- 地球の歴史における過去の温暖な時期は，将来の地球温暖化のモデル予測の検証において適切なシナリオを提供するか？
- どのような種類の実験的なデータが，全球変動における人為作用の計量や理解に必要とされるか？
- 人間および人間システムはどのように，そしてなぜ，物理学的システムおよび生物学的システムに対して影響を及ぼすのか？
- さまざまな沿岸地域は，地質学的および生態学的に，海面上昇に対してどのように反応するか？ 気候変動からの寄与（たとえば氷河の融解，海洋の温暖化）と地殻変動プロセスによるそれとをどのように区別することができるか？
- 火山噴火の強さ，地理的位置，および頻度はどれくらいで，またそれらの気候への影響はどのようなものか？
- 北半球の永久凍土地域は，どのように気候温暖化に対して反応するか？
- 太陽の変動性のどのような側面が成層圏オゾン層に影響しているか？
- 大気圏上部においてその他のインプット，たとえば粒子はどのような影響をもつか？ そしてそれらは他の大気域とどのように結びつくか？
- 太陽のアウトプットはどのように変動するか？ 陸域気候への影響は何か？

8.1 EOS 計画と EOS 科学計画の概要

図 8.1 と図 8.2 に過去および将来の地球観測に利用される衛星・センサの一覧を示した．1999 年には Landsat 7 号と Terra，2000 年には EO-1 (Earth Observing-1)，2002 年には Aqua とみどり 2 号がそれぞれ打ち上げられている．EO-1 衛星は，0.4〜2.5 $\mu$m の波長帯を 220 分光バンドで観測する Hyperion（ハイペリオン）センサを搭載し，波長分解能がきわめて高いことからハイパースペクトラル衛星 (hyperspectral satellite) とよばれている．今後も，降水のプロファイルを観測す

**表 8.2** USGCRP の最優先課題と関連する研究の基礎となる 24 の観測項目（King 1999）
大気，陸面，海洋，雪氷圏，および太陽駆動力のそれぞれに対する最優先の観測項目．地球系の変化を定量化するため，EOS は最短 15 年間，低軌道からの系統的で，継続的な観測をおこなう．

| | 観測項目 | センサ名 |
|---|---|---|
| 大気圏 | 雲特性（量，光学特性，高さ） | MODIS, GLAS, AMSR-E, MISR, AIRS, ASTER, SAGE III |
| | 放射エネルギーフラックス（大気圏上部，表面） | CERES, ACRIM III, MODIS, AMSR-E, GLAS, MISR, AIRS, ASTER, SAGE III |
| | 降水量 | AMSR-E |
| | 対流圏化学（オゾン，前駆ガス） | TES, MOPITT, SAGE III, MLS, HIRDLS, LIS |
| | 成層圏化学（オゾン，ClO, BrO, OH, 微量ガス） | MLS, HIRDLS, SAGE III, OMI, TES |
| | エアロゾル特性（成層圏，対流圏） | SAGE III, HIRDLS, MODIS, MISR, OMI, GLAS |
| | 大気温度 | AIRS/AMSU-A, MLS, HIRDLS, TES, MODIS |
| | 大気湿度 | AIRS/AMSU-A/HSB, MLS, SAGE III, HIRDLS, POSEIDON 2/JMR/DORIS, MODIS, TES |
| 日射 | 電光（イベント，地域，閃光構造） | LIS |
| | 全太陽入射 | ACRIM III, TIM |
| | 太陽分光入射 | SIM, SOLSTICE |
| 陸面 | 土地被覆および土地利用変化 | ETM+, MODIS, ASTER, MISR |
| | 植生動態 | MODIS, MISR, ETM+, ASTER |
| | 表面温度 | ASTER, MODIS, AIRS, AMSR-E, ETM+ |
| | 火災発生（範囲，温度のアノマリ） | MODIS, ASTER, ETM+ |
| | 火山効果（発生頻度，温度のアノマリ，影響） | MODIS, ASTER, ETM+, MISR |
| | 表面湿度 | AMSR-E |
| 海洋 | 表面温度 | MODIS, AIRS, AMSR-E |
| | 植物プランクトンおよび溶存有機物質 | MODIS |
| | 表面風領域 | SeaWinds, AMSR-E, POSEIDON 2/JMR/DORIS |
| | 海洋表面地形（高さ，波，水準） | POSEIDON 2/JMR/DORIS |
| 氷雪圏 | 陸面氷（氷床地形，氷床体積変化，氷河変化） | GLAS, ASTER, ETM+ |
| | 海氷（範囲，濃度，動き，温度） | AMSR-E, POSEIDON 2/JMR/DORIS, MODIS, ETM+, ASTER |
| | 雪被覆（範囲，水等価値） | MODIS, AMSR-E, ASTER, ETM+ |

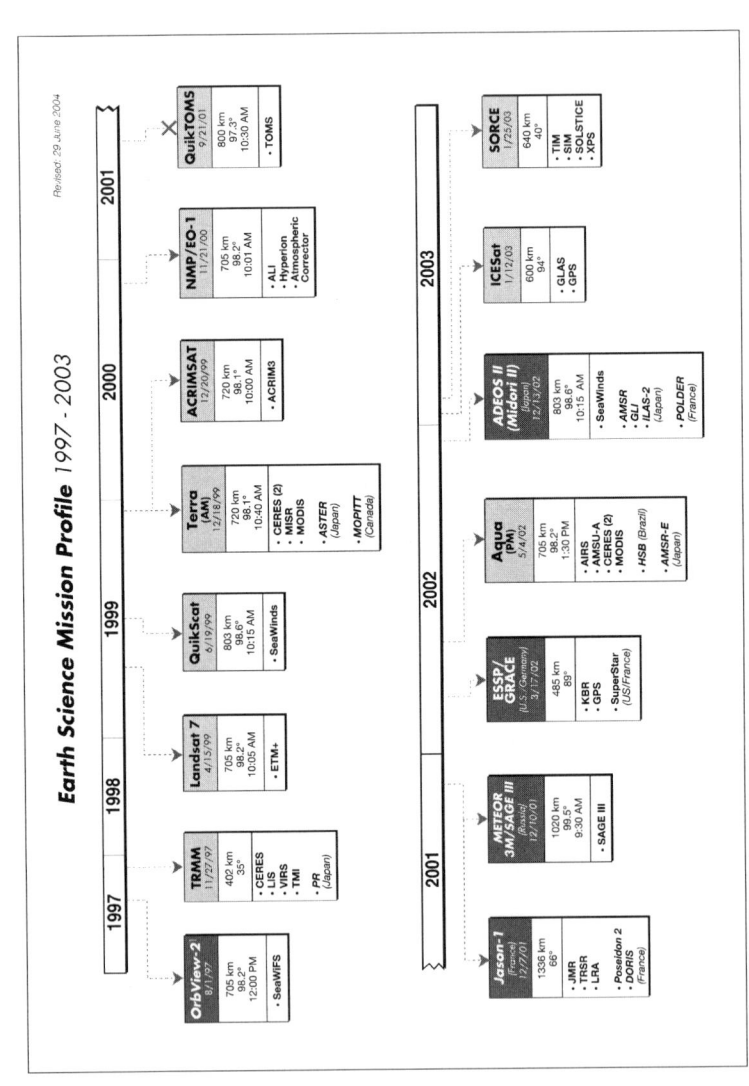

8. リモートセンシングによる生態系機能の観測

**Earth Science Mission Profile 1997 - 2003**
*Revised: 29 June 2004*

**1997**
- OrbView-2[1] 8/1/97
  705 km, 98.2°, 12:00 PM
  ・SeaWiFS
- TRMM 11/27/97
  402 km, 35°
  ・CERES
  ・LIS
  ・VIRS
  ・TMI
  ・PR (Japan)

**1998**
- Landsat 7 4/15/99
  705 km, 98.2°, 10:05 AM
  ・ETM+

**1999**
- QuikScat 6/19/99
  803 km, 98.6°, 10:15 AM
  ・SeaWinds

**2000**
- Terra (AM) 12/18/99
  720 km, 98.1°, 10:40 AM
  ・CERES (2)
  ・MISR
  ・MODIS
  ・ASTER (Japan)
  ・MOPITT (Canada)
- ACRIMSAT 12/20/99
  720 km, 98.1°, 10:00 AM
  ・ACRIM3

**2001**
- NMP/EO-1 11/21/00
  705 km, 98.2°, 10:01 AM
  ・ALI
  ・Hyperion
  ・Atmospheric Corrector
- QuikTOMS 9/21/01 ✗
  800 km, 97.3°, 10:30 AM
  ・TOMS

**2001**
- METEOR 3M/SAGE III (Russia) 12/10/01
  1020 km, 99.5°, 9:30 AM
  ・SAGE III
- Jason-1 12/7/01
  1336 km, 66°
  ・JMR
  ・TRSR
  ・LRA
  ・Poseidon 2
  ・DORIS (France)

**2002**
- ESSP/GRACE (U.S./Germany) 3/17/02
  485 km, 89°
  ・KBR
  ・GPS
  ・SuperStar (US/France)
- Aqua (PM) 5/4/02
  705 km, 98.2°, 1:30 PM
  ・AIRS
  ・AMSU-A
  ・CERES (2)
  ・MODIS
  ・HSB (Brazil)
  ・AMSR-E (Japan)
- ADEOS II (Midori II) 12/13/02
  803 km, 98.6°, 10:15 AM
  ・SeaWinds
  ・AMSR
  ・GLI
  ・ILAS-2 (Japan)
  ・POLDER (France)

**2003**
- ICESat 1/12/03
  600 km, 94°
  ・GLAS
  ・GPS
- SORCE 1/25/03
  640 km, 40°
  ・TIM
  ・SIM
  ・SOLSTICE
  ・XPS

■ 宇宙船が提供されていないか、もしくはNASAによって部分的に提供されていない
イタリックであらわされた項目　▼　現在軌道上　✗　打ち上げ失敗　[1] OrbView-2はNASAによって提供・運航はNASA以外の資金によるもの　されていないが、データを購入.

**図8.1** 地球科学ミッションプロファイル (1997-2003) 2004年6月29日改訂
(NASAウェブサイトより引用　http://eospso.gsfc.nasa.gov/eos_homepage/mission_profiles/docs/mission.pdf)

8.1　EOS 計画と EOS 科学計画の概要

図 8.2　地球科学ミッションプロファイル (2004–2010) 2004 年 10 月 15 日改訂
(NASA ウェブサイトより引用 http://eospso.gsfc.nasa.gov/eos_homepage/mission_profiles/docs/mission.pdf)

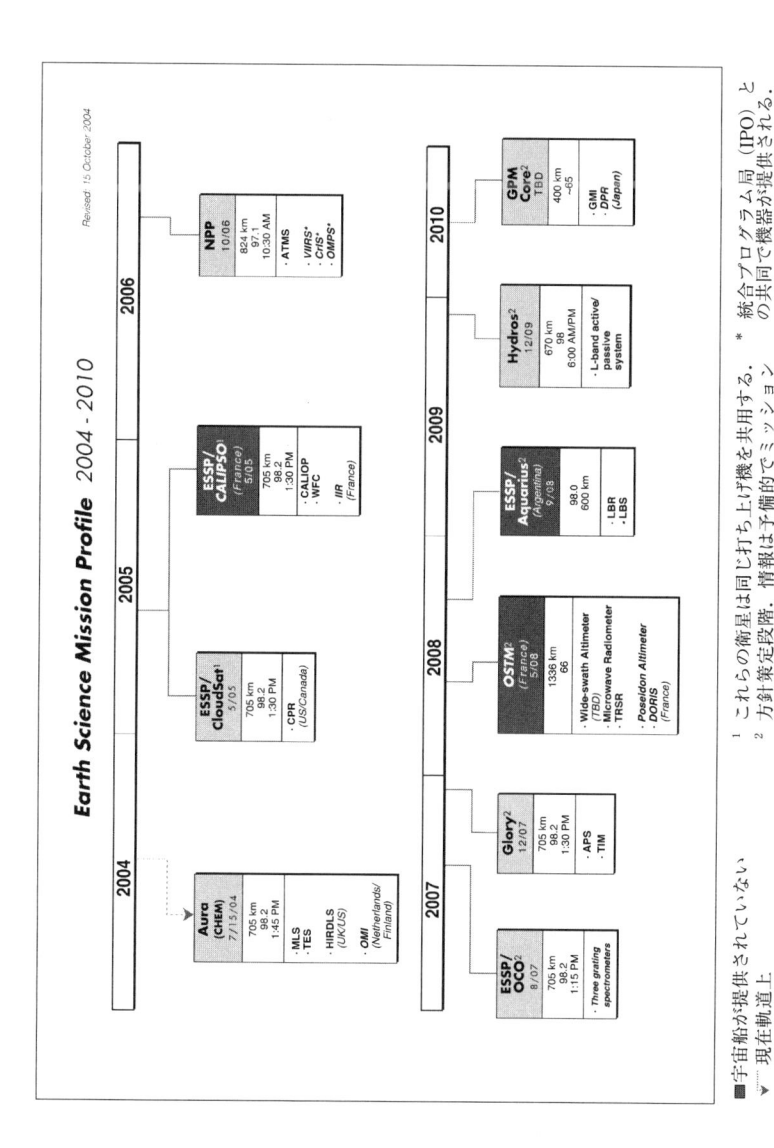

る GPM（Global Precipitation Measurement）や，二酸化炭素（$CO_2$），メタン（$CH_4$）などの温室効果ガス（green house gas : GHG）の濃度を観測する GOSAT（greenhouse gas observing satellite : 温室効果ガス観測技術衛星，旧称 GCOM-A1）など特色ある衛星・センサの打ち上げが予定されている．

これらの衛星観測によってどのような科学的貢献が期待されるか．表8.1には EOS 計画と関連する科学的かつ政策的に重要な科学的疑問が示されている．これは USGCRP（United States Global Change Research Program : アメリカ地球変動研究プログラム）が認定した，科学的かつ政策的に重要な疑問の中で，EOS 計画による貢献が期待されるものである．たとえば陸域生態系関連では「化石燃料二酸化炭素のシンクとしての海洋・陸域生物圏の相対的な重要性は何か？　それは経時的にどのように変化するか？」「生態学的システムそれ自体は，全球変動のプロセスにどのように寄与するか？」などの疑問があげられている．

表8.2には，USGCRP をすすめる上で基礎となる24の優先的な観測項目があげられている．この表では大気圏，日射，陸面，海洋，雪氷圏の五つの領域に整理されている．たとえば陸面では，土地被覆および土地利用変化を ETM+，MODIS，ASTER，および MISR センサによって観測することになっている．こ

表8.3　EOS機器・成果およびいかにそれらが陸面気候モデルによって用いられるか（King 1999）

| 観測機器 | プロダクト | 利　用 |
|---|---|---|
| ASTER | 地表面温度，雪，被覆，雲特徴，アルベド，可視・近赤外バンド，標高，アルベド | 強制力<br>パラメタリゼーション<br>検証 |
| CERES | アルベド，放射フラックス，降下可能水，雲強制力特徴，表面温度，エアロゾル，温度，湿度，圧力プロファイル | 強制力<br>パラメタリゼーション<br>検証 |
| MIMR | 降水，雪被覆，土壌水分，アルベド，雲量，エアロゾル，土壌水分，BRDF | 強制力<br>パラメタリゼーション<br>検証 |
| MODIS | 温度・水蒸気のプロファイル，雲被覆，アルベド，表面温度，雪被覆，エアロゾル，表面抵抗／蒸発散，土地被覆分類，植生指数，BRDF | パラメタリゼーション<br>検証 |
| SAGE III | 雲高，$H_2O$の濃度・混合比，温度と圧力のプロファイル | 検証 |
| TRMM | 降雨プロファイル，表面降水（PR, TMI, VIRS） | 強制力<br>検証 |
| その他 | 風・温度・湿度のプロファイルを含む4Dデータ同化，運動量・エネルギー・降水のフラックス | 強制力<br>検証 |

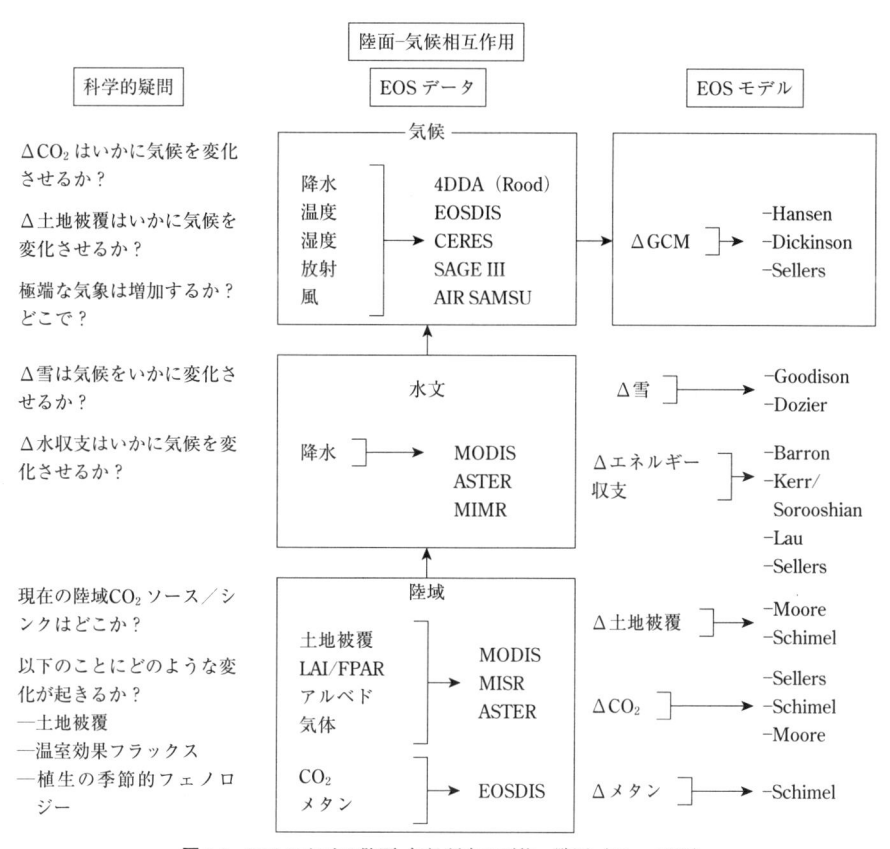

## 8.1 EOS 計画と EOS 科学計画の概要

```
                        陸面-気候相互作用
   科学的疑問           EOS データ              EOS モデル

ΔCO₂ はいかに気候を変化      ─気候─
させるか？              降水    4DDA (Rood)
                       温度    EOSDIS                -Hansen
Δ土地被覆はいかに気候を   湿度 →  CERES      → ΔGCM  → -Dickinson
変化させるか？           放射    SAGE III              -Sellers
                       風      AIR SAMSU
極端な気象は増加するか？
どこで？

Δ雪は気候をいかに変化さ       水文                   -Goodison
せるか？                                    Δ雪  →  -Dozier
                       降水                         -Barron
Δ水収支はいかに気候を変          → MODIS     Δエネルギー  -Kerr/
化させるか？                     ASTER     収支  →   Sorooshian
                                MIMR                -Lau
                                                    -Sellers
                              陸域
現在の陸域CO₂ソース／シ                                -Moore
ンクはどこか？           土地被覆                Δ土地被覆 →  -Schimel
                       LAI/FPAR → MODIS
以下のことにどのような変  アルベド    MISR               -Sellers
化が起きるか？           気体       ASTER     ΔCO₂  → -Schimel
 ―土地被覆                                            -Moore
 ―温室効果フラックス    CO₂
 ―植生の季節的フェノロ  メタン  → EOSDIS      Δメタン →  -Schimel
  ジー
```

図 8.3　EOS における陸面-気候研究の要約一覧図 (King 1999)

のような地球系の変化を定量化するため，EOS は最短 15 年間，低軌道からの系統的で，継続的な観測をおこなうとされている．

さらに具体的に，どのセンサで，どのような情報が得られ，どのようにその情報が利用されるのかが，表 8.3 にまとめられている．たとえば MODIS センサによって，温度・水蒸気プロファイル，雲量，アルベド，表面温度，雪被覆，エアロゾル，表面抵抗，蒸発散，土地被覆分類，植生指数，BRDF (bidirectional reflectance distribution function：二方向反射分布関数) が得られ，これらの観測値はモデルのパラメータ決定やモデルの検証に用いられる．

陸面関連の研究はさらに気候，水文，植生の 3 分野に細分されている．それぞれの分野での要約一覧図を図 8.3～8.5 に示した．科学的疑問に対して，「EOS デ

## 図 8.4 の内容

**科学的疑問**

地域は変化するか？
―水収支
―飽差？ 雲？
―洪水の増加／干ばつ

降水・干ばつの強度は変化するか？

雪／雨比は変化するか？

Δ気候はいかに以下のことを変化させるか？
―水質／水量
―干ばつ／洪水
―河川流路／堆積
―海洋への河川 BGC

Δ土地被覆とΔLAI はΔ水収支とΔ流去を引き起こすか？

**陸面-水文相互作用**

**EOS データ**

気候
 降水
 温度
 湿度 → 4DDA（Rood）
 放射
 風    EOS-DIS

水文
 降水
 雪   → MODIS
       ASTER
       MIMR
 流去 → EOS-DIS
 地形 → M-Mark

陸域
 土地被覆
 LAI
 アルベド → MODIS
 フェノロジー MISR
            ASTER

**EOS モデル**

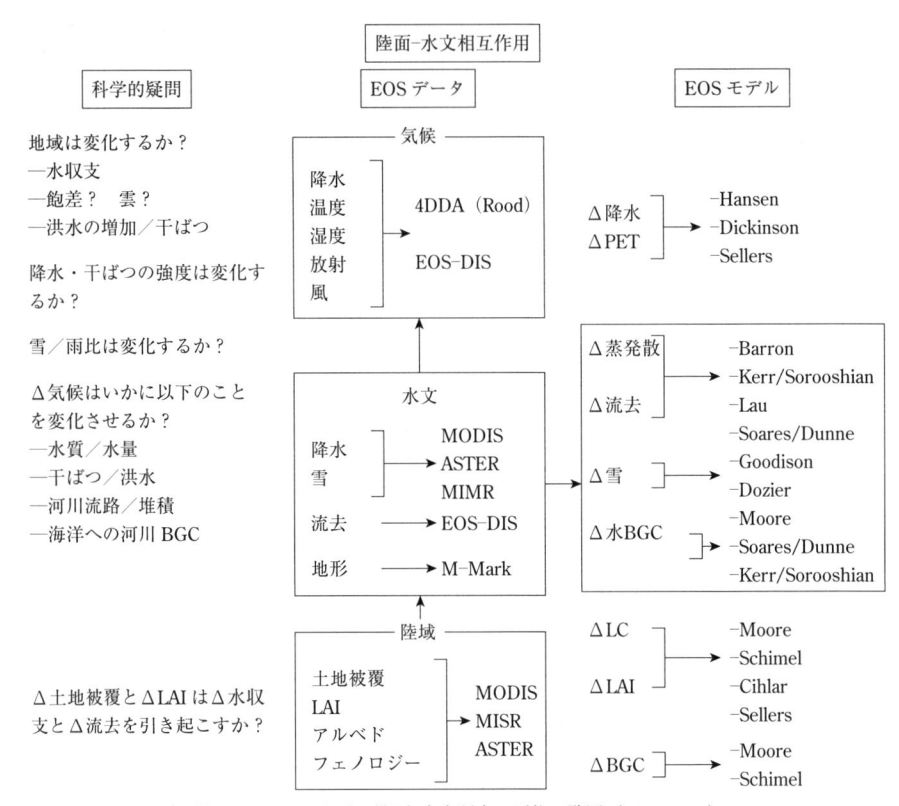

Δ降水   ―Hansen
ΔPET    ―Dickinson
        ―Sellers

Δ蒸発散 ―Barron
        ―Kerr/Sorooshian
Δ流去   ―Lau
        ―Soares/Dunne
Δ雪     ―Goodison
        ―Dozier
Δ水BGC  ―Moore
        ―Soares/Dunne
        ―Kerr/Sorooshian

ΔLC     ―Moore
        ―Schimel
ΔLAI    ―Cihlar
        ―Sellers
ΔBGC    ―Moore
        ―Schimel

図 8.4 EOS における陸面-水文研究の要約一覧図（King 1999）

ータ」と「EOS モデル」によってどう答えるのかが示されている．

たとえば陸面-植生分野では，日から十年までの複数の時間スケールでの陸域植生の反応が対象とされている．日スケールでは生態系におけるガス交換活動，年程度のスケールでは植生構造とキャノピー密度，より長期の時間スケールではバイオーム分布の変化などがあげられている．EOS 衛星データは，これらの疑問に答えるための生物圏炭素収支モデルで利用され，また土地被覆，LAI（次節参照），およびさまざまな分光植生指数の定常的な全球モニタリングが提供される．

## 8.2 植生分野における観測項目

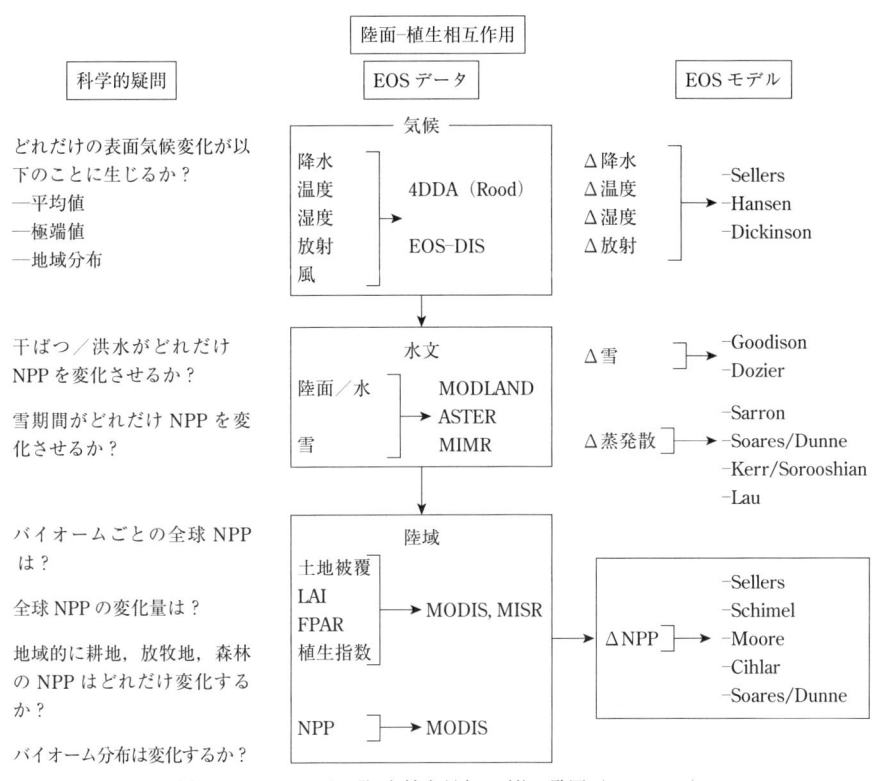

**図 8.5** EOSにおける陸面-植生研究の要約一覧図（King 1999）

## 8.2 植生分野における観測項目

### 8.2.1 土地被覆

第7章でも述べたように，全球土地被覆データセットは，気候モデル，水文モデル，炭素循環モデルにおいて地表面特性を定量化するのに用いられる．また土地被覆モニタリングは，森林破壊や都市化などの定量化にも重要である．EOSでは，Terra衛星およびAqua衛星に搭載されているMODISセンサによって1km分解能の土地被覆データセットを作成する．

## 8.2.2 植生構造
### a. LAI

LAI は "leaf area index" の略で，日本語では葉面積指数とよばれている．LAI は単位面積あたりの葉の表面積（通常，広葉では片面，針葉では投影面）のことであり，単位は無次元または [$m^2/m^2$] であらわされる．LAI は裸地では 0 となり，葉量が増すにつれ大きな値をとる．オーストラリアのユーカリ林（温帯常緑広葉樹林）で 1～3，北方林で 1～5.4，アメリカ五大湖周辺で 1.3（マツ林）～8.4（落葉広葉樹林），アメリカの北西部で 10 を超す（Landsberg and Gower 1997）．

LAI は光合成量を決定する大きな要素なので，多くの生態系モデルで主要なパラメータとして用いられている．

LAI は分光植生指数（RVI や NDVI など）と良い相関があることが知られている．各植生型に応じた LAI と植生指数との関係式をあてはめることにより地域的な LAI が推定される．ただし，LAI がおよそ 3 (±1) 以上のときには，NDVI が飽和する（LAI が高くなっても NDVI があまり高くならなくなる）ため，NDVI による LAI の予測力は弱まると言われている（Carlson and Ripley 1997）．

MODIS では，ボストン大学の Myneni，モンタナ大学の Running らのグループによって開発されたアルゴリズム（Knyazikhin and others 1999）により，MOD15 プロダクトとして空間分解能 1 km，日ごとおよび 8 日ごとの時間頻度で LAI データセットが作成されている（http://cybele.bu.edu/modismisr）．

また複数視野角をもつ MISR センサ（次節参照）を用いることによって，森林などの複雑なキャノピーに対しても精度の良い LAI を推定することができる．ただしその観測頻度は MODIS より少ない．

ASTER センサ（次節参照）は 15 m 解像度で，地域的な LAI データを供給する．

### b. FPAR

FPAR（または FAPAR とも表記される）は "fraction of photosynthetically active radiation absorbed by vegetation canopy" の短縮形であり，日本語では光合成有効放射吸収率とよばれている．緑色植物が光合成に用いることのできる光の波長帯はおよそ 400～700 nm であり，この波長帯の光エネルギーの大きさを PAR（photosynthetically active radiation : 光合成有効放射）とよぶ．PAR はふつう光量子（photon : フォトン）の数またはエネルギー量で表現する．通常，太陽光 1 J PAR は約 4.6 μmol（光量子）に相当する．また日射における PAR 成分の割合はおよそ 45% 程度である．

植生キャノピー（canopy：樹冠，林冠．植物群落上部の相接した葉の層）によって吸収される放射エネルギー量を光合成有効放射吸収量（APAR：absorbed PAR）という．FPARはPARにおける植生キャノピーによって吸収される量（APAR）の割合（FPAR = APAR/PAR）のことで，0〜1の無次元の値である．植生がない土地ではFPARは0，緑量が増えるに従って，FPARは大きくなり，非常に密な植生では0.9を超す．

FPARは，植生の光合成能力を決定する主要なパラメータであり，LAI同様，多くの生態系モデルで使われている．LAIは植生の構造・形態を直接的に示すのに対し，FPARは植生の光学的な特性にもとづいており，光エネルギーに対する光合成活性に関しては，LAIよりも直接的である．

FPARを計測するには，図8.6に示したように，群落の上部で上向き・下向きの2方向の放射を，群落の下部で上向き・下向きの2方向の放射を測る．*APAR*および*FPAR*は以下の式で与えられる．

$$APAR = PAR_0 - PAR_r - (PAR_t - PAR_s)$$

$$FPAR = \frac{APAR}{PAR_0}$$

$PAR_0$：キャノピー上部での下向き放射（日射のPAR成分）

$PAR_r$：キャノピー上部での上向き放射（キャノピー反射PAR成分）

$PAR_t$：キャノピー下部での下向き放射（キャノピー透過PAR成分）

$PAR_s$：キャノピー下部での上向き放射（土壌反射PAR成分）

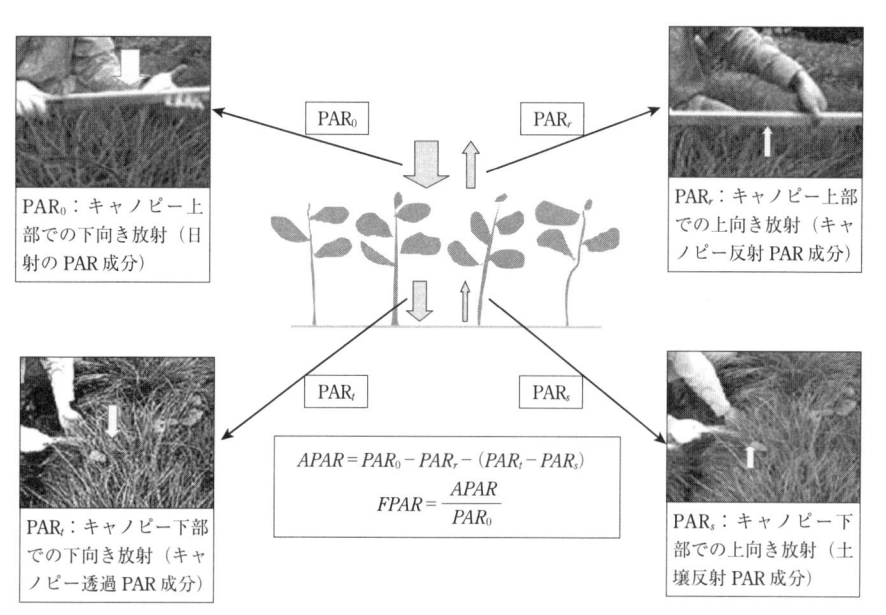

図8.6　光量子センサを用いた地上におけるFPARの計測法

ここで $PAR_0$ はキャノピー上部での下向き放射（すなわち日射の PAR 成分），$PAR_t$ はキャノピー下部での下向き放射（すなわち透過），$PAR_r$ はキャノピー上部での上向き放射（すなわち群落からの反射），$PAR_s$ は土壌表面からの反射である．

FPAR は分光植生指数と良い相関をもつことが知られている．キャノピー反射特性が一定の場合，FPAR は NDVI とは直線的に，LAI とは曲線的に関係する（Asrar and others 1992）．

MODIS では，前述した LAI と同じく MOD15 プロダクトとして，空間分解能 1 km，時間頻度日ごとおよび 8 日ごとの FPAR データセットが作成される．このアルゴリズムでは，植物群落内の光の透過や反射を計算する放射伝達モデル（radiation transfer model）を用いて，植生型ごとに NDVI と FPAR との関係式を求めている（口絵 12）．

### c. 植生指数

1972 年に Landsat 1 号が打ち上げられて以来，多くの植生観測がリモートセンシングによってなされてきた．Landsat は空間分解能は高いが観測幅（1 回の観測で得られる画像に対応する地上での範囲）が狭いために，全球的な植生観測には限界があった．一方，観測幅の広い気象衛星 NOAA は，本来は気象観測を目的としているため，初期の NOAA 衛星に搭載されたセンサは植生指数を算出することができなかった．たとえば 1976 年に打ち上げられた NOAA 5 号には AVHRR センサの前身である VHRR（Very High Resolution Radiometer）センサが搭載されていたが，これは 0.6～0.7 μm（赤色域）および 10.5～12.5 μm（熱赤外域）のふたつの観測バンドしかもたなかった．1979 年に打ち上げられた NOAA 6 号にはじめて AVHRR センサが搭載されたことにより近赤外域のバンドが追加され，これにより植生指数の算出が可能となった．

1986 年に Nature 誌上に発表された Tucker and others（1986）の論文は，この AVHRR による全球 NDVI 平均値が大気二酸化炭素濃度と負の相関をもつことを示した（NDVI が高い→光合成が盛ん→二酸化窒素濃度が低い）．この論文により，リモートセンシングが全球の植生観測の強力なツールになることが広く認められた．

AVHRR/NDVI は，長期にわたる継続的かつ全球的な植生情報である．EOS AVHRR Pathfinder プログラムは 1981 年から現在までの継続的に処理された陸域の NDVI を生産しており，その陸域データセットについては PAL（Pathfinder

AVHRR Land) データとして提供されている (http://daac.gsfc.nasa.gov/ CAMPAIGN_DOCS/FTP_SITE/readmes/pal.html).

植生指数については第7章でも紹介したように，さまざまな改良が提案されている．EOSでは，1981年からのAVHRR/NDVIデータセットとの継続性を守るため，これまで用いられてきている2チャンネルNDVIアルゴリズムを用いたNDVIについては，今後とも生産される．

加えてMODISについては，アリゾナ大学のHueteらによって，新しい植生指数アルゴリズムが開発されている（Huete and others 1994）．新しい植生指数は，EVI（enhanced vegetation index：強化植生指数）と名付けられており，MODISではMOD13プロダクトとして今までどおりのNDVIとこのEVIの両者が提供される．EVIは，大気補正済みの輝度値を用い，またBRDFを利用することにより太陽-対象-センサ間の位置関係を標準化する．EVIは以下の式で与えられ，林床植生などのキャノピーの背景の影響を小さくすることができる（Huete and others 2002）．

$$EVI = \frac{r_{NIR} - r_{Red}}{r_{NIR} + C_1 \times r_{Red} - C_2 \times r_{Blue} + L} \times G$$

ここで$r$は大気補正済み（レイリーおよびオゾン吸収）の地表面反射率で$\gamma_{NIR}$，$\gamma_{Red}$，$\gamma_{Blue}$はそれぞれ近赤外域，赤色域，青色域における地表面反射率，$L$は近赤外および赤色域におけるキャノピー透過放射の非線形性に対処するキャノピー背景補正項，$C_1$と$C_2$はエアロゾル抵抗項で，赤色域バンドにおけるエアロゾル影響に対して青色域バンドを用いて補正する．EVIアルゴリズムで採用されたパラメータは$L=1$，$C_1=6$，$C_2=7.5$，$G$（ゲイン係数）$=2.5$である．

実際のMODIS植生指数（NDVIとEVI）をフィールド観測値と比べた結果，NDVIはアマゾンのような高現存量の地域ではキャノピー変動に対して値が飽和してしまうが，EVIの値は高現存量地域でも敏感だと報告されている（Huete and others 2002）．

### 8.2.3 植生フェノロジー

気候変動に対してもっとも直接的で，かつ衛星観測可能な植生の反応は，おそらく春の植生成長，とくに樹木キャノピーの展葉および草原の緑化のタイミングの年次間変動であろう．したがって植生フェノロジーの観測は，気候変動モニタ

表8.4 生物圏の純一次生産力と関連特性（Whittaker and Likens 1975）

| 生態系型 | 面積 ($10^6$ km$^2$) | 純一次生産力（乾重） | | |
|---|---|---|---|---|
| | | 範囲 (g dw/m$^2$/yr) | 平均 (g dw/m$^2$/yr) | 計 (g dw/m$^2$/yr) |
| 熱帯多雨林 | 17.0 | 1,000～3,500 | 2,200 | 37.4 |
| 熱帯季節林 | 7.5 | 1,000～2,500 | 1,600 | 12.0 |
| 温帯常緑樹林 | 5.0 | 600～2,500 | 1,300 | 6.5 |
| 温帯落葉樹林 | 7.0 | 600～2,500 | 1,200 | 8.4 |
| 北方林 | 12.0 | 400～2,000 | 800 | 9.6 |
| 疎林・低木林 | 8.5 | 250～1,200 | 700 | 6.0 |
| サバンナ | 15.0 | 200～2,000 | 900 | 13.5 |
| 温帯イネ科草原 | 9.0 | 200～1,500 | 600 | 5.4 |
| ツンドラ・高山 | 8.0 | 10～ 400 | 140 | 1.1 |
| 砂漠・半砂漠低木 | 18.0 | 10～ 250 | 90 | 1.6 |
| 極砂漠（岩石，砂，氷） | 24.0 | 0～ 10 | 3 | 0.07 |
| 耕地 | 14.0 | 100～4,000 | 650 | 9.1 |
| 沼沢地・湿地 | 2.0 | 800～6,000 | 3,000 | 6.0 |
| 湖沼・河川 | 2.0 | 100～1,500 | 400 | 0.8 |
| 陸地合計 | 149 | | 782 | 117.5 |
| 外洋 | 332.0 | 2～ 400 | 125 | 41.5 |
| 湧昇流海域 | 0.4 | 400～1,000 | 500 | 0.2 |
| 大陸棚 | 26.6 | 200～ 600 | 360 | 9.6 |
| 藻場・珊瑚礁 | 0.6 | 500～4,000 | 2,500 | 1.6 |
| 河口（湿地を除く） | 1.4 | 200～4,000 | 1,500 | 2.1 |
| 海洋合計 | 361 | － | 155 | 55.0 |
| 地球合計 | 510 | － | 336 | 172.5 |

リングとして大きな意味をもつ．

また表面アルベド，粗度，および湿度の突然の変化は，地表面のエネルギー交換特性を変える（Schwartz 1996）ことから，植生フェノロジーはエネルギー収支の面からも重要である．

AVHRR/NDVI は高頻度の観測値を与えることから，大陸スケールのフェノロジー研究に役立てられてきた（Reed and others 1994）．

EOS では，MODIS データから高頻度の中高緯度雲なし地域の植生フェノロジーデータが提供され，その年次間変動のモニタリングに供される．

### 8.2.4 純一次生産力（NPP）

純一次生産力（net primary productivity : NPP）については，ややくわしい説

| | 現存量（乾重） | | | 葉緑素 | | 葉表面積 | |
|---|---|---|---|---|---|---|---|
| 範囲 (kg dw/m$^2$) | 平均 (kg/m$^2$) | 計 ($10^9$ t) | | 平均 (g/m$^2$) | 計 ($10^6$ t) | 平均 (m$^2$/m$^2$) | 計 ($10^6$ km$^2$) |
| 6～80 | 45 | 765 | | 3.0 | 51.0 | 8 | 136 |
| 6～60 | 35 | 260 | | 2.5 | 18.8 | 5 | 38 |
| 6～200 | 35 | 175 | | 3.5 | 17.5 | 12 | 60 |
| 6～60 | 30 | 210 | | 2.0 | 14.0 | 5 | 35 |
| 6～40 | 20 | 240 | | 3.0 | 36.0 | 12 | 144 |
| 2～20 | 6 | 50 | | 1.6 | 13.6 | 4 | 34 |
| 0.2～15 | 4 | 60 | | 1.5 | 22.5 | 4 | 60 |
| 0.2～5 | 1.6 | 14 | | 1.3 | 11.7 | 3.6 | 32 |
| 0.1～3 | 0.6 | 5 | | 0.5 | 4.0 | 2 | 16 |
| 0.1～4 | 0.7 | 13 | | 0.5 | 9.0 | 1 | 18 |
| 0～0.2 | 0.02 | 0.5 | | 0.02 | 0.5 | 0.05 | 1.2 |
| 0.4～12 | 1 | 14 | | 1.5 | 21.0 | 4 | 56 |
| 3～50 | 15 | 30 | | 3.0 | 6.0 | 7 | 14 |
| 0～0.1 | 0.02 | 0.05 | | 0.2 | 0.5 | - | - |
| | 12.2 | 1837 | | 1.5 | 226 | 4.3 | 644 |
| 0～0.005 | 0.003 | 1.0 | | 0.03 | 10.0 | | |
| 0.005～0.1 | 0.02 | 0.008 | | 0.3 | 0.1 | | |
| 0.001～0.04 | 0.001 | 0.27 | | 0.2 | 5.3 | | |
| 0.04～4 | 2 | 1.2 | | 2.0 | 1.2 | | |
| 0.01～4 | 1 | 1.4 | | 1.0 | 1.4 | | |
| - | 0.01 | 3.9 | | 0.05 | 18.0 | | |
| - | 3.6 | 1841 | | 0.48 | 243 | | |

明が必要と思われるので，EOS 科学計画から少し離れて解説しよう．

　純一次生産力とは，独立栄養生物による単位時間あたりの純生産量のことである．すなわち緑色植物による総光合成量（総一次生産力：gross primary productivity：GPP）から呼吸による消費量を引いた量のことで，単位時間あたり，単位面積あたりの乾重 [kg/m$^2$/yr] または炭素重 [kgC/m$^2$/yr] であらわす．

$$NPP = GPP - 呼吸量（R）$$

　NPP を実際に測定するには，以下の式のように変形し，二時期間での現存量（バイオマス）の違いから成長量を測り，これに枯死量と虫や動物による被食量を加えたものとして推定される（積み上げ法）．

$$NPP = 成長量 + 枯死量 + 被食量$$

NPP の系統的な観測は 1960〜70 年代に国際生物学事業計画（International Biosphere Program：IBP）により取り組まれ，その成果は『*Primary Productivity of the Biosphere*』（Lieth and Whittaker 1975）などにまとめられている．世界の代表的な植物群落の純一次生産力を表 8.4 に示す．

1980 年代の後半になると地球温暖化に対する国際社会の関心が高まった．それと同時に，全球の NPP は，単に生物学的な関心からばかりでなく，地球温暖化の予測・評価に欠かすことのできない全球の炭素収支を正しく見積もるために，必須のパラメータとして認識されるようになった．

現在，全球の陸域 NPP 量は，およそ 60 PgC/yr と推定されている（第 11 章参照）．表 8.4 にも示されているように，1970 年代には，生態系型ごとの NPP 平均値を求め，それに各生態系型の面積を乗じることにより，全球の NPP を求めるといった方法がおこなわれていた（表の値は炭素重ではなく，乾重であることに注意）．

また IBP の成果を活用して，気温や降水量と NPP との対応を求めた下記のマイアミモデル（Lieth 1975）が開発された．

$$\Delta Pn = \frac{30}{1+\exp[1.315-0.119T]}$$

$$\Delta Pn = 30(1-\exp[-0.000664P])$$

ここで $\Delta Pn$ は年純生産速度（t dw/ha/yr），$T$ は年平均気温（℃），$P$ は年雨量（mm/yr）で，ある地域の $\Delta Pn$ の推定値は上のふたつの推定のうち小さい方を採用する．

1980 年代から全球の NDVI データセットが利用できるようになると，Box and others（1989）は，95 地点の NPP 観測結果を用いて下記のような NPP から NDVI を推定する回帰式を求めた．この研究では大気補正などが不十分な古い NDVI データセットを用いているために（本書 7.4 参照），NDVI は 0.4 近辺で飽和しているが，そのことが以下の式にも示されている．

$$NDVI = 0.4(1-\exp[-0.00055059\,NPP])$$

さらに 1990 年代に入ると，より洗練された NPP モデルが開発された．たとえば CASA（Carnegie-Ames-Stanford Approach）モデル（Potter and others 1993）は以下のような式で NPP を推定する．

$$NPP = \sum APAR \times RUE$$

この式は，植生によって吸収された光合成有効放射（APAR）[J] が一定の割

合（＝放射利用効率：RUE：radiation use efficiency）［kg/J］で有機物に変換されることを意味している．これはMonteith（1972）によって見出された光の吸収量と生物生産力との関係を基礎としており，一般には生産効率モデル（production efficiency model：PEM）または $\varepsilon$（イプシロン）モデルとよばれている．

$APAR = PAR \times FPAR$ だから，この式は以下のようにあらわされる．

$$NPP = \sum PAR \times FPAR \times RUE$$

ここでPAR（光合成有効放射量［MJ］）は気候データセットから与えられる．FPAR（光合成有効放射吸収率）は以下の式でAVHRRのRVI（比植生指数）から与えられる．

$$FPAR = \min\left(\frac{RVI - RVI_{\min}}{RVI_{\max} - RVI_{\min}}, 0.95\right)$$

$$RVI = \frac{1 + NDVI}{1 - NDVI}$$

上の式は，さらにRUEに対する気温ストレス（$T_{S1}$および$T_{S2}$）と水分ストレス（$W_S$）の影響を加味して以下のようにあらわされる．

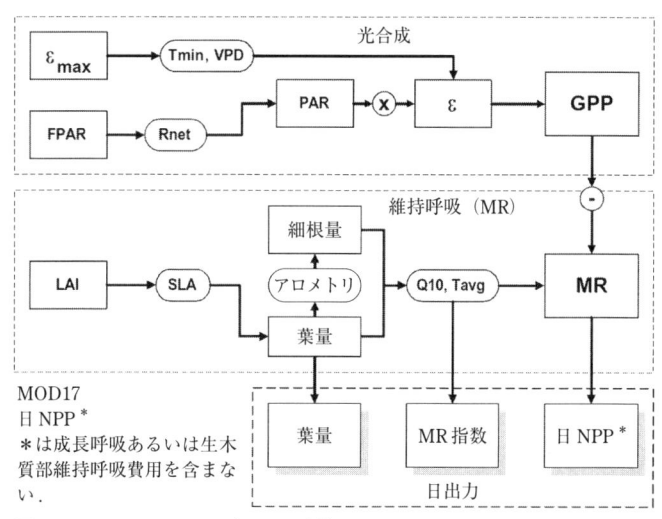

図8.7 MOD17アルゴリズムの日計算部分におけるデータフローをあらわすフローチャート（Running and others 1999）
出力変数は図の下に示されている．注釈付きのNPP*は，独立栄養呼吸のすべてが差し引かれたわけではないということを示している．実際のNPPを求めるのに必要な残りの項は年計算部分で扱われる．

$$RUE = \varepsilon^* \times T_{S1} \times T_{S2} \times W_S$$

$$T_{S1} = 0.8 + 0.02 T_{opt} - 0.0005 \ (T_{opt})^2$$

$$T_{S2} = 1.1814 / \{1 + \exp\ [0.2\ (T_{opt} - 10 - T)]\} / \{1 + \exp\ [0.3\ (-T_{opt} - 10 + T)]\}$$

$$W_S = 0.5 + 0.5 \frac{EET}{PET}$$

ここで $T$ は気温，$T_{opt}$ は最適気温，$EET$ は推定蒸発散量，$PET$ は可能蒸発散量.

$\varepsilon^*$ は気温ストレス，水ストレスがないときの RUE の値であり，Potter and others（1993）は 0.389 gC/MJ PAR という値を与えている.

以上のように，この CASA モデルの場合，全球の NPP を推定するのに，気候データセット（月ごとの気温，降水量，PAR），植生分類，NDVI，土壌データセットが使われる.

一方，EOS 科学計画では，MODIS の MOD17 プロダクトにより NPP データセットが作られる．ここで使われているアルゴリズムは，モンタナ大学の Running らが開発したもので，日単位で計算される日 GPP と葉・細根の維持呼

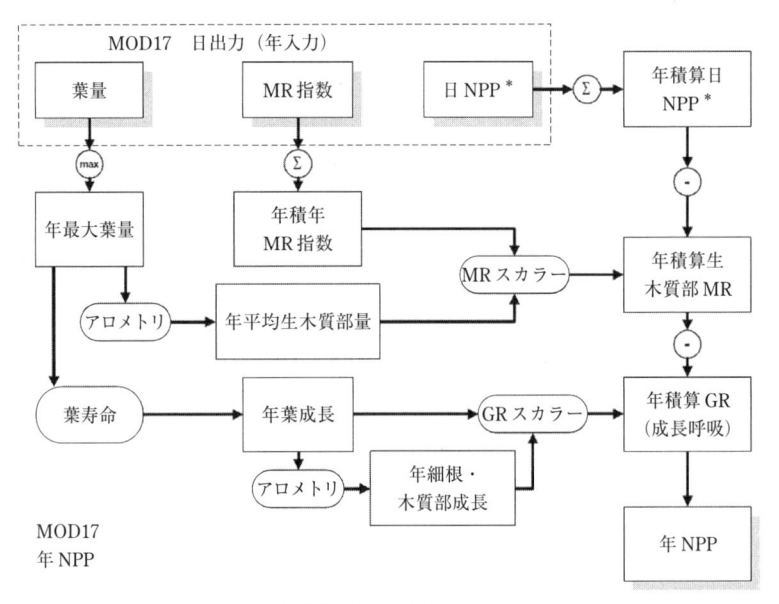

図8.8 MOD17 アルゴリズムの年計算部分におけるデータフローをあらわすフローチャート（Running and others 1999）
日計算過程からの入力は，図の左上に示されている．ここで残りの独立栄養呼吸が考慮され，年 NPP の推定値が導かれる．

吸量を求め，前者から後者を引くことで日 NPP（ただし成長呼吸量および幹の維持呼吸量を含む）を求める．年 NPP は日 NPP の年積算値から年間の成長呼吸量と幹の維持呼吸量を引いて求める（図 8.7，図 8.8）．

### a. 茎と土壌の炭素

陸域生態系の炭素収支は，光合成による総生産量から，独立栄養生物および従属栄養生物による呼吸量を引いた値となる（厳密には第 11 章参照）．したがって炭素収支を見積もるためには，総生産量に加えて，緑色植物による呼吸（独立栄養呼吸）と土壌微生物による落葉・枯木の分解等（従属栄養呼吸）を知る必要がある．現時点で，これらの呼吸量を直接的にリモートセンシングする手法は開発されていないので，他のパラメータから間接的に推定するしかない．また呼吸量や生産量は炭素のフローに相当するが，ストックとしてみた場合には，木の幹や土壌中の炭素蓄積量を知る必要がある．これらは，地域の NPP と各バイオームに対して特異的な植生生活史特性を考慮することによって推定される．しかし生態系における炭素蓄積量の推定は複雑で，かつバイオーム／地域特異的な性格をもつために，EOS でもその標準的な推定は計画されていない（King 1999）．

生態系における呼吸量および炭素蓄積量ともに今後のブレークスルーが期待される分野である．

### 8.2.5 地域的週間応用プロダクツ

多くの EOS データは，長期モニタリングによる全球科学の解明を目的としているが，陸域衛星データのいくつかは，もしリアルタイムで情報を提供できるならば，即時的な実用性をもち得る．たとえば MODLAND（MODIS Land Team）の Running チームは自然資源土地管理者のために週ごとの画像を作成する．これらのプロダクトに決定的に重要なのは，1 km あるいはそれ以上の空間解像度をもつことと，各週計算期間の終わりにリアルタイムに近い情報提供をおこなうことである．現時点では耕地／草地／森林生産指数，干ばつ指数，および火事危険指数の提供が予定されている．これらの指数の算出にはすべて Aqua/MODIS から即時的に計算される表面抵抗データセットが求められるので，このプロダクトは現在，アメリカの大陸部に対してのみ計画されている．

### 8.2.6 生物地球化学

全球陸域植生活動の正確な定量化は，1970 年代後半以来，全球炭素収支の見

積もりに求められている．

二酸化炭素（$CO_2$）は炭素収支フラックスにおいてもっとも重要な変数である．また温室効果ガスであることから，生物圏と大気圏を機能的に結合している．

（現時点では）$CO_2$ を衛星から直接，観測することはできない．EOS 全球 $CO_2$ フラックス研究はすべてモデルによって生成されたものである．「EOS 学際科学研究（Interdisciplinary Science Investigation：IDS）」の Sellers（セラーズ）チームは SiB2（Sellers and others 1996a, 1996b, 1996c）を用いて全球 $CO_2$ フラックスを計算する．"SiB" は，"simple biosphere model"（単純生物圏モデル）の略で，地表面過程のパラメタリゼーションを目的として開発されたモデルである．大気-植生-土壌の 3 層間の熱や水の収支を衛星データ（NDVI）から計算される LAI および FPAR を利用して推定する．EOS の計画では土地被覆および LAI/FPAR については MODIS の標準プロダクトを利用して，SiB2 をまわす．

他の陸域生物地球化学研究としては，とくにさまざまなバイオームでの温室効果ガスの動態に焦点があてられている．IDS の Shimel（シメル）チームは Century（センチュリー）モデル（Parton and others 1993）を用いて，全球の草原を対象にメタン（$CH_4$）と亜酸化窒素（$N_2O$）の挙動を計算している．

以上のように，EOS 科学計画では，温室効果ガスを間接的に計算することに焦点があてられている．一方，日本で開発中の温室効果ガス観測技術衛星（GOSAT：環境省，国立環境研究所，宇宙航空研究開発機構の共同プロジェクト）では，$CO_2$ や $CH_4$ のカラム濃度（気柱濃度）を直接算出し，全球の $CO_2$ 濃度の季節変動を 1% の精度で測定することを目指している．

また近年では，さまざまな生物化学量をリモートセンシングで計測することにも大きな関心が寄せられている．これまでクロロフィル，カロチノイド，窒素，リグニン，葉中水分量などについての研究がすすめられている（Dawson and others 1999, Bortolot and Wynne 2003, Blackburn 1998, Serrano and others 2002）．

以下に説明するような統合モニタリングの枠組みなどで，モデルとも組み合わせることにより，今後，大きな成果が期待される分野であろう．

### 8.2.7　陸域生物圏動態の予測

将来の生物圏の動態を予測する唯一の方法は，総合的なシミュレーションモデ

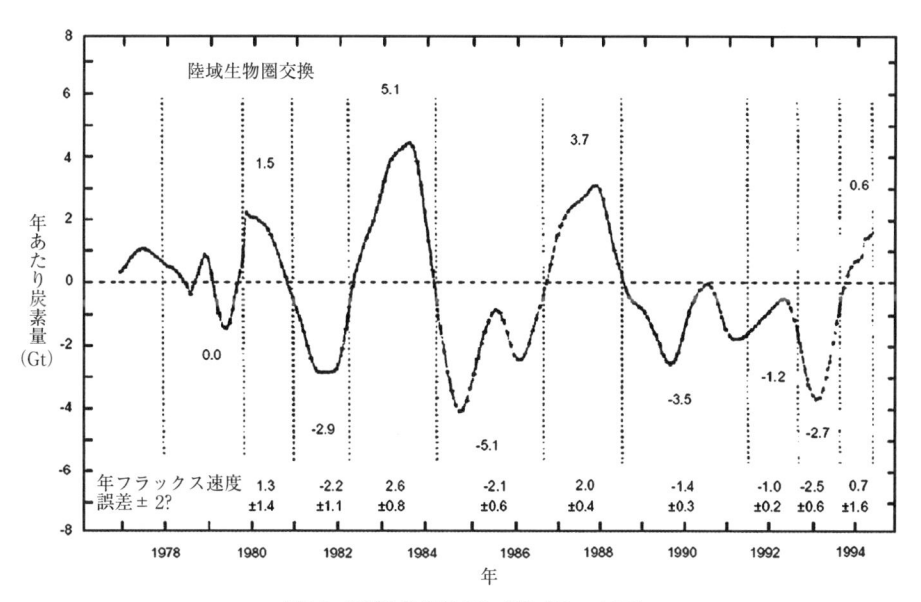

図8.9 陸域生物圏純 $CO_2$ 交換（King 1999）
大気 $CO_2$ のフラスコサンプリングのネットワークおよび大気輸送モデルから計算されたもの （Keeling and others 1995）．

ルを用いることである．総合的かつ動的に統合された地球システムモデルを用いることによって，政策立案者と社会が要求する精度で将来の予測を与えることが求められる．

現在，もっとも組織化された陸域モデルプログラムはアメリカの複数モデルシミュレーションである VEMAP（Vegetation/Ecosystem Modeling and Analysis Project：植生／生態系モデリング・分析プロジェクト，http://www.cgd.ucar.edu/vemap/）と，PIK（Potsdam Institute for Climate Impact Research：ポツダム気候影響研究所）によってホストされている全球 NPP モデルを改良するための国際プログラムである PIK-NPP（http://www.ntsg.umt.edu/ecosystem_modeling/spatial/pik-npp/）である（本書 8.5 参照）．

VEMAP では，三つの大気大循環モデル（General Circulation Model：GCM）による気候変化シナリオ（UKMO，GFDL，OSU）が用いられており，気候指数を用いて，バイオームの地理的分布を決定する生物地理学モデルと，炭素，水，栄養循環収支を計算する生物地球化学モデルをそれぞれ比較している．用いられたモデルは，生物地理学モデルは BIOME2，DOLY，および MAPSS の三つ，生

物地球化学モデルは TEM, Century, および Biome-BGC の三つである.

PIK-NPP プロジェクトは 18 の研究所によってなされたこれらの全球年 NPP 計算の相互比較をおこなっている.

## 8.3 地表面属性の定量化

### 8.3.1 EOS センサ

#### a. MODIS

MODIS センサについては, すでに第 7 章でもふれている. MODIS センサは, 直下点で 250 m から 1 km の空間解像度で可視域および近赤外域を観測する.

陸域生物圏動態および植生プロセス活動に関する分光アルベド, 土地被覆, 分光植生指数, 雪・氷被覆, 表面温度, 火事, および生物物理変数 (LAI, FPAR) に関するデータを提供する主要なセンサである.

2004 年 8 月に, アメリカのモンタナ大学で「MODIS 植生ワークショップⅡ (MODIS Vegetation Workshop II)」が開かれ, MODIS から得られる植生関連情報の評価や, 各種アルゴリズムの検証, データの公開・提供システムなど, 幅広い話題について議論された (プレゼンテーションファイルも含めて詳細な資料が web サイトから入手可能. http://www.ntsg.umt.edu/MODISCon/). Jeffrey L Privette の資料によれば, NOAA/AVHRR から Terra・Aqua/MODIS と続いてきた低解像度の広域環境観測システムは, 現在開発中の VIIRS センサへと引き継がれる. VIIRS は 2006 年頃打ち上げの予定される NPP (NPOESS Preparatory Project) 衛星に搭載され, さらに NPP 衛星は NPOESS 衛星シリーズへと継承されていく計画のようである.

#### b. MISR

MISR (Multiangle Imaging SpectroRadiometer) は, Terra 衛星に搭載されている. 可視域で, 九つの離散的な角度で地球を観測することができる. 表面アルベドおよび植生キャノピー構造パラメータの決定につながる観測値を提供する. PAR の導出, キャノピーにおける光合成速度および蒸散速度の推定の改良につながる.

#### c. ASTER

ASTER (Advanced Spaceborne Thermal Emission and Reflection Radiometer) は, Terra 衛星に搭載されている. 可視域, 短波長赤外, および熱赤外域を観測

する．表面反射率および輝度温度を，15～90 m の分解能で提供する．熱赤外輝度値は，表面運動温度および分光射出率を導くのに用いられる．運動温度は，さらに顕熱および潜熱フラックスと地上熱条件の決定に用いられる．

**d. ETM+**

ETM+(Enhanced Thematic Mapper+) センサは 1999 年に打ち上げられた Landsat 7 号に搭載されている．可視，近赤外，短波長赤外，および熱赤外域に観測波長帯をもつ．パンクロバンドで 15 m，可視および近赤外バンドで 30 m，熱赤外バンドで 60 m の分解能をもつ．全球変化研究のための要求条件に適合するように，以前の Landsat データとの十分な整合性を与えるよう設計されている．

### 8.3.2 補助的データセット

前述したような，地球科学の解明のための必要なデータセットを衛星観測を用いて作成するためには，衛星データセットに加えて，以下のような補助的なデータセットが必要とされる．

**a. 土　　壌**

IGBP 主導のプロジェクトの一環として，Terra 衛星を利用した土壌データセットの開発がすすめられる．得られたデータセットは，各国からの土壌データセットを統一的に編纂するのに用いられる．

全球的に適用可能な土壌変換関数を開発し，全球土壌データベースから土壌の物理性および化学性へと変換するのに用いられる．

IGBP-DIS 全球土壌データタスクからの最終的な全球土壌データベースは，5 度グリッド解像度で，土壌炭素，土壌窒素，水保持能，および熱特性を含む．

岩石型の分布は，土壌および地形の空間パタンの一次近似をなすので，地域的な水文反応，侵食速度，および自然災害にも関係する．

現在利用可能な国別地図のデジタイズおよび Landsat あるいは ASTER によって得られる全球的な地図の開発は，植生，水文および生物地球化学のモデルで用いられる地表面特性の多くを解釈するのに大きく貢献すると期待されている．

**b. 地　　形**

EOS 陸域科学によって要求されているもっとも重要な補助的なデータセットは，地球全体の地形情報である．その要求される空間解像度は分野によって異なる．

全球陸地1kmベース標高プロジェクトでは，水平解像度1km，垂直解像度100mの全球DEM（digital elevation map：数値標高データ）データセットをTerra衛星（ASTERセンサおよびMODISセンサ）を用いて開発することが計画されている．

より詳細なDEMは，世界のいくつかの地域，たとえばアメリカ，ヨーロッパなどでは利用可能だが，全球的に整合的なデータベースは現在の国別データベースでは不可能である．

さらにスペースシャトルのレーダーを用いた地形観測により水平解像度30m，垂直解像度16mのデータが提供される．

NASAにより支援されている「デジタル地形プログラム（Digital Topography Program）」では，航空機レーダー（地形SAR〈Topographic SAR：TOPSAR〉）および衛星搭載レーダー（ERS-1，シャトル画像化レーダー-C〈Shuttle Imaging Radar-C：SIR-C〉）から作られるDEMが，在来測量およびGPSを用いて得られる地形モデルと比較される．

### c. 河川と洪水制御網

堤防やダムなどの人為的な制御水系があるため，地形データだけでは，実際の河川の流出や経路を特定することはできない．

そこでEOS-DISは，このような問題に対して，アメリカの水路に対してこの種の情報を作るとともに，この情報を海外から収集するためのテンプレートを提示する．

全球河川および流域アーカイブ（Global River and Drainage Basin Archive）は，貯水池とダムのデータベースを含むものとなる．

## 8.4 検証のためのフィールド観測

EOS計画の中では，さまざまなフィールド観測が並行して実施されている．衛星観測と同じ時期に地上で観測をおこなうことを同期実験とよぶ．比較的均質な土地が広がる実験地で同期実験をおこなうことにより，衛星に搭載されたセンサの校正や検証をおこなうことができる．ここで校正（calibration）とは，センサの示す値をその真の値に調整することを言い，検証（validation）とは，推定される物理量・生物物理量がどの程度の精度をもつのかを検討することを言う．

EOS科学計画ではEOS-IDSと陸面-植生科学フィールド検証サイトというフ

ィールド観測の態勢を整えており，口絵13に示すような対象地でフィールド観測がおこなわれている．

## 8.5 陸域科学モデリング計画

### 8.5.1 PILPS

地表面パラメタリゼーション（land-surface parametarization : LSP）の相互比較プロジェクト（Project for Intercomparison of LSP Schemes : PILPS）は，全球エネルギー・水循環観測計画（Global Energy and Water cycle Experiment : GEWEX）と世界気候研究計画（World Climate Research Program : WCRP）の援助を受けたプロジェクトである．1992年に設立されて以来，PILPSは，パラメタリゼーションにおける問題点を特定するための実験をすすめている．約30の陸面過程モデルグループがPILPSに参加している．

詳細については，http://www.cic.mq.edu.au/pilps-rice/pilps.html を参照．

### 8.5.2 VEMAP

VEMAPプロジェクトの全体的な目的は，アメリカの植生がどれだけ炭素を固定する能力があるかを決定することにある．そのため手始めに主要な生態学モデルを用いてこの評価をおこなうこととし，三つの生物地球化学モデル（Biome-BGC，Century，およびTEM）が選ばれた．

このプロジェクトのもうひとつの側面は，三つの生物地理学モデル（MAPSS，BIOME2，およびDOLY）を現在の条件およびGCMによる気候変化シナリオで走らせて，アメリカにおける植生バイオームシフトの可能性を評価することである．

詳細については，http://www.cgd.ucar.edu:80/vemap/を参照．

### 8.5.3 PIK-NPP

NPPの全球モデルに関するIGBPによる第2回GAIM-DIS-GCTEワークショップ（「ポツダム'95」）が1995年6月20〜22日にポツダム気候影響研究所（PIK）で開かれた．ポツダム'95の目的はポツダム'94と同様，現在，陸域生物圏を広域的なスケールでモデリングしているさまざまな世界中の研究チームによって予測された，一連のモデル結果を相互に比較することであった．

相互比較のひとつの焦点は NPP である。現在の全球陸域モデルの間には，NPP の予測値に大きな開きがある。そこでポツダム'95 はモデルのパラメータと出力を計算するために開かれた。現在進行中の PIK-NPP プロジェクトのひとつの重要な側面は，すべてのバイオーム型に対して全球的に公表された NPP 測定値の総合的なデータベースを作成することである（Prince and others 1995）。詳細については，http://pyramid.sr.unh.edu/csrc/gaim/NPP.html を参照。

● 参考文献 ●

Asrar G, Myneni RB, Choudhury BJ. 1992. Spatial heterogeneity in vegetation canopies and remote sensing of absorbed photosynthetically active radiation : a modeling study. *Remote Sensing of Environment* **41** : 85-103.

Blackburn GA. 1998. Quantifying Chlorophylls and Carotenoids at leaf and canopy scales : an evaluation of some hyperspectral approaches. *Remote Sensing of Environment* **66** : 273-285.

Bortolot ZJ, Wynne RH. 2003. A method for predicting fresh green leaf nitrogen concentrations from shortwave infrared reflectance spectra acquired at the canopy level that requires no *in situ* nitrogen data. *International Journal of Remote Sensing* **24** : 619-624.

Box EO, Holben BN, Kaib V. 1989. Accuracy of the AVHRR Vegetation Index as a predictor of biomass, primary productivity and net $CO_2$ flux. *Vegetatio* **80** : 71-89.

Carlson TN, Ripley DA. 1997. On the relation between NDVI, fractional vegetation cover, and leaf area index. *Remote Sensing of Environment* **62** : 241-252.

Dawson TP, Curran PJ, North PRJ, Plummer SE. 1999. The propagation of foliar biochemical absorption features in forest canopy reflectance : a theoretical analysis. *Remote Sensing of Environment* **67** : 147-159.

Huete A, Didan K, Miura T, Rodriguez EP, Gao X, Ferreira LG. 2002. Overview of the radiometric and biophysical performance of the MODIS vegetation indices. *Remote Sensing of Environment* **83** : 195-213.

Huete A, Justice C, Liu H. 1994. Development of vegetation and soil indices for MODIS-DOS. *Remote Sensing of Environment* **49** : 224-234.

Keeling CD, Whorf TP, Wahlen M, van der Plicht J. 1995. Interannual extremes in the rate of rise of atmospheric carbon dioxide sience 1980. *Nature* **375** : 666-670.

King M, editor. 1999. *EOS Science Plan : The State of Science in the EOS Program*. NASA, 398 p（available from : http://eospso.gsfc.nasa.gov/science_plan/index.php）.

Knyazikhin Y, Glassy J, Privette JL, Tian Y, Lotsch A, Zhang Y, Wang Y, Morisette JT, Votava P, Myneni RB, Nemani RR, Running SW. 1999. *MODIS Leaf Area Index （LAI） and Fraction of Photosynthetically Active Radiation Absorbed by Vegetation （FPAR） Product （MOD15） Algorithm Theoretical Basis Document*, 126 p（available from : http://eospso.gsfc.nasa.gov/atbd/modistables.html）.

Landsberg JJ, Gower ST. 1997. Canopy architecture and microclimate. In : Landsberg JJ, Gower ST. *Applications of Physiological Ecology to Forest Management*. San Diego : Academic Press, pp. 51-88.

Lieth, H. 1975. Modelling the primary productivity of the world. In : Lieth H, Whittaker RH, editors. *Primary Productivity of the Biosphere*. New York : Springer-Verlag, pp. 237-263.

Lieth H, Whittaker RH, editors. 1975. *Primary Productivity of the Biosphere*. New York : Springer-Verlag, 339 p.

Monteith JL. 1972. Solar radiation and productivity in tropical ecosystems. *Journal of Applied Ecology* **9** : 747-766.

Parton WJ, Scurlock JMO, Ojima DS, Gilmanov TG, Scholes RJ, Schimel DS, Kirchner T, Menaut J-C, Seastedt T, Garcia Moya E, Apinan K, Kinyamario JI. 1993. Observations and modeling of biomass and soil organic matter dynamics for the grassland biome worldwide. *Global Biogeochemical Cycles* **7**(4) : 785-

809.
Potter CS, Randerson JT, Field CB, Matson PA, Vitousek PM, Mooney HA, Klooster SA. 1993. Terrestrial ecosystem production : a process model based on global satellite and surface data. *Global Biogeochemical Cycles* **7** : 811-841.
Prince SD, Olson RJ, Dedieu G, Esser G, Cramer W. 1995. *Global Primary Production Land Data Initiative Project Description. IGBP-DIS Working Paper No. 12.* Paris : IGBP-DIS.
Reed BC, Brown JF, Vander Zee D, Loveland TR, Merchant JW, Ohlen DO. 1994. Measured phenological variability from satellite imagery. *Journal of Vegetation Science* **5** : 703-714.
Running SW, Nemani R, Glassy JM, Thornton PE. 1999. *MODIS Daily Photosynthesis (PSN) and Annual Net Primary Production (NPP) Product (MOD17) Algorithm Theoretical Basis Document,* 59 p (available from : http://modis.gsfc.nasa.gov/data/atbd/atbd_mod16.pdf).
Schwartz MD. 1996. Examining the spring discontinuity in daily temperature ranges. *Journal of Climate* **9** : 803-808.
Sellers PJ, Randall DA, Collatz GJ, Berry JA, Field CB, Dazlich DA, Zhang C, Collelo GD, Bounoua L. 1996a. A revised land-surface parameterization (SiB2) for atmospheric GCMs. part 1 : model formulation. *Journal of Climate* **9** : 676-705.
Sellers PJ, Los SO, Tucker CJ, Justice CO, Dazlich DA, Collatz GJ, Randall DA. 1996b. A revised land-surface parameterization (SiB2) for atmospheric GCMs. part 2 : the generation of global fields of terrestrial biophysical parameters from satellite data. *Journal of Climate* **9** : 706-737.
Sellers PJ, Bounoua L, Collatz GJ, Randall DA, Dazlich DA, Los SO, Berry JA, Fung I, Tucker CJ, Field CB, Jensen TG. 1996c. Comparison of the radiative and physiological effects of doubled atmospheric levels of $CO_2$ on climate. *Science* **271** : 1402-1406.
Serrano L, Peñuelas, Ustin SL. 2002. Remote sensing of nitrogen and lignin in Mediterranean vegetation from AVIRIS data : decomposing biochemical from structural signals. *Remote Sensing of Environment* **81** : 355-364.
Tucker CJ, Fung IY, Keeling CD, Gammon RH. 1986. Relationship between atmospheric $CO_2$ variations and a satellite-derived vegetation index. *Nature* **319** : 195-199.
Whittaker RH, Likens GE. 1975. The biosphere and man. In : Lieth H, Whittaker RH, editors. *Primary Productivity of the Biosphere.* New York : Springer-Verlag, pp. 305-328.

# 9

# リモートセンシング・GIS を用いた
# 広域的な砂漠化の評価

　本章では，砂漠化・土地荒廃研究分野におけるリモートセンシング・GIS の利用について述べる．とくに全球〜大陸スケール，縮尺で言うと 100 万分の 1 よりも小さなスケールというような広域的な評価を考えたい．

　縮尺や空間的範囲に応じて，砂漠化評価の目的や方法も変わってくる．

　大縮尺，すなわち局地的な評価の場合，対象地域の範囲が限られているので，小縮尺の評価と比べて，より詳細で，複合的な手法を用いることが可能となる．またその場所に適した，場所ごとに異なる手法を用いることが多い．たとえば対象地域で，どのような因果プロセスによって砂漠化・土地荒廃現象が起きているのかを検討したり，あるいは妥当な対策オプションを定量的に評価するといったことが行われる．

　一方，小縮尺，すなわち広域的な評価の場合，とくに砂漠化の程度の著しい地域（砂漠化ホットスポット）を抽出することにより，政策的なプライオリティをどこに与えればよいかの判断に役立てることができる．あるいは世界全体の砂漠化の動向を評価し，全球的にみて砂漠化問題が進行しているのか，あるいは改善されているのかをモニタリングすることも重要である．そして技術的にはリモートセンシングならびに GIS が，このような広域的な砂漠化評価にとって有用なツールとなる．

## 9.1 砂漠化とは

　これまで「砂漠化」はさまざまに定義されてきており，一説には 100 以上の定義があるとも言われているが，今日，もっとも広く受け入れられているのは国連砂漠化対処条約（United Nations Convention to Combat Desertification : UNCCD）による定義である．

国連砂漠化対処条約では,「砂漠化とは,乾燥地域,半乾燥地域及び乾性半湿潤地域における種々の要因（気候の変動及び人間活動を含む.）による土地の劣化をいう」とされ,さらに「「土地の劣化」とは,乾燥地域,半乾燥地域及び乾性半湿潤地域」における「生物学的又は経済的な生産性及び複雑性が減少し又は失われること」をいい,「（ⅰ）風又は水により土壌が侵食されること.（ⅱ）土壌の物理的,化学的若しくは生物学的又は経済的特質が損なわれること.（ⅲ）自然の植生が長期的に失われること.」だとされている.

世界の砂漠化面積については,1992年の国連環境開発会議（United Nations Conference on Environment and Development：UNCED,いわゆる「地球サミット」）で採択されたアジェンダ21の第12章に「砂漠化は,世界人口の6分の1,乾性地の70％に影響を及ぼし,総計では世界の総陸地面積の4分の1,36億haとなる」と記述されている.2002年の持続可能な開発に関する世界首脳会議（World Summit on Sustainable Development：WSSD,いわゆる「ヨハネスブルグサミット」）では世界の砂漠化の面積についての評価は報告されず,同会議で採択された「WSSD実施計画」においても砂漠化の評価に関する具体的な記述はみられない.

## 9.2 砂漠化の広域的評価の事例

### 9.2.1 1977年国連砂漠化会議で公表された評価

1977年の国連砂漠化会議（United Nations Conference on Desertification：UNCOD）では,国連食糧農業機関（Food and Agriculture Organization of the United Nations：FAO），国連教育科学文化機関（United Nations Educational, Scientific and Cultural Organization：UNESCO,いわゆるユネスコ）および世界気象機関（World Meteological Organization：WMO）によって作成された「世界砂漠化地図」が公表された（FAO and others 1977）.この評価の概要は,以下のとおりである（UNEP/GCSS 1991）.「世界の乾性地は,土壌／植生データによれば,陸地の43％,64.5億haである.気候データによれば,陸地の37％,55.5億haである.その差の9億ha,陸地の6％が人間によってもたらされた砂漠である」.

### 9.2.2　1984 年 UNEP 管理理事会に報告された評価

　国連砂漠化会議を契機として設置された砂漠化防止行動計画（Plan of Action to Combat Desertification：PACD）では，砂漠化防止行動計画の実施状況評価（General Assessment of Progress：GAP）をおこない，1984 年，国連環境計画（United Nations Environment Programme：UNEP）管理理事会に対して以下の砂漠化の状況に関する報告がおこなわれた（UNEP/GCSS 1991）．「1977 年以降も，砂漠化は年間 600 万 ha の速度で進行し続けている．少なくとも中程度以上の砂漠化の影響を受けている土地は，放牧地の 80%（31 億 ha），降雨依存農地の 60%（3.35 億 ha），灌漑農地の 30%（4000 万 ha）である．」

### 9.2.3　1992 年地球サミットに報告された評価

　このころ，世界の砂漠化の評価について，国連関係機関から 2 種類の報告がなされている．ひとつは UNEP/GCSS（1991）として公表されているものである．もうひとつは，UNEP から 1992 年に出版された『世界砂漠化アトラス World Atlas of Desertification』（UNEP 1992）である．このふたつの報告の関係について，まず簡単にまとめておきたい．

　第一に，世界の「砂漠化」の面積は，前者によると約 36 億 ha，後者によると約 10 億 ha とされている．この違いは，前者が土壌荒廃していない植生荒廃を含めているのに対して，後者は土壌荒廃に限定しているためである（土壌荒廃地はすべて植生荒廃地に含まれる，とみなされている）．そして国連砂漠化対処条約の事務局が，砂漠化の面積として公式に採用している数字は，前者である．なぜならば条約では，植生荒廃も砂漠化の主要なプロセスとされているためである．

　第二に，表現形態が前者は「表」（あるいは数字）であるのに対し，後者は「表」に加えて「地図」が添付されている．したがって，これは重要な点であるが，地球サミット（1992 年）で採択されたアジェンダ 21 の第 12 章では，「砂漠化は，世界人口の 6 分の 1，乾性地の 70% に影響を及ぼし，総計では世界の総陸地面積の 4 分の 1，36 億 ha である」と報告されている．すなわち国連は世界の砂漠化面積を 36 億 ha としているが，実はその分布を示す地図は国連から公表されていないのである．UNEP の『世界砂漠化アトラス』は土壌荒廃していない植生荒廃地を含めていないために，36 億 ha の砂漠化した土地のうち 10 億 ha の土地を示しているに過ぎない．Dregne（1998）は『世界砂漠化アトラス』に

## 9.2 砂漠化の広域的評価の事例

GLASOD─方法論
ふたつのレベル：全球とアフリカ

```
┌─────────────────────────────────────────┐
│ 1  土地範囲（ポリゴン）を地図化単位に分割  │
│ をする                                    │
│ たとえば全球研究ではアフリカが 383 ポリゴン， │
│ アフリカ研究ではアフリカが 898 ポリゴン     │
└─────────────────────────────────────────┘
```

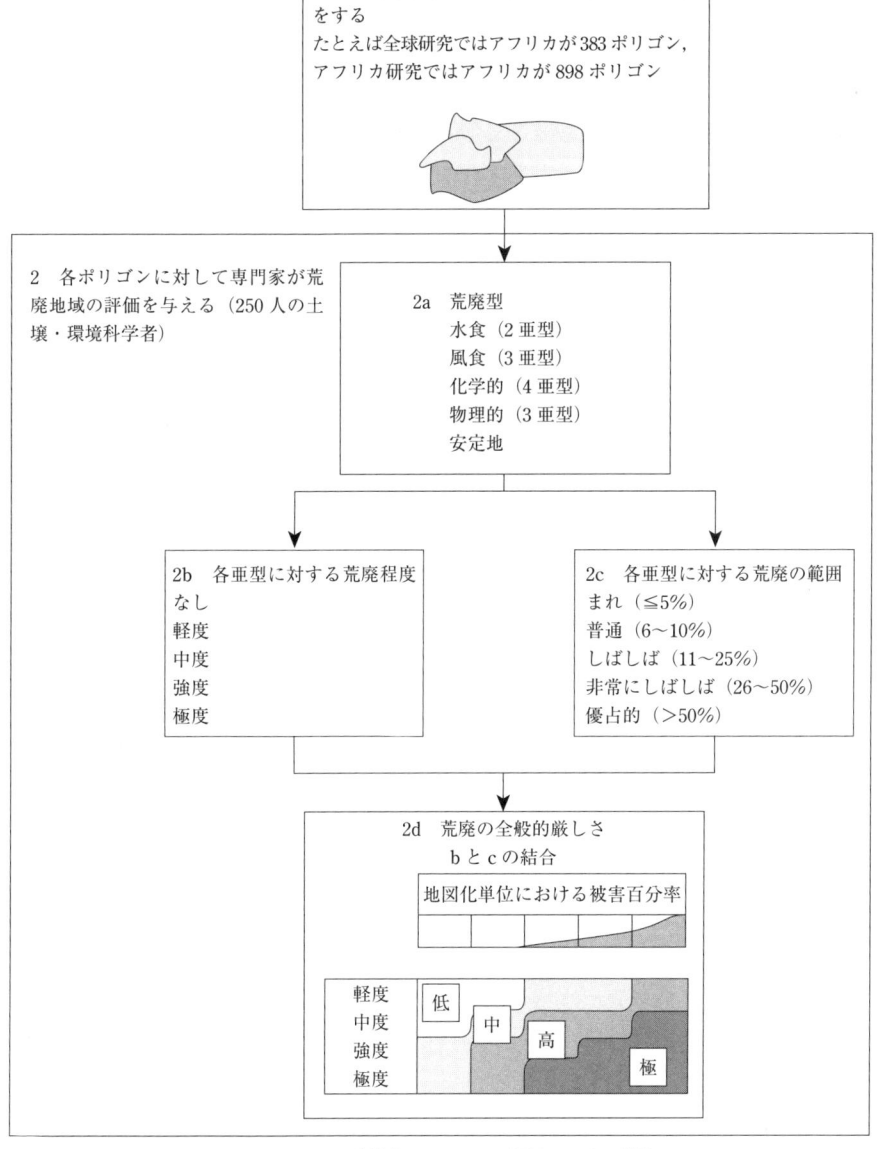

```
┌────────────────────────────────────────────────────────┐
│ 2  各ポリゴンに対して専門家が荒    2a  荒廃型            │
│ 廃地域の評価を与える（250 人の土       水食（2 亜型）    │
│ 壌・環境科学者）                      風食（3 亜型）    │
│                                      化学的（4 亜型）  │
│                                      物理的（3 亜型）  │
│                                      安定地            │
│                                                        │
│  ┌──────────────────────┐    ┌──────────────────────┐  │
│  │ 2b  各亜型に対する荒廃程度 │    │ 2c  各亜型に対する荒廃の範囲 │ │
│  │ なし                  │    │ まれ（≦5%）          │  │
│  │ 軽度                  │    │ 普通（6〜10%）        │  │
│  │ 中度                  │    │ しばしば（11〜25%）    │  │
│  │ 強度                  │    │ 非常にしばしば（26〜50%）│ │
│  │ 極度                  │    │ 優占的（>50%）        │  │
│  └──────────────────────┘    └──────────────────────┘  │
│                                                        │
│          ┌──────────────────────────┐                  │
│          │ 2d  荒廃の全般的厳しさ       │                  │
│          │     b と c の結合           │                  │
│          │  地図化単位における被害百分率 │                  │
│          │                          │                  │
│          │  軽度  低                 │                  │
│          │  中度     中              │                  │
│          │  強度        高           │                  │
│          │  極度           極        │                  │
│          └──────────────────────────┘                  │
└────────────────────────────────────────────────────────┘
```

砂漠化の GLASOD 評価における段階
**図 9.1**　GLASOD の砂漠化評価の方法（Thomas and Middleton 1994）

ついて,「それは砂漠化のアトラスではない.それはとても有用な世界土壌荒廃のアトラスである.」と明言している.

砂漠化防止行動計画の第二次実施状況評価(GAPⅡ)の一部として,UNEPは国際土壌照会情報センター(International Soil Reference and Information Centre : ISRIC)によって作られた土壌荒廃データベース,GLASOD(Global Assessment of Human-Induced Soil Degradation : 人為的土壌劣化全球評価)を用いた.GLASODは,砂漠化研究に特定して開発されたものではなく,人為的な土壌荒廃に関する一般的なデータセットである.GLASODの開発に用いられた方法論の概要は,図9.1に示されている.GLASODは客観データから恣意性を排除して求められるのではなく,評価者の判断によっているという点で,一定の「主観性」を有するものであり,その点では以前と変わらない.しかし,以前の評価に比べ,より厳格で首尾一貫したガイドラインにもとづいていること,(以前は少数の専門家だったのに対し)より多くの地域の土壌荒廃専門家からの意見を集約しているという点で改善されている(Thomas and Middleton 1994).Dregne (1998)はそのアプローチを「構造化された有識者の意見分析(structured informed opinion analysis)」とよんでいる.

図9.1に示されるように,GLASODでは,まず世界の陸地を21の地域に分け,各地域に対して既存のデータとその地域における経験の豊富な専門家からの印象をまとめ,相観的な実態にもとづいた均質な地域(地図化単位)へと分割する.そして各地図化単位に対して人為的な土壌劣化の程度と範囲の評価を,四つの主要な荒廃プロセス,すなわち水食,風食,物理的悪化および化学的悪化に関して,それぞれ詳細で首尾一貫した指標を用いて与える.

GLASODデータは,別途開発された気候区分データセットとGIS上でオーバーレイされ,被影響地域における土壌荒廃が抽出される.この気候区分データセットはCRU(Climatic Research Unit : 気候研究ユニット)によって開発されたものだが,1977年評価で用いられた気候区分とは変更点がある.

人為的土壌荒廃に対するGLASODデータは,10.16~10.36億haの土地が,砂漠化を被っていることを示した.それは1977年のUNCODおよび1983年のGAPの両者における推定面積の3分の1よりも小さい(表9.1).

世界砂漠化アトラスには土壌荒廃の面積範囲が表として示されているが,Dregne (1998)は,GLASODは,そもそも定量的なデータを与えるように設計されていないために,その数字の精度は低いと指摘している.

## 9.2 砂漠化の広域的評価の事例

表 9.1 GLASOD による被影響乾性地における地域別の土壌荒廃の程度 (UNEP 1992)

| 地域 | 乾燥度帯 | 軽度・中度 | 強度・極度 | 計 |
|---|---|---|---|---|
| アフリカ | 乾性半湿潤 | 25.2 | 12.1 | 37.3 |
| | 半乾燥 | 69.9 | 39.6 | 109.5 |
| | 乾燥 | 150.2 | 22.3 | 172.5 |
| アジア | 乾性半湿潤 | 70.6 | 7.7 | 78.3 |
| | 半乾燥 | 124.2 | 17.2 | 141.4 |
| | 乾燥 | 131.9 | 18.8 | 150.7 |
| オーストラリア | 乾性半湿潤 | 4.2 | 0.6 | 4.8 |
| | 半乾燥 | 32.9 | 1.0 | 33.9 |
| | 乾燥 | 48.9 | 0.0 | 48.9 |
| ヨーロッパ | 乾性半湿潤 | 59.0 | 2.3 | 61.3 |
| | 半乾燥 | 30.8 | 2.6 | 33.4 |
| | 乾燥 | 4.8 | 0.0 | 4.8 |
| 北米 | 乾性半湿潤 | 15.0 | 3.2 | 18.2 |
| | 半乾燥 | 50.9 | 2.3 | 53.2 |
| | 乾燥 | 6.3 | 1.6 | 7.9 |
| 南米 | 乾性半湿潤 | 21.4 | 2.3 | 23.7 |
| | 半乾燥 | 43.9 | 4.0 | 47.9 |
| | 乾燥 | 7.5 | 0.0 | 7.5 |
| 計 | | 897.6 | 133.7 | 1035.2 |

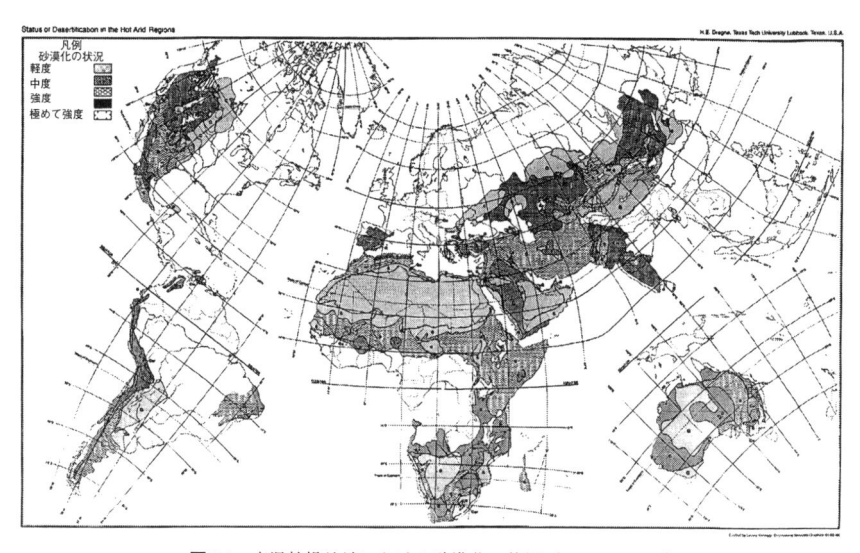

図 9.2 高温乾燥地域における砂漠化の状況 (Dregne 1998)

一方，植生荒廃に関する新たな評価も，UNEPによってGAPⅡの一部としておこなわれた．この評価はDregneの属する機関，ICASALS（International Center for Arid and Semiarid Land Studies：国際乾燥・半乾燥地研究センター）でおこなわれ，以前の評価とほとんど同じアプローチが使われた．

図9.2に新たに作成された植生荒廃地図を示したが，これはDregne and others（1991）によるものであり，UNEPによる国ごとの評価と同時に準備されたものである．1975年から蓄積された土地荒廃-土地生産力関係に関する情報ベースをもとにして，この植生荒廃地図が作成された．乾性地における土地荒廃の範囲と程度，および荒廃が長期間の土地生産力に及ぼす影響についての「意見」に基礎を置いている．

ベースとなった砂漠化地図は，2,500万分の1のスケールである．放牧地の荒廃地図は存在していないので，実際上，放牧地の砂漠化の地図化はすべて有識者の意見（informed opinion）によっている．耕作地荒廃の地図化の多くも，有識者の意見にもとづいている．

土壌荒廃していない，植生荒廃をともなう放牧地の面積推定値は，25.76億haであった．

こうして，GAPⅡ評価の結論は，ICASALSの推定値とGLASODを結合して，以前のふたつの評価と近い値，35.92億haとなった（Thomas and Middleton 1994）．

### 9.2.4　UNDP/WRIによるアフリカ・アジア・ラテンアメリカの乾性地人口の評価

国連開発計画（United Nations Development Programme：UNDP）と世界資源研究所（World Resources Institute：WRI）は共同で世界の乾性地人口の推定に取り組んだ．第1フェーズの報告書（UNSO 1997）は1997年に出され，1998年には第2フェーズの報告書のドラフト版（WRI 1998）が出されている．

これは，GISを用いて気候データと人口データを結合させ，乾性地における人口を推定するという手法をとっている．結果は，それぞれの国における乾性地面積および乾性地人口，および大陸ごとの集計値として示されている．

人口データは，それぞれの地域における最新のセンサスデータを用いており，アフリカについては1970年から1993年，アジアについては1981年から1995年，ラテンアメリカについては1990年から1996年の人口データをそれぞれ1995年レベルに基準化して用いている．

気候データは，月ごとの平均降水量と可能蒸発散量を含む新しい高解像度ラスタ型データベースが用いられている．世界砂漠化アトラス（UNEP 1992）で用いられた気候データでは，対象としたステーションの基準を20年連続してデータがあることとしていたのに対し，この新しい気候データでは5年間連続して月降水量があることとしたので，より多くの気象ステーションの記録が用いられている．多くの気象データは1920年から1990年に収集されたもので，それらを緯度，経度，標高を用いた空間的補間により面に展開している．空間解像度は，アフリカで3分（約5 km），ラテンアメリカで5分（約9 km），アジアで2.25分（約4.5 km）となっている．

この気候データから年降水量と年可能蒸発散量の比によってあらわされる乾燥度を計算し，世界砂漠化アトラス（UNEP 1992）と同じ閾値を用いて気候帯を区分している．

アフリカ，アジア，ラテンアメリカにおける乾性地面積と乾性地人口をまとめると，これらの地域の総人口の33%にあたる15億人の人々が乾性地に住んでいる．アフリカは乾性地の割合が43%と比較的高く，人口の45%が乾性地に住む．南米は比較的湿潤であり，乾性地の割合は27%にとどまるが，人口の28%はそこに住む．表9.2には各地域の人口密度が示されているが，アジアは人口密度が比較的高く，11億人あるいは総人口の31%がアジア全域の53%にあたる乾性地に住む．

### 9.2.5 Eswaranによる世界の土壌荒廃の評価

アメリカ農務省（United States Department of Agriculture : USDA）のEswaran and others（2001）は，世界の主要な土地資源へのストレス，土地の質，砂漠化に対する脆弱性，水食・風食の受けやすさの地図を作成している．アフリカとアジアに対しては，より詳細な分析がなされ，空間的に補間された人口データベースを用いて，人口密度の検討もなされている．これによると人為による砂漠化の

表9.2 UNDP/WRIによるアフリカ・アジア・ラテンアメリカにおける乾性地人口密度（人/km$^2$）（WRI 1998）

|  | 乾燥半湿潤地域 | 半乾燥地域 | 乾燥地域 | 計 |
| --- | --- | --- | --- | --- |
| アフリカ | 38.0 | 30.2 | 11.7 | 25.1 |
| アジア | 202.0 | 71.8 | 22.3 | 64.4 |
| ラテンアメリカ | 37.4 | 18.4 | 12.9 | 22.7 |

低位危険地域は 7.1 億 ha, 中位危険地域は 8.6 億 ha, 高位危険地域は 15.6 億 ha, 超高位危険地域は 11.9 億 ha である.

### 9.2.6 FAO・UNEP による乾性地土地荒廃評価

「乾性地土地荒廃評価 (Land Degradation Assessment for Drylands : LADA)」は, FAO および UNEP により取り組まれているプロジェクトである. 2000 年 12 月に LADA に関する国際ワークショップが開かれ, その後に, フォローアップ・プロジェクトフェーズがはじまり, 本格的な活動が開始された (FAO 2000). 2002 年 1 月 23～25 日にはローマで第 2 回国際 LADA ワークショップが開かれた. 中国, セネガル, アルゼンチンの 3 国でパイロットスタディがおこなわれている.

### 9.2.7 ミレニアムエコシステムアセスメント

ミレニアムエコシステムアセスメント (千年紀生態系評価, Millennium Ecosystem Assessment : MA) とは, 生態系保全のための条約や環境政策に関する各国政府の意思決定に必要な科学的情報を的確に提供し, 対策の促進に資することを目的とする生態系のアセスメントである. MA の全体的な成果は「統合報告書」として 2005 年に公表された (MA 2005a). さらに砂漠化の現状と将来傾向に関する MA の評価については, 別途「砂漠化統合報告書」としてまとめられている (MA 2005b).

この統合報告書の中には乾性地における土地荒廃, すなわち砂漠化の地図が示されているが, これは次項で紹介する Lepers and others (2005) の評価 (口絵 14) を踏襲したものとなっている. 砂漠化統合報告書では, 以下のように砂漠化の評価がまとめられている.
- 乾性地 (drylands) は世界の陸地の 41％を占め, 乾性地には 20 億人以上の人々が居住している. この人口は 2000 年における世界人口の 3 分の 1 に相当する.
- 乾性地の約 10～20％がすでに劣化している (中程度の確実性). ラフな推定によると, 乾性地では 1～6％の人々が劣化した地域に住み, さらに多くの人々が将来の砂漠化の脅威にさらされている.

なお MA では乾性地を乾性半湿潤, 半乾燥, 乾燥, および極乾燥地域を含む, と定義されている. 砂漠化対処条約による定義では, 極乾燥地域は乾性地に含ま

れていないので，MA では砂漠化対処条約よりも対象が広く定義されていることに注意を要する．

### 9.2.8 LUCC プロジェクトによる土地利用・土地被覆変化の評価

2001年にベルリンのダーレムで，「世界の砂漠化の気象学的，生態学的，および人間社会的側面」という名の国際会議が開かれた．この会議は，GCTE（地球変化と陸域生態系研究計画）とLUCC（土地利用・土地被覆変化研究計画）による共催で，その成果のひとつに砂漠化問題に対する見方と将来の行動への示唆を与えるダーレム砂漠化パラダイム（Dahlem Desertification Paradigm：DDP, http://www.biology.duke.edu/aridnet/ddp.html）がある．このダーレム砂漠化会議を受けて，LUCC プロジェクト（本書6.1参照）の一環として乾性地における土地利用・土地被覆変化に関する研究がおこなわれた．

Geist and Lambin（2004）は，メタアナリシスモデルを用いて132の事例研究を統合的に比較し，砂漠化の因果パタンに関する知見を分析した．その結果，砂漠化は，いくつかの頻発する核変数によって引き起こされること，背景レベルでの主な要因は，気候要因，経済要因，制度，国の政策，人口増大，および遠隔地からの影響であること，直接的なレベルでは，これらの間接的な要因が耕地の拡大，過放牧，およびインフラストラクチャの拡張を引き起こすこと，などが示されている．

Lepers and others（2005）は，文献レビュー，フィールド評価，および広域的なリモートセンシングデータセットを統合することにより，過去20年間の世界中の急速な土地被覆（乾性地における土壌荒廃と植生荒廃を含む）についての知見をとりまとめた．その結果，アジアには，現在，急速な土地被覆変化，とくに砂漠化の地域がもっとも集中していること，既存のデータはアフリカのサヘルが砂漠化のホットスポットだという主張を支持しないことなどが示されている．口絵14は，世界の乾性地において確認された，植生荒廃，水食・風食，および化学的・物理的土壌悪化による荒廃地を示している．これまでの砂漠化の評価（たとえば図9.2）と比較すると，この図では荒廃地がはるかに限定して見積もられている．

### 9.2.9 生物生産力にもとづくアジアの砂漠化評価

我々は，実証データにもとづく定量的な砂漠化評価をおこなうために，生物生

産力の主要な指標である純一次生産力（NPP）を用いた，広域的な砂漠化指標の開発をおこなっている．生産力の減少を評価するためには，その地域の潜在的な生物生産力と現在の生物生産力との比較や，過去からのトレンドを分析する方法などが考えられる．前者のアプローチとして，気候学的に計算される潜在的なNPPと現状のNPPの比較による指標を利用し，アジア地域を対象として，砂漠化の可能性のある地域の抽出を試みている．また後者のアプローチとして，長期AVHRR/NDVIデータセットであるPAL（Pathfinder AVHRR Land）データセットを用いて1982〜99年の世界のNPPのトレンドを分析している．

## 9.3　砂漠化評価の方法論に関する論点

　以上紹介したように，これまでさまざまな方法で世界の砂漠化が評価されてきた．それらの方法論は以下に指摘する諸点で違いが見られる．
　(1)　砂漠化のどの側面・プロセスを評価するのか？
　砂漠化のプロセスのうち，ICASALSの評価は生物生産力（耕地では作物収量）の減少を尺度としている．GLASODでは土壌荒廃の状態にもとづいている．
　(2)　どのような手法で評価するのか？
　FAO（2000）では，土地荒廃評価の方法として，専門家の意見，リモートセンシング，フィールドモニタリング，生産力変化，フィールド基準と農民からの聞き取り，およびモデリングの六つをあげている．その中で大陸〜世界スケールに適用可能なものは，専門家の意見，リモートセンシング，モデリングの三つである．GLASODもICASALSもともに「専門家の意見」によっている．
　(3)　どのように生産力の減少を評価するのか？
　土地生産力の「減少」を時間的に評価する場合には，それがいつからのことか，あるいはどれくらいの期間を設定するのか，すなわち時間スケールが問題となる．
　また「ベンチマーク（基準）」を設け，それと比較する場合，ベンチマークには①荒廃の影響を受けていない，具体的な，ある特定の土地をさす場合，②ある特定の時期の，ある土地の状況をさす場合（ベースラインとも言う），③特定の時期，特定の土地を特定せず，（多くの場合，数値であらわされる）ある環境特性をもってベンチマークとする場合がある．

## 9.4 広域の砂漠化評価のあり方

広域の砂漠化評価の必要条件は以下の諸点にまとめられよう．
第一に有意義性，すなわちその評価をおこなうことに砂漠化対策を実施する上で，あるいは社会的に大きな意味があること．第二にその評価手法の普遍性，広域適合性，すなわちその評価手法がどの地域にもあてはまること．第三に効率性，すなわち評価にかかる時間，経費，労力が評価の結果得られる成果に比べて過大でないこと．第四に信頼性，すなわち評価の結果が，事実と十分に符合すること．第五に定量性，すなわち評価が数値的な尺度（指標）によっており，測定が可能なこと，である．

現在の国連での公式な砂漠化推定面積は 36 億 ha であり，これは「専門家の意見」アプローチにもとづき推定したものである．時間的，経費的，労力的制約の中ではもっとも妥当な評価方法だったと言えるかもしれない．しかし効率性を求めたために，それとトレードオフの関係にある信頼性や定量性については十分に満足していない．

もし実証データにもとづく信頼性と定量性を満たす評価を求めるならば，おそらく異なるアプローチをとる必要がある．そのアプローチは測定可能な手法にもとづくものであり，現実的には代表性・典型性のあるフィールド実験と衛星リモートセンシング，生態系モデルを組み合わせる方法が適当であろう．

### ● 参考文献 ●

Dregne HE. 1998. Desertification assessment. In : Lal R, Blum WH, Valentine C, Stewart BA, editors. *Methods for Assessment of Soil Degradation*. Boca Raton : CRC Press, pp. 441-458.

Dregne HE, Kassas M, Rozanov B. 1991. A new assessment of the world status of desertification. *Desertification Control Bulletin* **20** : 6-18.

Eswaran H, Reich P, Beinroth F. 2001. Global desertification tension zones. In : Stott DE, Mohtar RH, Steinhardt GC, editors. *Sustaining the Global Farm, Selected papers from the 10th International Soil Conservation Organization Meeting* (available from : http://topsoil.nserl.purdue.edu/nserlweb/isco99/pdf/ISCOdisc/tableofcontents.htm).

[FAO] Food and Agriculture Organization of the United Nations. 2000. *Report of the International Workshop on Dryland Degradation Assessment (LADA) Initiative (FAO, Rome; 5-7 December 2000)*. In : United Nations Environment Programme/Global Environment Facility (GEF). Project Document, pp. 52-53 (available from : http://www.fao.org/ag/agl/agll/lada/ladaprojectdoc.pdf).

FAO, UNESCO, WMO. 1977. *World Map of Desertification at a Scale of 1 : 25,000,000. Explanatory note. UN Conference on Desertification*, Document A/CONF. 74/2. New York : UN.

Geist HJ, Lambin EF. 2004. Dynamic causal patterns of desertification. *BioScience* **54**(9) : 817-829.

Lepers E, Lambin EF, Janetos AC, DeFries R, Achard F, Ramankutty N, Scholes RJ. 2005. A synthesis of

rapid land-cover change information for the 1981-2000 period. *Bioscience* 55(2): 115-124.
[MA] Millennium Ecosystem Assessment. 2005a. *Ecosystems and Human Well-being : Synthesis*. Washington DC : Island Press, 137 p (available from : http://www.millenniumassessment.org/en/products.aspx).
[MA] Millennium Ecosystem Assessment. 2005b. *Ecosystems and Human Well-being : Desertification Synthesis*. Washington DC : World Resources Institute, 26 p (available from : http://www.millenniumassessment.org/en/products.aspx).
Thomas DSG, Middleton NJ. 1994. *Desertification : Exploding the Myth*. Chichester : John Wiley & Sons, 194 p.
[UNEP] United Nations Environmental Programme. 1992. *World Atlas of Desertification*. London : Arnold, 69 p.
[UNEP] United Nations Environmental Programme. 1997. In : Middleton NJ, Thomas DSG, editors. *World Atlas of Desertification : 2nd ed*. London : Arnold, 182 p.
UNEP/GCSS. III/3. 1991. *Status of Desertification and Implementation of the United Nations Plan of Action to Combat Desertification*. Nairobi : UNEP, 88 p.
[UNSO] UNDP Office to Combat Drought and Desertification. 1997. *Aridity Zones and Dryland Populations*.
[WRI] World Resources Institute. 1998.—*Drylands Population Assessment—Discussion Paper (draft), 13 November*. CD-ROM.

# Ⅳ. 緑地環境のモデルと指標

# 10 土地利用のモデル

### a. モデルとは

 一口に「モデル」と言っても，ファッションモデルから，プラモデル，ビジネスモデルなど，さまざまな意味で「モデル」が使われている．本章では，数値モデル（numerical model）の意味でモデルを使う．数値モデルとは，数値としてあらわされるふたつ以上の対象の特性の関係を，数式を用いてあらわしたものである．

 一般にモデルとは，複雑な現実の現象の中から，本質的な要素を抽出することによって，現象を単純化・抽象化して表現するものである．モデルを用いることには，以下のような意義があると考えられる．

 第一に，現象の理解に役立つ．自分の仮説をあらわすモデルを構築し，実際のデータをそのモデルにあてはめて，モデルの結果が現実に適合するかどうかを検証する．このような作業によって，自分の仮説が正しいかどうかを確かめることができる．

 第二に，現象の予測に役立つ．シミュレーションモデルをまわすことにより，将来の動向を定量的・定性的に予測することができる．

 第三に，現象の総合化に役立つ．諸々のプロセスを包含した総合モデルを構築することにより，複雑かつ多岐にわたる「環境」を総合的に把握することができる．

 土地利用のモデルには，ある時点での土地利用（優占土地利用または土地利用構成比率）の空間的分布を表現する土地利用分布モデルと，将来の土地利用の分布を予測する土地利用予測モデルがある．

 土地利用のモデルは，交通工学，地理学，経済学など，さまざまな分野で作られており，その全貌を把握するのは容易ではない．私が調べた中で，もっとも包括的に土地利用モデルをレビューした文献は，Briassoulis（2000）であった．こ

の中では，交通工学，都市計画，農村計画，経済学など，さまざまな領域の土地利用モデルが網羅的に述べられているだけでなく，それぞれのモデルの特徴がコンパクトにまとめられている．

そこで，ここでは Briassoulis（2000）の整理した土地利用モデルの枠組みに沿って，土地利用モデルの全体像を紹介する．紙面の制約上，どうしても個々のモデルについては短い紹介になってしまうが，ここでは土地利用モデルの全体像を示すことを優先する．各モデルの詳細については，それぞれの引用文献を記載するので，関心をもつ読者はオリジナルの文献を読むことを薦める．

### b. 土地利用モデルの分類

土地利用モデルの分類については，以下のような方法がある．
- 対象地域の性格で分ける（都市モデル，農村モデル等）
- 対象地域の空間スケールで分ける（地区モデル，地域モデル，全球モデル等）
- モデルの背景にある理論で分ける（計量経済モデル，空間的相互作用モデル等）
- モデリングの方法で分ける（統計モデル，確率モデル等）
- 学問分野で分ける（経済学モデル，生態学モデル，地理学モデル等）
- モデル開発の目的で分ける（交通モデル，気候変化影響モデル等）
- モデル開発の時期で分ける

Briassoulis（2000）は，モデルが属する「モデリングの流儀（modeling tradition）」によって土地利用モデルを分類している．この基準は，モデルの開発手法と深くかかわり，とくにモデルデザインと解法に重きを置いた分類となっている．さらにモデルデザインは，特定のモデル目的，背景にある理論とモデル化される土地利用のタイプ（および通常はモデルの出身分野），および時間的および空間的分解能と関連する．

この基準にもとづき，以下のような主たるモデルの分類が与えられている（詳細は表 10.1 参照）．

    Ⅰ．統計モデル・計量経済モデル
    Ⅱ．空間的相互作用モデル
    Ⅲ．最適化モデル
    Ⅳ．統合モデル
    Ⅴ．その他のモデリングアプローチ

**表 10.1　土地利用モデルの種類（Briassoulis（2000）より改変して引用）**

Ⅰ．統計モデル・計量経済モデル
 (1) 線形回帰モデル（Chapin 1965；Chapin and Weiss 1968；Lee DB 1973；Veldkamp and Fresco 1996a；Verburg and others 1997）
 (2) 計量経済モデル（EMPIRIC：Hill 1965）
 (3) 多項ロジットモデル（Kitamura and others 1997；Morita and others 1997）
 (4) 正準相関分析モデル（Hoshino 1996）

Ⅱ．空間的相互作用モデル
 (1) ポテンシャルモデル（Hansen 1959）
 (2) 介在機会モデル（Stouffer 1940；Schneider 1959；Lathrop and Hamburg 1965）
 (3) 重力／空間的相互作用モデル（Lee C 1973；Wilson 1974；Batty 1976；Haynes and Fotheringham 1984；Batten and Boyce 1986）

Ⅲ．最適化モデル
 (1) 線形計画モデル―単目的・多目的
　　□ Herbert-Stevens 線形計画モデル（Herbert and Stevens 1960）
　　□南ウィスコンシン地域計画モデル（Schlager 1965）
　　□多目的線形計画モデル（Du Page カウンティ地域計画委員会：Bammi and others 1976）
　　□農業地域線形計画モデル（Campbell and others 1992；Stoorvogel and others 1995）
　　□全体最適化土地利用配置モデル（van Latesteijn 1995）
 (2) 動的計画モデル（Hopkins and other 1978）
 (3) 目標計画モデル，階層計画モデル，1次・2次割当問題モデル，非線形計画モデル
　　□目標計画モデル（Lonergan and Prudham 1994）
　　□階層計画モデル（Nijkamp 1980）
　　□1次・2次割当問題モデル（Moore and Gordon 1990；Moore 1991）
　　□非線形計画モデル（Adams and others 1994）
 (4) 効用最大化モデル（Wingo 1961；Alonso 1964；Muth 1961, 1969；Mills 1967, 1972）
 (5) 多目的／多基準意思決定モデル（Janssen 1991；Fischer and others 1996b）

Ⅳ．統合モデル
 (1) 計量経済型統合モデル
　　□ Penn-Jersey モデル（Seidman 1969；Wilson 1974）
 (2) 重力／空間的相互作用型統合モデルおよび Lowry 型統合モデル
　　□ Lowry モデル（Lowry 1964）および初期バージョン（Garin 1966）
　　□時間指向大都市モデル：TOMM（Crecine 1964, 1968）
　　□予測的土地利用モデル：PLUM（Goldner and others 1971）
　　□都市ストック・活動モデル（Echenique and others 1990）
　　□活動配置・ストック-活動モデル（Batty 1976）
 (3) シミュレーション統合モデル
　　□都市／大都市レベルシミュレーションモデル
　　　○サンフランシスコ CRP モデル（Rothenberg-Pack 1978）
　　　○ UI, NBER, HUDS 都市シミュレーションモデル（Kain 1986）
　　　○カリフォルニア都市将来モデル：CUFM（Landis 1994, 1995）
　　　○動的シミュレーションモデル
　　　　―ドルトムントモデル（Wegener 1982）

表 10.1 （続き）

- 一統合土地利用／交通モデル
    - ・交通・土地利用統合パッケージ：ITLUP（Putman 1983, 1991）
    - ・交通・土地利用システム：TRANUS（de la Barra 1989）
    - ・シカゴ地域交通・土地利用分析システム：CATLAS（Anas 1982, 1983）
- □地域レベルシミュレーションモデル
    - ○CLUE-CR モデル（Veldkamp and Fresco 1996b）
    - ○セルオートマトンモデル（White and Engelen 1994 ; Engelen and others 1995）
    - ○土地利用変化：LUC モデル（Fischer and others 1996a）
    - ○ヨーロッパ土地利用統合予測モデル：IMPEL（Rounsevell 1999）
- □全球レベルシミュレーションモデル
    - ○IFS モデル（Liverman 1989）
    - ○IMAGE 2.0 モデル（Alcamo 1994）
- （4）投入産出型統合モデル
- □コンパクト IO モデル
    - ○国連世界モデル（Leontief and others 1977）
    - ○経済-生態モデル（Daly 1968 ; Isard 1972 ; Victor 1972）
- □IO 要素付随モジュラーモデル
    - ○モーリシャス PDE モデル（Lutz 1994）

V．その他のモデリングアプローチ
  (1) 自然科学指向のモデリングアプローチ
    □生態モデリングアプローチ（Turner and others 1995）
      ○植生・生態系モデル
      ○森林セクタモデル
      ○土壌侵食モデル
      ○気候変化影響モデル
  (2) 土地利用変化のマルコフ連鎖モデル（Clark 1965 ; Drewett 1969 ; Bell 1974, 1975 ; Bell and Hinojosa 1977 ; Bourne 1971 ; Vandeveer and Drummond 1978 ; Logsdon and others 1996）
  (3) GIS ベースのモデリングアプローチ（Aspinall 1994 ; Longley and Batty 1996 ; Fischer and Nijkamp 1993 ; Liverman and others 1998）

表中の引用文献（Briassoulis（2000）より）は，章末に一括して示す．

## 10.1 統計モデルおよび計量経済モデル

### 10.1.1 統計モデル

ここで言う統計モデルとは，従属変数（土地利用）と独立変数（土地利用を説明する要因）との間の数学的関係を統計手法を用いて表現するモデルである．もっとも広く用いられている統計手法は重回帰分析である．

土地利用の予測を与えるためには，以下の手順をふむ．

① 土地利用を従属変数とする回帰モデルを作る．

② 時点 $t$ における独立変数（土地利用を説明する要因）の将来予測値を与える．

③ 予測された時点 $t$ における独立変数の値を ① の回帰モデルに代入することにより，時点 $t$ における土地利用予測値を与える．

たとえば Kitamura and others（1997）は，関西地域を対象に，まず正準相関分析で土地利用に大きく影響する説明変数を絞り込んだ上で，多項ロジットモデルを用いて土地利用を説明する回帰モデルを構築した．

この多項ロジットモデルでは，意思決定主体が最大の効用（utility）をもつ土地利用を選択すると考える．各土地利用に対する効用を確率的に変動する部分と関数部分に分け，確率的に変動する部分に対してはガンベル分布を仮定する．関数部分のパラメータは最尤法で決める．

得られたモデルでは，たとえば市街地については，「人口密度」「一人あたり自動車台数」「傾斜15度以上の比率」，農地については「農家率」「平均耕地面積」「農振農用地面積率」等，林地については「市街化調整区域率」「傾斜3〜8度の比率」「台地の比率」等で説明され，各パラメータの値を代入すると，各土地利用の効用が計算され，その値のもっとも大きな土地利用が選択される（Morita and others 1997）．

### 10.1.2 計量経済モデル

土地利用の需要と供給に対して重回帰分析を適用することにより，ここで言う計量経済モデルが生み出されてきた．計量経済型の土地利用モデルは，人口，建物需要，小売需要，雇用などの土地利用の決定要因を推定し，つぎに土地利用／活動係数を用いて，これらの推定値から各土地利用型に対する土地利用需要を求める．このグループでもっともよく知られているのは EMPIRIC モデル（Hill 1965）である．EMPIRIC モデルは1960年代にそのプロトタイプが開発され，大都市構造のモデル化に用いられた．

## 10.2 空間的相互作用モデル

空間的相互作用（spatial interaction）とは，簡単に言えば，ふたつの地域間（発地と着地）の間を流れる人，物，あるいは情報の大きさ，またはそれらによって表現される地域間の機能的な結びつきの強さのことである．

1950年代半ばにアメリカで始まった地理学における計量革命は，この空間的相互作用の解明に大きく動機づけられていた．そのもっとも初期のモデルに重力モデル（gravity model）がある．

重力モデルでは，2地点間の人口移動は，2地点の距離が近いほど，また2地点の人口が大きいほど，より多くなると考える．ニュートンの万有引力の法則によれば，2物体間の重力は，2物体間の距離が近いほど，また2物体の質量が大きいほど，より強い．したがって2地点を2物体に，人口を質量に置き換えると，2地点間の人口移動（空間的相互作用）は2物体間の重力と対応する．このようなアナロジーから「重力モデル」と名付けられたものである．

さらにWilson（1967, 1970）は，空間的相互作用にエントロピー概念を導入し，エントロピー（最大化）モデルを導いた．このモデルでは，種々の条件下で，エントロピーを最大化するような解を求めることによって2地点間の流動量（空間的相互作用）を求める．

## 10.3 最適化モデル

1950年代後半の問題解決技法とコンピュータ技術の発展にともない，数理計画モデルと最適化モデルが都市・地域分析に適用された．とくに計画分野では意思決定支援の重要なツールとして活用された．最適化モデルとは，ある特定の目的を最適化する解を探索するための手法である．種々の制約下におけるひとつあるいは複数の目的を満足する解を見出すことが求められるような意思決定の場面で，この最適化モデルは役に立つ．

### 10.3.1 線形計画モデル

線形計画（linear programming: LP）は，1950年代半ばからモデル開発においてもっとも広く用いられてきた技法のひとつである．

線形計画モデルの土地利用分析に対する応用としては，Herbert-Stevens 線形計画モデル（Herbert and Stevens 1960）が特筆される．このモデルは，利用可能な住宅地に対する住宅の最適分布を知る目的で開発された．

### 10.3.2 動的計画モデル

動的計画（dynamic programming: DP）は，時間的に一連の多段階の意思決定

をおこなう際に有効な数理計画法のひとつである．線形計画モデルとは異なり，動的計画モデルには標準的な数学的解モデルは存在しない．むしろ動的計画モデルはその考え方に共通性があるとされている．

### 10.3.3　目標計画モデル，階層計画モデル，1次・2次割当問題モデル

目標計画（goal programming : GP）とは複数の目標を同時に満足する解を与えるための数理計画法である．Hillier and Lieberman（1980）によれば，「基本的考えは，それぞれの目的に対して数値的ゴールを設定し，各目的に対する目的関数を構築し，それから各ゴールからの目的関数の偏差の（重み付けされた）和を最小化する解を求める」こととされる．

階層計画モデルは，多次元（あるいは多目的）計画アプローチのひとつで，目的関数が，たとえば「重要な」から「つぎにもっとも重要な」というように序列的な形で順位づけられるような問題に適している．解決手順は設定された順序による目的関数の逐次的最適化にもとづく．最適化の各段階における制約の集合は，前の段階において得られた最適結果によって決定される（Nijkamp 1980）．

一次・二次割当問題モデルは，プロトタイプ割当問題に対するひとつの解法である．土地利用上のプロトタイプ問題は，（全体あるいはネットでの）開発費用の最小化，（全体あるいはネットでの）利益の最大化などの目的を最適化するように，いかに利用可能な土地利用活動を利用可能な敷地に対して適合させるかという問題に答えるものである．

### 10.3.4　効用最大化モデル

効用最大化モデル（utility maximization model）は，経済理論から導かれた共通の理論的基礎をもつ．厚生経済学理論（およびミクロ経済学理論）では，経済学的な財とサービスの生産者と消費者の関係を扱う．生産者はかれらが生産する財とサービスを売ることによって得られる利益を最大化するよう努めると仮定される（経済学における供給サイド）．一方，消費者はさまざまな財とサービスを消費することから得られる効用を最大化することを目指す（経済学における需要サイド）．生産（供給）と消費（需要）の厚生経済学理論およびそこから導かれるモデルの特徴は，個人の行為を強調することである．新古典派経済学の効用理論は，消費者主権の原理にもとづく．生産者と消費者双方の行為の分析は，個人から始まり，つぎに集合された行為を導くための経済システムにおける個人全般

を集合し，経済全般（あるいは市場）の需給条件を決定する．個人の行為を決定する要因は，財とサービスの価格であり，生産者と消費者双方はそれに反応し，それぞれの行為（財の生産と消費）を適応させる（Briassoulis 2000）．

このグループでもっとも知られているモデルのひとつはAlonso（アロンゾ）の都市土地市場モデルである（Alonso 1964）．Alonsoモデルは，経済学的分析に基礎を置きつつ，効用最大化アプローチを居住地位置選定へ明示的に適用した最初の事例で，Thünen（チューネン）の農業地代理論モデルを修正したものである（Briassoulis 2000）．

### 10.3.5 多目的／多基準意思決定モデル

多目的／多基準意思決定モデル（multi-objective/multi-criteria decision making model：MODM/MCDM）はもともと社会科学の分野で利用されてきた多基準・多目的意思決定手法を，1970年代半ばに土地利用問題の分析に導入したものであり，1980年代にその開発に活況を得た（Briassoulis 2000）．

その最初のモデルは，オランダにおいて農業土地再配分意思決定を支援するために使われてきた多目的モデル（Janssen 1992）である．

## 10.4 統合モデル

土地利用モデルの分野で「統合された（integrated）」という用語は1980年代から文献にあらわれてくるが（Briassoulis 2000），類似の用語に包括的（comprehensive）モデル，ハイブリッド（hybrid）モデル，および全般的（general）モデルがある．統合モデルは，経済活動における複数のセクタや複数の地域を「統合」したり，あるいは社会と経済もしくは環境と経済のように異なる分野セクタを「統合」する．複数の要素間の相互作用・関係性・およびそれらの結びつきを考慮するモデルであり，複数の要素間の相互作用・関係性・結びつきを土地利用と土地利用変化に対して直接的あるいは間接的に関連づける．

統合モデルは，1960年代，都市，地域，および地理分析における「計量革命」の期間中にあらわれた．最初の試みは土地利用を明示的に扱うもので，このグループの伝統を継承する統合モデルは，この特徴を保ち続け，あるいはそれを改良したものとなっている．いくつかの統合モデルは，1960年代以降の10年から出発したが，それは非空間的なものだった．すなわち空間システムのいくつかの観点の間の相互作用を考えはするが，明示的空間フレームを欠いている．空間明示

的な統合モデルは，地域間のプロセスあるいは複数地域間の関係性を扱うモデルである．空間明示的でない統合モデルの多くは土地利用変化を説明しない．

統合モデルの共通の特徴は，それらの多くが大規模モデルだということである．逆に言えば，大規模モデルの多くは統合モデルである．統合モデルの空間レベルは，都市／大都市から全球までをカバーしているが，統合モデルの空間範囲は，モデルの目的，焦点，および他の構造的特徴や設計特徴と密に関連する．モデル構造に関して言うと，コンパクト（compact）型もしくは統一（unified）型の統合モデルと，モジュラー（modular）型もしくは合成（composite）型の統合モデルのふたつに大別することができる．前者では，たとえば単独の方程式，ひとつの投入-産出モデルのように，その統合があらわされるすべての変数を含む，単独の操作的な表現によって記述される．後者のモデルは，モデル化される空間システムの要素の，いくつかの分離したモデルを結合する．最近の統合モデルでは後者の形態がより一般的である．

### 10.4.1 計量経済型統合モデル

さまざまな土地利用型を明示的に説明する，もっとも有名な計量経済型統合モデルはPenn-Jersey（ペン ジャージー）モデルである．これは，大都市経済システムの要素をモデル化する総合的かつマクロなアプローチを採用するモジュラー型モデルである．

図10.1に示されるように，Penn-Jerseyモデルは地域収入分布モデル，住宅配置モデル，住宅土地利用モデル，製造業雇用配置モデル，製造業土地利用モデル，非製造業雇用配置モデル，および非製造業土地利用モデルの七つのサブモデルから構成され，5年間隔で逐次，計算をおこなう．

### 10.4.2 重力／空間的相互作用型統合モデル

このグループでは，アメリカ・ペンシルベニア州のピッツバーグ大都市圏に対して1964年にLowry（ローリー）によって設計され，その後何回か改訂されたLowryモデル（Lowry 1964）が世に知られている（図10.2）．このモデルは，活動に関する都市空間システムの構造と対応する土地利用を以下のように記述する．人口-居住地，サービス雇用-サービス土地利用，基本的（製造および一次）雇用-産業土地利用．モデルは活動のレベルを評価し，つぎに土地利用／土地活動比によって土地利用面積に翻訳される．このモデルでは，研究対象地域が多くのゾーンに細分されると仮定する．このモデルは活動の配分を，空間的相互作用モデルのひとつ

## 10.4 統合モデル

```
                    ┌──────────┐
                    │ 地域人口 │
                    └──────────┘
          ┌──────────────┐   ┌──────────────┐        ┌──────┐
          │セクタ別地域雇用│   │ 地域収入分布 │        │ 総計 │
          └──────────────┘   └──────────────┘        └──────┘
                              ┌──────────┐
                              │ 住宅配置 │
                              └──────────┘
                              ┌────────────┐
                              │ 住宅土地利用 │
                              └────────────┘
          ┌──────────────┐
          │ 製造業雇用配置 │
          └──────────────┘
     ┌──────────────┐        ┌──────────────┐
     │ 特異的配置要因 │        │ 特別な配置要因 │
     └──────────────┘        └──────────────┘
                              ┌──────────────┐
                              │ 製造業土地利用 │
              ┌──────────┐   └──────────────┘
              │ 総雇用配置 │
              └──────────┘
          ┌────────────────┐  ┌────────────────┐
          │ 非製造業雇用配置 │  │ 非製造業土地利用 │
          └────────────────┘  └────────────────┘
                              ┌────────────┐
                              │ 街路土地利用 │
                              └────────────┘
               ┌────────────────────────┐
               │ 制約のチェックと再配置 │
               └────────────────────────┘

キー
  □   サブモデルと手順
  ↓   「前時期の」モデルからの入力
  ⇣   以前の時期全体からの入力
  ⋮   手順をチェックするための暫定的な推定値の報告
```

図 10.1　Penn-Jersey モデルの構造（Wilson 1974）

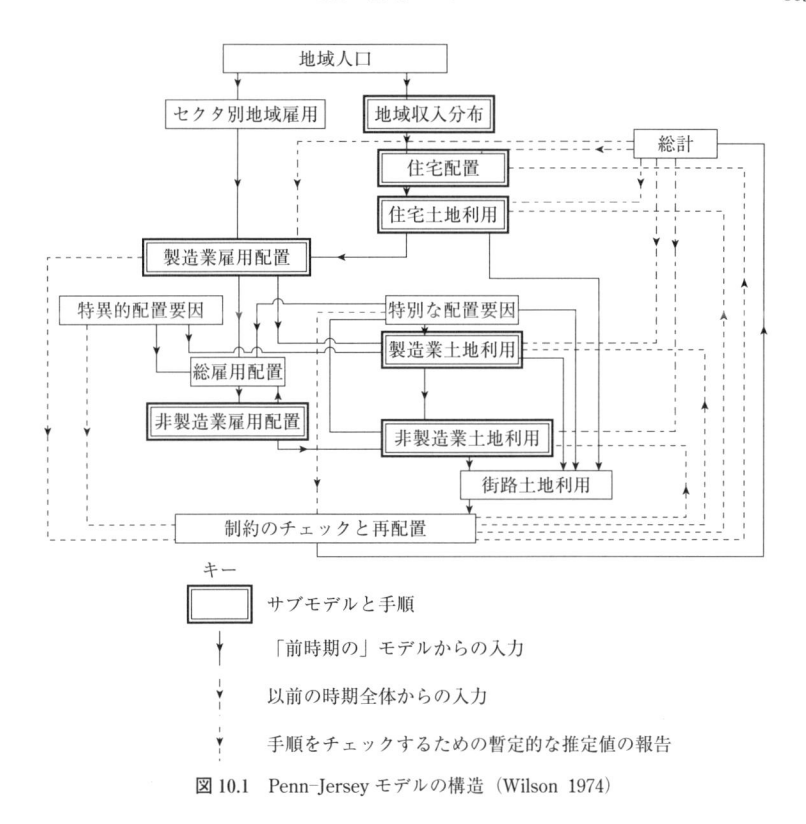

である重力モデルを用いて推定することから，重力／空間的相互作用型統合モデルと称されている．

### 10.4.3　シミュレーション統合モデル

　このグループには数多くのモデルが含まれるが，Briassoulis（2000）は空間スケールによって，都市／大都市，地域，全球の三つに細分している．

#### a. 都市／大都市レベルシミュレーションモデル

　このグループの最初のものは住宅市場モデルから生まれてきた．そのようなモデルは住宅市場に焦点をあてているという点では厳密な意味での土地利用統合モデルとは言えないかもしれないが，以下の意味での「統合」を試みている．
① 重力モデルと似た手法による各市場における需要・供給とその配置の検討，② 住宅の需要・供給間の相互作用の配慮，③ 住宅市場の空間分散の把握，であ

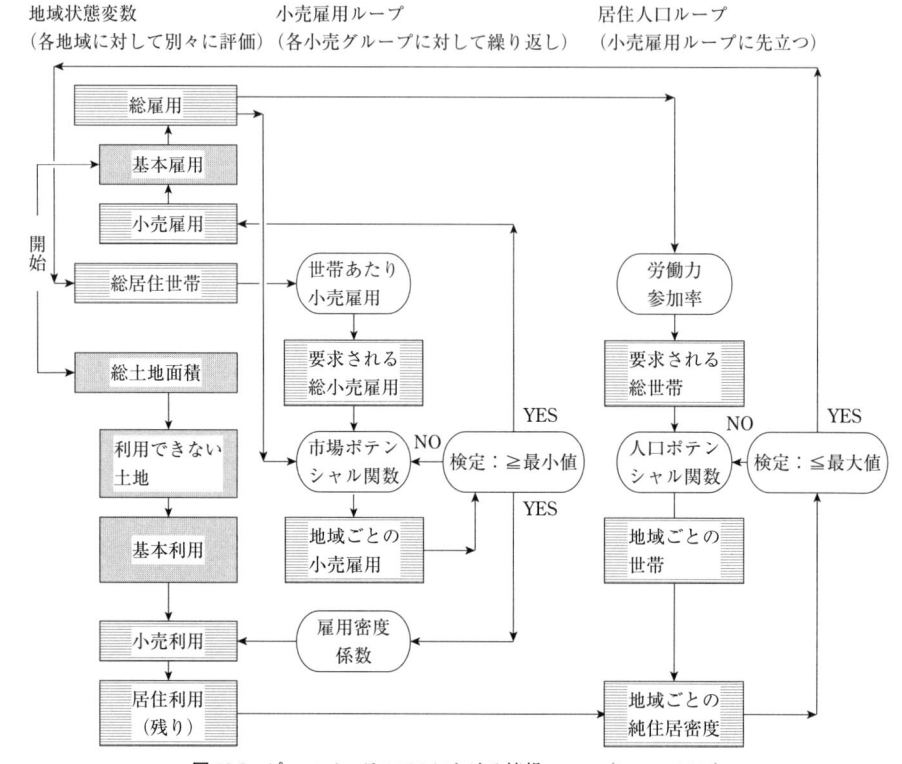

図10.2 ピッツバーグモデルにおける情報フロー（Lowry 1964）

る．このグループにはサンフランシスコ CRP モデル，UI，NBER，HUDS 都市シミュレーションモデル，およびカリフォルニア都市将来モデル（CUFM）が含まれる．

**1) 動的シミュレーションモデル**　都市／大都市レベルシミュレーションモデルのもうひとつの大きなグループは動的シミュレーションモデル（dynamic simulation model）である．これは都市／大都市システムの複数の要素間の関係をシミュレートするものである．

最初の広く知られた都市動態シミュレーションモデルは，Forrester（1969）によるシステムダイナミクス（system dynamics：SD）を用いたシミュレーションモデルである．SD は対象とするシステムを多数の要素に分解し，SD 独自のグラフ的表現でその要素間のストックとフローをあらわす．このモデルが現実のシステムと整合することを検証した上で，将来のシステムの状態を動的にシミュ

## 10.4 統合モデル

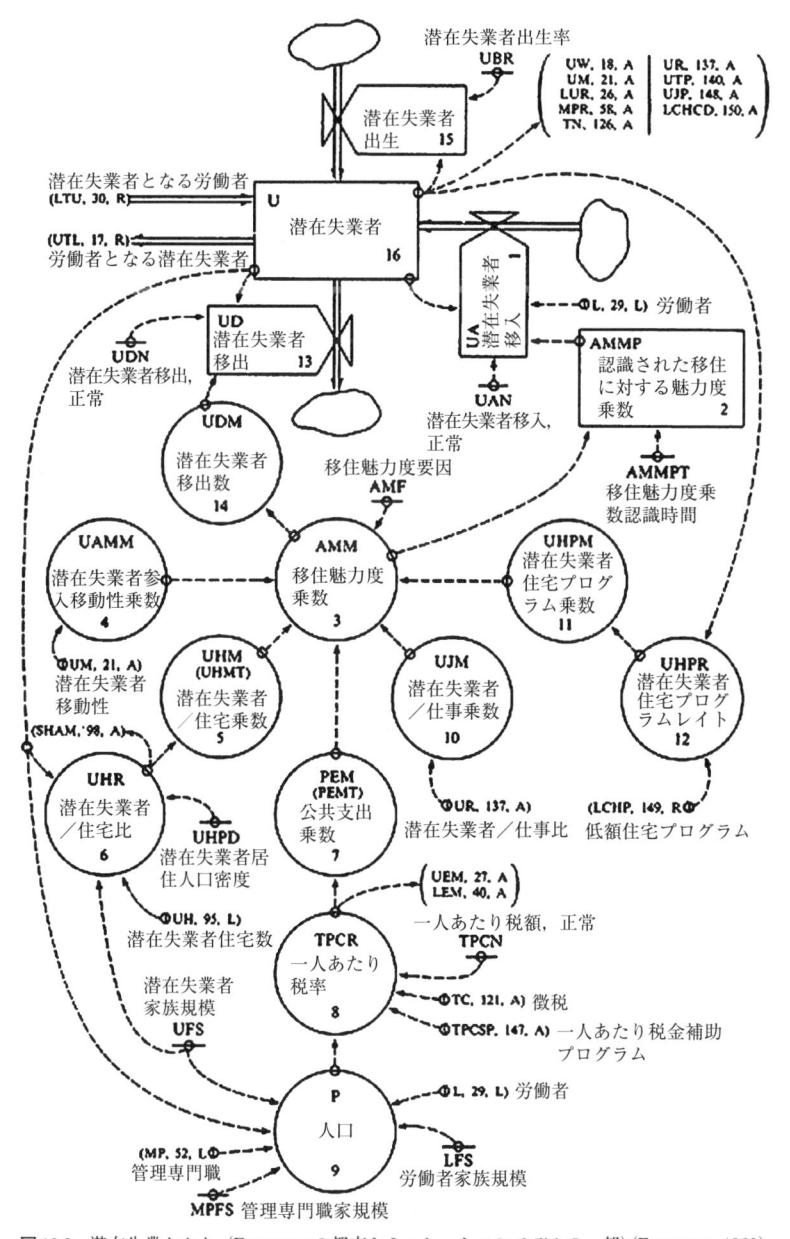

図 10.3 潜在失業セクタ（Forresterの都市シミュレーションモデルの一部）(Forrester 1969)

レートする．

　図10.3は，SDを用いた都市動的モデルの一部である潜在失業者セクタのモデル構造をあらわしたものである．図の上部の「潜在失業者」と書かれた矩形の要素は潜在失業者の「レベル（level）」，すなわち潜在失業者の集積量（ストック）をあらわす．潜在失業者レベル（U）は三つのバルブ（弁）形の要素（潜在失業者の出生，移入，および移出）と連結している．バルブは「レイト（rate）」，すなわちレベル間を単位時間内に流れる量をあらわす．レイトと連絡された円形の要素は補助変数をあらわし，これはレイトを分解したものである．

　Forresterが都市計画にSDを適用した例は，日本でも『アーバン・ダイナミックス』（フォレスター，日本経営出版会，1970）として紹介されているが，残念ながら現在，この本は絶版となっている．

　梶（1986）はSDモデルを「構造型モデル」に含めている．構造型モデルとは，「結果としての変化はともかく，変化の起こる構造（もしくは因果連鎖）の普遍性に依拠したモデル」のことである．構造型モデルでは，土地利用変化の駆動力は何か，どのような要因が，どのように絡み合って，土地利用は変化してきたのかなど，土地利用の決定構造を理解し，それを将来予測へ適用しようとする．

　Wegener（1994）は，土地利用を説明する，1980年代および1990年代に開発された12の操作的都市モデルを簡潔にレビューし，比較しているので，参考にされたい．

### 2) 土地利用・交通統合モデル

　道路や鉄道などの交通網の発展は，居住人口や雇用の増大を引き起こし，土地利用を変えていく．逆に人口が増大すれば地区間の人や物資の移動量は増大し，さらなる交通網の整備が要求される．このように交通網と土地利用とは相互に作用し合う関係があるので，本来，土地利用計画と交通計画とは一体的に検討されるべき性格をもつ．

　Putman（1983）によって開発された統合交通・土地利用パッケージ（Integrated Transportation/Land Use Package : ITLUP）は，交通モデルと土地利用モデルをはじめて完全に統合させたものとして知られている．

　Putman（1983）によれば，このモデルが開発される以前には，交通計画と土地利用計画とは互いに独立しており，交通計画の分野では土地利用を所与のものとしてとらえ，逆に土地利用計画の分野では交通網を所与のものとしてとらえていた．

## 10.4 統合モデル

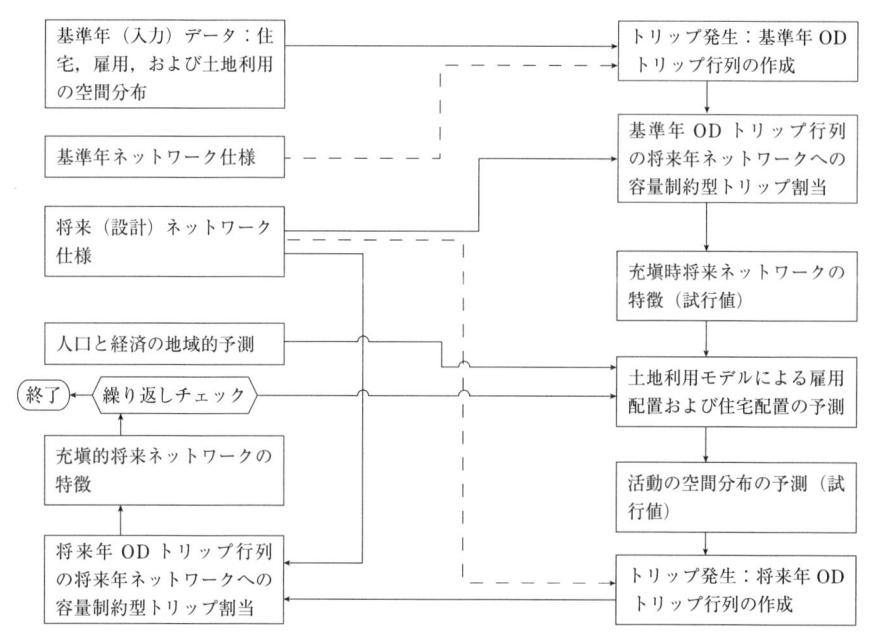

```
┌─────────────────────┐      ┌─────────────────────┐
│基準年（入力）データ：住│─────→│トリップ発生：基準年OD│
│宅，雇用，および土地利用│      │トリップ行列の作成    │
│の空間分布           │      │                     │
└─────────────────────┘      └─────────────────────┘
                                        │
┌─────────────────────┐      ┌─────────────────────┐
│基準年ネットワーク仕様 │─ ─ ─→│基準年 OD トリップ行列│
└─────────────────────┘      │の将来年ネットワークへの│
                              │容量制約型トリップ割当 │
┌─────────────────────┐      └─────────────────────┘
│将来（設計）ネットワーク│              │
│仕様                 │              ↓
└─────────────────────┘      ┌─────────────────────┐
                              │充填時将来ネットワークの│
                              │特徴（試行値）        │
┌─────────────────────┐      └─────────────────────┘
│人口と経済の地域的予測 │              │
└─────────────────────┘              ↓
     ↑                        ┌─────────────────────┐
┌───────┐ ┌──────────────┐   │土地利用モデルによる雇用│
│ 終了  │←│繰り返しチェック│   │配置および住宅配置の予測│
└───────┘ └──────────────┘   └─────────────────────┘
     ↑                                │
┌─────────────────────┐              ↓
│充填的将来ネットワークの│      ┌─────────────────────┐
│特徴                 │      │活動の空間分布の予測（試│
└─────────────────────┘      │行値）               │
     ↑                        └─────────────────────┘
┌─────────────────────┐              │
│将来年 OD トリップ行列│              ↓
│の将来年ネットワークへの│←─────┤トリップ発生：将来年OD│
│容量制約型トリップ割当 │      │トリップ行列の作成    │
└─────────────────────┘      └─────────────────────┘
```

図 10.4　統合交通・土地利用パッケージ（Putman 1983）
OD は起点-終点（origin–destination）の略.

図 10.4 に示されるように，ITLUP ではまず基準年のデータをもとに，人口の充填していない条件下での暫定的なトリップを発生させる．つぎに容量制約型割当手法によって予測年の交通網を充填させる．これらの交通予測をもとに予測年における活動の空間分布（土地利用）の試行的推定値を計算する．ふたたびこの活動分布からトリップ発生をおこなう．このように ITLUP は交通量と土地利用とを相互に予測するような構造，すなわち交通網と土地利用との間のフィードバックループを明示的に備えている．

### b. 地域レベルシミュレーションモデル

ここでの地域レベル（regional level）シミュレーションモデルとは，都市／大都市レベルと全球レベルの中間に位置している．都市／大都市レベルのモデルとの主たる違いは，農林業などの都市的土地利用以外の土地利用を含むことと，都市／大都市レベルのモデルでは通常含まれない，気候，地形などの土地利用決定要因を含むことである．

**1) CLUE モデル**　　CLUE（土地利用変換とその影響：Conversion of Land

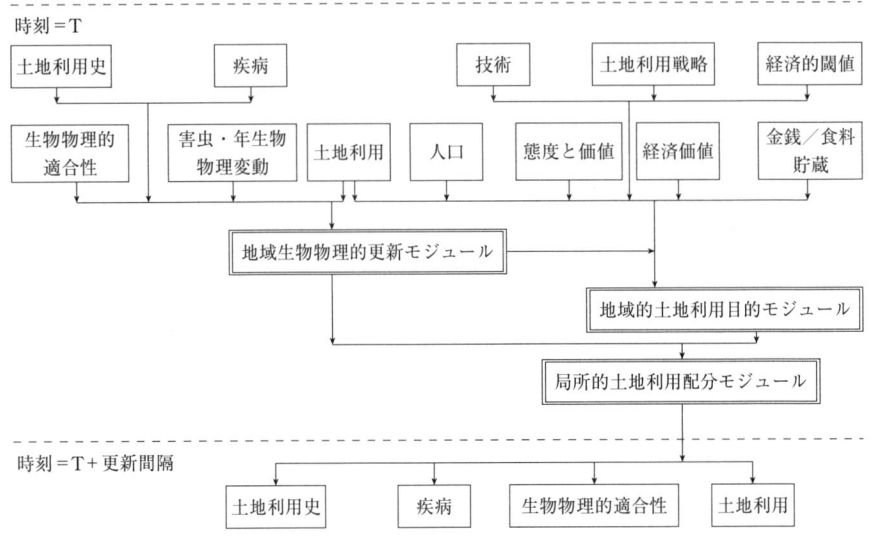

図 10.5 CLUE モデルにおける三つのモジュールの概略フローチャート（Veldkamp and Fresco 1996a）

Use and its Effects）モデルは，オランダのワーゲニンゲン農業大学(Wageningen Agricultural Unvierisity）で開発されたもので，土地利用変化をその駆動要因の関数としてモデル化する（Veldkamp and Fresco 1996a, 1996b）．

CLUE では，生物物理的要求と人為的要求が，現在の土地利用によって満たされない場合にのみ，地域的土地利用が変化すると仮定する．土地利用需要を地域的に評価した後，最終的な土地利用決定は局所的グリッドレベルでなされる．重要な生物物理的駆動要因は，局所的な生物物理的適合性とその変動，土地利用史，インフラストラクチャと土地利用の空間分布，および病虫害の発生である．一方，重要な人為的土地利用駆動要因は，人口の大きさと密度，地域的および国際的な技術レベル，豊かさのレベル，生産物に対する対象市場，経済条件，態度と価値，および適用される土地利用戦略である（Veldkamp and Fresco 1996a）．

CLUE モデルは，たとえば農業のオーバーユースがもたらす非持続的土地利用の分析などの事例で利用されている．CLUE モデルは，図 10.5 に示されるようなモジュラー構造をもつ．

**2）セルオートマトンモデル**　　セルオートマトン（cellular automaton：単数形，複数形はセルオートマタ〈cellular automata〉）は，ノイマン型計算機で有名な von Neumann が考え出した一種の論理機械である．セルとよばれる単位がそ

### 10.4 統合モデル

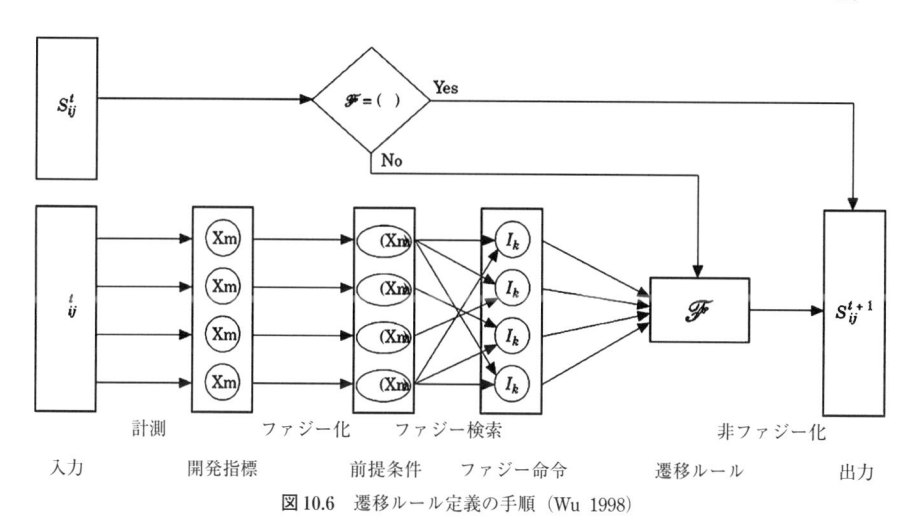

図10.6 遷移ルール定義の手順 (Wu 1998)

(入力 → 計測 → ファジー化 → ファジー検索 → ファジー命令 → 遷移ルール → 非ファジー化 → 出力)
$S_{ij}^{t}$, $\mathcal{F} = (\ )$, $X_m$, $I_k$, $S_{ij}^{t+1}$
開発指標／前提条件

の近傍にある他のセルと相互作用して状態が変化することにより，全体として論理演算を実行する（市川 2002）．

セルオートマトンモデルは，フラクタルなどを取り込んだ複雑な構造を生み出すことができ，システムの動態と発展に関する多様な基礎理論的問題を探索するのに使われている（White and Engelen 1994）．開放的で複雑かつ自己組織的なシステムは，従来のモデル手法を拡張し，局所的になされた決定が，全体的なパタンを引き起こすような方法を重要視する（Batty 1995）．都市の成長もこのような特徴を備えるので，セルオートマトンモデルを用いた都市成長のモデル化がおこなわれている．

たとえばWu(1998)は，ファジー理論で制御されたセルオートマトンを用いて農地への都市の蚕食をシミュレートした(図10.6)．ファジー理論を用いることによって土地転換行為の特徴を把握し，一方，セルオートマトンを用いることによって局所的なルールから全体的なパタンをシミュレートした．一連のシミュレーションシナリオを提供することによって，いくつかの開発政策に内在する，地域の持続的開発を阻害するような潜在的な危険性を示すことができたとしている．

**3) IIASA LUC（土地利用変化）モデル** 国際応用システム分析研究所（International Institute for Applied Systems Analysis : IIASA）の土地利用変化（Land Use Change : LUC）プロジェクトは，土地利用変化と土地被覆変化を引き起こす，さまざまな社会経済的および生物地球物理的要因の間の空間的かつ時間

170    10. 土地利用のモデル

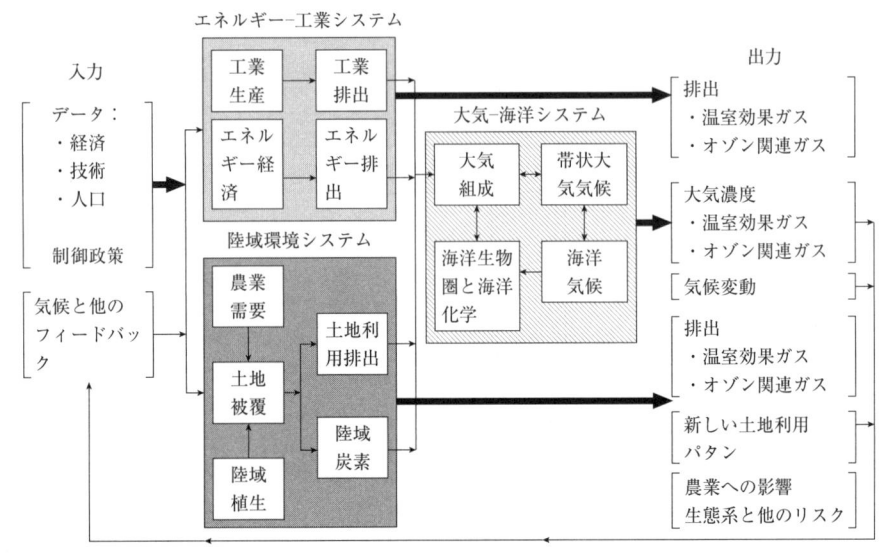

図10.7 IMAGE 2.0のモデルとリンケイジのフレームワークを示す概略図（Alcamo 1994）

的な相互作用の分析のためのモデルを開発した．

　このモデルは，土地利用変化が直接的あるいは間接的に関係しているさまざまな政策および意思決定過程において利用されることを意図している．モデルの理論的・方法論的基礎は，厚生経済学理論と関連する分析方法によって与えられている．モデル全体はGISフレームワークに組み込まれ，GISは結果として得られる土地利用図の保管・作成に使われると同時に，必要な空間データベースを提供する．

### c. 全球レベルシミュレーションモデル

　全球レベルシミュレーションモデルの目的は，おもに気候変化，砂漠化などの現象の（土地利用および環境の）影響評価ツールとして役立てることであり，また食料安全保障や，自然災害や技術災害に対する人間の脆弱性といった重大な問題に関する意思決定支援を提供することである（Briassoulis 2000）．

　**1) IMAGE 2.0 モデル**　このグループで知っておきたいのは，Alcamo（アルカモ）の指導のもと，気候変化のさまざまな影響の分析のために開発されたIMAGE 2.0モデルである(Alcamo 1994)．このモデルの開発は，オランダ住宅・物的計画・環境省（Dutch Ministry of Housing, Physical Planning and the Environment）と，全球大気汚染と気候変化に関するオランダ国家研究プログラムによって支援されて

**表 10.2** 土地被覆モデルにおいて用いられている土地利用ルールと仮定（Alcamo 1994）

- 土地利用需要を満足させる階層制：(1) 農地，(2) 放牧地，(3) 利用林
- 農地は，現在の土地が需要を満足させることができない場合にのみ拡大する
- 新しい農地は現在の農地に隣接して配置される
- 新しい農地は最大の潜在作物生産力をもつ土地に配分される
- 草地は，それがどこかで農地によって置き換わるか，あるいはある地域における動物の数が増える場合にのみ拡大する
- 新しい草地は現在の農地，草地あるいはサバンナに隣接して配置される
- アフリカ，インドおよび南アジア，ならびに東アジアにおける（住宅あるいは企業からの）都市における燃料需要は現存する森林の伐採によって満足される
- （ある水準以下の潜在生産力の不使用あるいは減少により）生産を除外される農地はその気候的潜在土地被覆に復帰される

いる．IMAGEモデルの陸域環境研究は，IGBPのコアプロジェクト「全球変化と陸域生態系（Global Change and Terrestrial Ecosystems : GCTE）」の一部である．

IMAGE 2.0モデルは，図10.7に示されるように完全に結合された三つのサブシステム：エネルギー-工業システム，陸域環境システム，および大気-海洋システムから構成されている．エネルギー-工業システムは，世界を13の地域に分け，各地域ごとにエネルギー消費と工業生産の関数として温室効果ガスの排出を計算する．陸域環境システムは気候要因と経済要因にもとづき0.5度グリッドスケールで全球土地被覆変化をシミュレートし，生物圏から大気圏への二酸化炭素および他の温室効果ガスのフラックスを計算する．大気-海洋システムは大気における温室効果ガスの蓄積と，結果として生じるゾーン別平均気温・降水量パタンを計算する．

口絵15は陸域環境システムによって計算された1990年と2050年の土地被覆，および1990年から2050年にかけての土地被覆転換を示した図である．このモデルの中では，表10.2に示したような土地利用ルールが用いられている．

### 10.4.4 投入産出型統合モデル

投入産出分析（input-output analysis, IO分析）は，経済-環境相互作用の分析に用いられてきた．IO分析を用いて，経済-環境に加えて，土地利用との関係を分析するには，ふたつの方法がある．ひとつはIO表に環境と土地利用配慮を取り込み，それをモデル化することである．これはコンパクトモデルを開発する事例であり，a項で説明する．もうひとつは経済のIOモデルと，環境と土地利用システムを説明する他のモデルを連結するモジュラーモデルの場合であり，b

表 10.3 Isard の経済-生態活動分析フレームワーク (Isard (1972) より簡略化して引用)

| | | 陸域 ||||||||||| 海域 ||||||||||
| | | 経済 |||| 生態 ||||||| 経済 |||| 生態 |||||||
| | | 農業 | 製造 | サービス | 行政 | 気候 | 地質 | 地形 | 水文 | 土壌 | 植物 | 動物 | 農業 | 製造 | サービス | 行政 | 気候 | 地質 | 地形 | 水文 | 土壌 | 植物 | 動物 |
|---|---|---|---|---|---|---|---|---|---|---|---|---|---|---|---|---|---|---|---|---|---|---|---|
| 陸域 | 経済 | 農業 | | | | | | | | | | | | | | | | | | | | | | |
| | | 製造 | | | | | | | | | | | | | | | | | | | | | | |
| | | サービス | | | | | | | | | | | | | | | | | | | | | | |
| | | 行政 | | | | | | | | | | | | | | | | | | | | | | |
| | 生態 | 気候 | | | | | | | | | | | | | | | | | | | | | | |
| | | 地質 | | | | | | | | | | | | | | | | | | | | | | |
| | | 地形 | | | | | | | | | | | | | | | | | | | | | | |
| | | 水文 | | | | | | | | | | | | | | | | | | | | | | |
| | | 土壌 | | | | | | | | | | | | | | | | | | | | | | |
| | | 植物 | | | | | | | | | | | | | | | | | | | | | | |
| | | 動物 | | | | | | | | | | | | | | | | | | | | | | |
| 海域 | 経済 | 農業 | | | | | | | | | | | | | | | | | | | | | | |
| | | 製造 | | | | | | | | | | | | | | | | | | | | | | |
| | | サービス | | | | | | | | | | | | | | | | | | | | | | |
| | | 行政 | | | | | | | | | | | | | | | | | | | | | | |
| | 生態 | 気候 | | | | | | | | | | | | | | | | | | | | | | |
| | | 地質 | | | | | | | | | | | | | | | | | | | | | | |
| | | 地形 | | | | | | | | | | | | | | | | | | | | | | |
| | | 水文 | | | | | | | | | | | | | | | | | | | | | | |
| | | 土壌 | | | | | | | | | | | | | | | | | | | | | | |
| | | 植物 | | | | | | | | | | | | | | | | | | | | | | |
| | | 動物 | | | | | | | | | | | | | | | | | | | | | | |

項で説明する．

#### a. コンパクトな投入産出モデル

経済分析の枠を越えて IO モデルを使おうという試みに共通してみられる特徴は，経済システムと環境システムの間の入出力の要素を行と列で表現する，標準的な経済 IO 表の拡張である．

**1) 国連世界モデル** Leontief and others (1977) は，国連世界モデル (United Nations World Model) を設計し，世界の経済と環境の相互作用の研究のために国連に委託された全球モデル問題に適用した．世界各国を 15 の地域に分

類し，各地域において 48 の生産セクタと消費セクタを区別する．それらを互いに連結し，また IO 関係によって他の地域の経済と連結することを試みた．

2) **経済−生態モデル (economic−ecologic Model)** 　地域分析の研究で有名な Isard（アイザード）は，表 10.3 に示されるような地域の経済−生態活動分析のための IO フレームワークを考案した (Isard 1972)．この IO 表を用いて，経済セクタと生態プロセスとの間の関係性を定量的に記述する．表 10.3 では簡略化のために，陸域および海域として示したが，実際には陸域，海域のそれぞれをさらにいくつかのゾーンに区分する．

表 10.3 は左上（陸域→陸域），右上（陸域→海域），左下（海域→陸域），右下（海域→海域）の 4 区画に分けられる．ここで左上（陸域→陸域）は陸域の活動 (activity) の要求に見合う陸域からの生産物 (commodity) のフロー，右上（陸域→海域）は海域の活動の要求に見合う陸域からの生産物のフロー，左下（海域→陸域）は陸域の活動の要求に見合う海域からの生産物のフロー，右下（海域→海域）は海域の活動の要求に見合う海域からの生産物のフローをそれぞれあらわす．

具体的には，この表をタテ方向に見た各列が経済セクタの場合には，農業，製造業などの，ある産業をあらわす．そしてその産業活動における総生産 1 ドルあたり，ヨコ方向に見た各行（ある産業）に対してどれだけの費用（ドル）を要するか（いくら支払うか）を各マス目に記入する．その下の生態プロセスについては，水文の中に，たとえば取水という項目があり，ここではたとえば農業生産 1 ドルあたり，何リットルの水を要するかを記入する．すなわち経済生産 1 単位あたりの環境負荷がここに示される．

このようにして，経済活動と生態プロセスとの関係，あるいは海域と陸域との関係などを定量的に分析することが可能になる．

**b. 投入産出要素をもつモジュラーモデル**

投入産出分析を用いた土地利用とその変化を含む経済・環境統合モデルの構築に関するもうひとつの流れはモジュラーモデルのアプローチである．経済−環境相互作用の研究のためにいくつかのモジュラーモデルが 1970 年代半ばから提案されてきた．

IIASA で Lutz（ルッツ）によって率いられた研究チームは，アフリカのモーリシャスを対象にして投入産出分析を用いたモデルを設計した (Lutz 1994)．モデルの背景にある哲学は，"PDE approach" とよばれており，これは人口 (population)，開発 (development)，環境 (environment) をあらわしている．このモデルの目的

は，人口変化，社会経済開発，および環境の間の相互作用を分析することである．

## 10.5 その他のモデリングアプローチ

### 10.5.1 自然科学指向のモデリングアプローチ

ここに含まれるモデルは，自然科学に基礎を置くもので，社会経済的，制度的，政治的要因などに比して土地利用変化の生物物理の側面（決定要因と影響）を強調する点に特徴がある．

景観生態学モデルは，景観パタン，関連する特徴とプロセス，および変化を分析するために用いられるモデルの総称である．研究の対象となる生物・生態系（たとえば植物種あるいは動物種，特定の生態系，流域）に応じて，多様な種類のモデルが開発されている．

### 10.5.2 土地利用変化のマルコフ連鎖モデル

マルコフ連鎖（Markov chain）モデルは，主として土地利用変化の分析に適用されてきたシミュレーション技法である．

マルコフ連鎖モデルは，ある空間的範囲（ふつうは行政界）における，ある時期の土地利用面積（または構成割合）を列ベクタであらわし，それに一定の行列（土地利用遷移確率）を掛けることで次時期の土地利用面積（または構成割合）を推定する．

$$L_t = PL_{t-1} = P^2 L_{t-2} = \cdots = P^t L_0$$

ここで $L_t$ は時期 $t$ における土地利用列ベクタ，$P$ は土地利用遷移確率行列．

梶（1986）は，マルコフ連鎖モデルを「トレンド型モデル」のひとつとして扱っている．トレンド型モデルとは，「社会のもっている変化の慣性力に，言い換えれば，社会変化の趨勢の安定性に100%依存したモデル」である．トレンド型モデルは変化の趨勢に着目しており，変化の理由や要因には関与しない．

### 10.5.3 GIS ベースのモデリングアプローチ

Aspinall（1994）は，土地利用分析における GIS の適用について，ルール型，知識型，帰納的-空間的，および地理的の四つの型に分けている．

ルール型アプローチは，地理データベースにおけるデータセットを重みづけるためにルールを用いる．知識型アプローチは，地理データベースの中のデータセ

ットに対して，GISの外側で開発された方程式／関係をあてはめる．帰納的-空間的アプローチは，空間分析技法（空間統計学）を用いて，地理的データベースの中のデータセット間の関係を特定する．最後に，地理アプローチは，位置に関する地理データベースの中のデータセットの中のパタンを記述する，空間統計学的記述的アプローチである．

　四つのアプローチの中で，ルール型モデルは，おそらくもっとも広く用いられているGIS型のアプローチであり，計画分野でもオーバーレイ手法を適用した多くの応用例がある．この流れの源流をたどるとMcHarg（1969）の業績にたどり着く（本書5.1参照）．

　以上のように，これまで実に多彩なタイプの土地利用モデルが研究されてきた．そのアプローチは，モデリングの目的や対象地域，学問分野などによりさまざまであるが，とくに近年ではIMAGE 2.0に代表されるような，多様な要素を総合的に取り込んでいく大規模・統合型のモデル開発が進んでいる．

　緑地環境の破壊はしばしば土地利用の改変にともなって引き起こされる．したがって精度の高い土地利用予測モデルを構築することができれば，それを用いて将来の土地利用変化にともなう緑地環境の悪化を予見し，予防的に対処することが可能となる．

　ただし日本全体では2006年に人口がピークを迎え，以後，総人口は減少に向かうと予測される中で，戦後からバブル崩壊前（1990年頃）にかけて見られたような劇的な土地利用改変は，今後，日本国内では，局所的には見られるにしても総体的には想定されにくいかもしれない．

　むしろ中国や東南アジア諸国，とくにその大都市周辺部においてこれまで私たちが経験してきたような自然環境の激変が懸念される．そのような地域では本章で紹介したような土地利用予測モデルを活用しながら，土地利用と地域環境を適切に動態管理していくことが望まれるだろう．

● 参考文献 ●

Alcamo J, editor. 1994. *IMAGE 2.0 Integrated Modeling of Global Climate Change*. Dordrecht : Kluwer Academic Publishers, 318 p.

Alonso W. 1964. *Location and Land Use : Towards a General Theory of Land Rent*. Cambridge, Massachusettes : Harvard University Press, 204 p.

Aspinall R. 1994. Use of GIS for interpreting land-use policy and modeling effects of land use change. In : Haines-Young R, Green DR, Cousins S, editors. *Landscape Ecology and Geographic Information Systems*. London : Taylor & Francis, pp. 223-236.

Batty M. 1995. Fractals : new ways of looking at cities. *Nature* **377** : 574.
Briassoulis H. 2000. Analysis of land use change : Theoretical and modeling approaches. In : Loveridge S, Morgantown WV, editors. *The Web Book of Regional Science*. Regional Research Institute, West Virginia University (available from : http://www.rri.wvu.edu/regscweb.htm).
Forrester JW. 1969. *Urban Dynamics*. Cambridge, Massachusetes : MIT Press, 285 p ［フォレスター. 1970. アーバン・ダイナミックス. 東京：日本経営出版会, 295 p］.
Herbert J, Stevens BH. 1960. A model for the distribution of residential activity in urban areas. *Journal of Regional Science* **2** : 21-36.
Hillier FS, Lieberman GJ. 1980. *Introduction to Operations Research*. Oakland, California : Holden-Day, 829 p.
Hill DM. 1965. A growth allocation model for the Boston region. *Journal of the American Institute of Planners* **31** : 111-120.
Isard W. 1972. *Ecologic-Economic Analysis for Regional Development*. New York : Free Press, 270 p.
Janssen R. 1992. *Multiobjective Decision Support for Environmental Management*. Dordrecht : Kluwer Academic Publishers, 232 p.
Kitamura T, Kagatsume M, Hoshino S, Morita H. 1997. A theoretical consideration on the land-use change model for the Japan case study area. *Interim Report IR-97-064*. Laxenburg : International Institute for Applied Systems Analysis, 16 p.
Leontief W, Carter A, Petrie P. 1977. *Future of the World Economy*. New York : Oxford University Press, 110 p.
Lowry IS. 1964. *A Model of Metropolis*. California : Rand Corporation, 136 p.
Lutz W, editors. 1994. *Population-Development-Environment : Understanding Their Interactions in Mauritius*. Berlin : Springer-Verlag, 400 p.
McHarg I. 1969. *Design with Nature*. New York : American Museum of Natural History Press, 197 p.
Morita H, Hoshino S, Kagatsume M, Mizuno K. 1997. An application of the land-use change model for the Japan case study area. *Interim Report IR-97-065*. Laxenburg : International Institute for Applied Systems Analysis, 27 p.
Nijkamp P. 1980. *Environmental Policy Analysis*. Chichester : John Wiley & Sons, 283 p.
Putman SH. 1983. *Integrated Urban Models*. London : Pion, 332 p.
Veldkamp A, Fresco LO. 1996a. CLUE : a conceptual model to study the conversion of land use and its effects. *Ecological Modeling* **85** : 253-270.
Veldkamp A, Fresco LO. 1996b. CLUE-CR : an integrated multi-scale model to simulate land use change scenarios in Costa Rica. *Ecological Modeling* **91** : 231-248.
Wegener M. 1994. Operational urban models : state-of-the-art. *Journal of the American Planning Association* **60**(1): 17-29.
White R, Engelen G. 1994. Cellular dynamics and GIS : modeling spatial complexity. *Geographical Systems* **1**(3): 237-253.
Wilson AG. 1967. A statistical theory of spatial distribution models. *Transportation Research* **1** : 253-269.
Wilson AG. 1970. *Entropy in Urban and Regional Modeling*. London : Pion, 166 p.
Wilson AG. 1974. *Urban and Regional Models in Geography and Planning*. London : John Wiley & Sons, 418 p.
Wu F. 1998. Simulating urban encroachment on rural land with fuzzy-logic-controlled cellular automata in a geographical information system. *Journal of Environmental Management* **53** : 293-308.
市川惇信. 2002. 複雑系の科学. 東京：オーム社, 138 p.
梶　秀樹. 1986. 土地利用予測の数理（谷村秀彦・梶　秀樹・池田三郎・越塚武志. 都市計画数理. 東京：朝倉書店), pp. 96-148.

## ■ 表 10.1 の引用文献（Briassoulis 2000 より））

Adams DM, Alig R, Callaway JM, McCarl BA. 1994. *Forest and Agriculture Sector Optimization Model : Model Description*. PO Drawer O, Boulder, Co. 80306-1906, RCG/Hagler Bailly.
Alcamo J, editor. 1994. *IMAGE 2.0 Integrated Modeling of Global Climate Change*. Dordrecht : Kluwer Academic Publishers.
Alonso W. 1964. *Location and Land Use : Towards a General Theory of Land Rent*. Cambridge, Massachusetts :

Harvard University Press.
Anas A. 1982. *Residential Location Markets and Urban Transportation : Economic Theory, Econometrics and Policy Analysis with Discrete Choice Models.* Oxford : Academic Press.
Anas A. 1983. *The Chicago Area Transportation and Land Use Analysis System.* Urban and Regional Planning Program, Department of Civil Engineering, Northeastern University, April.
Aspinall R. 1994. Use of GIS for interpreting land-use policy and modeling effects of land use change. In : Haines-Young R, Green DR, Cousins S, editors. *Landscape Ecology and Geographic Information Systems.* London : Taylor and Francis, pp. 223-236.
Bammi D, Bammi D, Paton R. 1976. Urban planning to minimize environmental impact. *Environment and Planning A* 8 : 245-259.
Batten DF, Boyce DE. 1986. Spatial interaction, transportation and interregional commodity flow models. In : Nijkamp P, editor. *Handbook of Regional and Urban Economics. volume 1.* Amsterdam : North-Holland, pp. 357-406.
Batty M. 1976. *Urban Modeling : Algorithms, Calibrations, Predictions.* Cambridge : Cambridge University Press.
Bell EJ. 1974. Markov analysis of land use change : an application of stochastic processes to remotely sensed data. *Socio-Economic Planning Sciences* 8 : 311-316.
Bell EJ. 1975. Stochastic analysis of urban development. *Environment and Planning A* 7 : 35-39.
Bell EJ, Hinojosa RC. 1977. Markov analysis of land use change : continuous time and stationary processes. *Socio-Economic Planning Sciences* 11 : 13-17.
Bourne LS. 1971. Physical adjustment processes and land use succession. *Economic Geography* 47 : 1-15.
Campbell JC, Radke J, Gless JT, Wirtshafter RM. 1992. An application of linear programming and geographic information systems : cropland allocation in Antigua. *Environment and Planning A* 24 : 535-549.
Chapin FS Jr. 1965. A model for simulating residential development. *Journal of the American Institute of Planners* 31 (2) : 120-136.
Chapin FS, Weiss SF. 1968. A probabilistic model for residential growth. *Transportation Research* 2 : 375-390.
Clark WAV. 1965. Markov chain analysis in geography : an application to the movement of rental housing areas. *Annals of the Association of American Geographers* 55 : 351-359.
Crecine JP. 1964. TOMM (Time Oriented Metropolitan Model). *CRP Technical Bulletin, No.6,* Department of City Planning, Pittsburgh.
Crecine JP. 1968. *A Dynamic Model of Urban Structure.* P-3803, Santa Monica, Ca : RAND Corporation.
Daly HE. 1968. On economics as a life sciences. *Journal of Political Economy* 76 : 392-406.
de la Barra T. 1989. *Integrated Land Use and Transport Modeling.* Oxford : Cambridge University Press.
Drewett J. 1969. A stochastic model of the land conversion process. *Regional Studies* 3 : 269-280.
Echenique MH, Anthony DJ, Flowerdew R, Hunt D, Mayo TR, Skidmore IJ, Simmonds DC. 1990. The MEPLAN models of Bilbao, Leeds and Dortmund. *Transport Reviews* 10 : 309-322.
Engelen G, White R, Uljee I, Drazan P. 1995. Using cellular automata for integrated modeling of socio-environmental systems. *Environmental Monitoring and Assessment* 34 : 203-214.
Fischer G, Ermoliev Y, Keyzer MA, Rosenzweig C. 1996a. *Simulating the Socio-Economic and Biogeophysical Driving Forces of Land-Use and Land-Cover Change.* WP-96-010. Laxenburg : IIASA.
Fischer G, Makowski M, Antoine J. 1996b. *Multiple Criteria Land Use Analysis.* WP-96-006. Laxenburg : IIASA.
Fischer M, Nijkamp P. 1993. Design and use of geographic information systems and spatial models. In : Fischer M, Nijkamp P, editors. *Geographic Information Systems, Spatial Modeling, and Policy Evaluation.* pp. 3-13, Berlin : Springer-Verlag.
Garin P. 1966. A matrix formulation of the Lowry model for intra-metropolitan activity location. *Journal of the American Institute of Planners* 32 : 361-364.
Goldner W, Rosenthal SS, Meredith JR. 1971. *Plan Making with a Computer Model. Vols. I-III.* Berkeley : University of California, Institute of Transportation and Traffic Engineering.

Hansen WG. 1959. How accessibility shapes land use. *Journal of the American Institute of Planners* **22**(2): 73-76.
Haynes KE, Fotheringham AS. 1984. *Gravity and Spatial Interaction Models*. Beverly Hills : Sage.
Herbert J, Stevens BH. 1960. A model for the distribution of residential activity in urban areas. *Journal of Regional Science* **2** : 21-36.
Hill DM. 1965. A growth allocation model for the Boston region. *Journal of the American Institute of Planners* **31** : 111-120.
Hoshino S. 1996. *Statistical Analysis of Land Use Change and Driving Forces in the Kansai District, Japan. WP-96-120*. Laxenburg : International Institute for Applied Systems Analysis.
Hopkins LD, Brill ED, Liebman Jr JC, Wenzel HG. 1978. Land use allocation model for flood control. *Journal of the Water Resources Planning and Management Division of ASCE*. WR1, November : 93-104.
Isard W. 1972. *Ecologic-Economic Analysis for Regional Development*. New York : Free Press.
Janssen R. 1991. *Multiobjective Decision Support for Environmental Problems*. Free University, Amsterdam.
Kain JF. 1986. Computer Simulation Models of Urban Location. In : Mills ES, editor. *Handbook of Regional and Urban Economics. volume 2*. Amsterdam : North-Holland, pp. 847-875.
Kitamura T, Kagatsume M, Hoshino S, Morita H. 1997. A theoretical consideration on the land-use change model for the Japan case study area. *Interim Report IR-97-064*. Laxenburg : International Institute for Applied Systems Analysis, 16 p.
Landis J. 1994. The California urban futures model : a new generation of metropolitan simulation models. *Environment and Planning B* **21** : 399-420.
Landis J. 1995. Imagining land use futures : applying the California urban futures model. *Journal of the American Planning Association* **61**(4): 438-457.
Lathrop GT, Hamburg JR. 1965. An opportunity accessibility model for allocating regional growth. *Journal of the American Institute of Planners* **31** : 95-103.
Lee C. 1973. *Models in Planning*. London : Pergamon Press.
Lee DB. 1973. Requiem for large scale models. *Journal of the American Institute of Planners* **39**(3): 163-178.
Leontief W, Carter A, Petrie P. 1977. *Future of the World Economy*. New York : Oxford University Press.
Liverman DM. 1989. Evaluating global models. *Journal of Environmental Management* **29** : 215-235.
Liverman D, Moran EF, Rindfuss RR, Stein PC. 1998. *People and Pixels : Linking Remote Sensing and Social Science*. Washington, D.C : National Academy Press.
Logsdon MG, Bell EJ, Westerlund FV. 1996. Probability mapping of land use change : a GIS interface for visualizing transition probabilities. *Computers, Environment and Urban Systems* **20**(6): 389-398.
Lonergan S, Prudham S. 1994. Modeling global change in an integrated framework : a view from the social sciences. In : Meyer WB, Turner II BL, editors. *Changes in Land Use and Land Cover : A Global Perspective*. New York : John Wiley & Sons, pp. 411-435.
Longley P, Batty M, editors. 1996. Analysis, modeling, forecasting, and GIS technology. In : Longley P, Batty M, editors. *Spatial Analysis : Modeling in a GIS Environment*. Cambridge : Geoinformation International, pp. 1-21.
Lowry IS. 1964. *A Model of Metropolis*. California : Rand Corporation.
Lutz W, editor. 1994. *Population-Development-Environment : Understanding their Interactions in Mauritius*. Berlin : Springer-Verlag.
Mills ES. 1967. An aggregative model of resource allocation in a metropolitan area. *American Economic Review* **57** : 197-210.
Mills ES. 1972. *Studies in the Structure of the Urban Economy*. Baltimore : The Johns Hopkins University Press.
Moore JE II. 1991. Linear assignment problems and transferable development rights. *Journal of Planning Education and Research* **11** : 7-17.
Moore JE II, Gordon P. 1990. A sequential programming model of urban land development. *Socio-Economic Planning Sciences* **24**(3): 199-216.
Morita H, Hoshino S, Kagatsume M, Mizuno K. 1997. An application of the land-use change model for the

参 考 文 献

Japan case study area. *Interim Report IR-97-065*. Laxenburg : International Institute for Applied Systems Analysis, 27 p.
Muth RF. 1961. The spatial structure of the housing market. *Papers, Regional Science Association* 7 : 207-220.
Muth RF. 1969. *Cities and Housing*. Chicago : University of Chicago Press.
Nijkamp P. 1980. *Environmental Policy Analysis*. Chichester : John Wiley & Sons.
Putman SH. 1983. *Integrated Urban Models*. London : Pion.
Putman SH. 1991. *Integrated Urban Models 2 : New Research and Applications of Optimization and Dynamics*. London : Pion.
Rothenberg-Pack J. 1978. *Urban Models : Diffusion and Policy Application. Monograph Series No.7*. Philadelphia : Regional Science Research Institute.
Rounsevell MDA, editor. 1999. *Spatial Modeling of the Response and Adaptation of Soils and Land Use Systems to Climate Change : An Integrated Model to Predict European Land Use (IMPEL)*. Research Report for the European Commission, Framework IV Programme, Environment and Climate. Contract Nos. ENV4-CT95-0114 and IC20-CT96-0013.
Schlager KJ. 1965. A land use plan design model. *Journal of the American Institute of Planners* May.
Schneider M. 1959. Gravity models and trip distribution theory. *Papers and Proceedings of the Regional Science Association* 5 : 51-56.
Seidman DR. 1969. The construction of an urban growth model. *Plan Report No.1, Technical Supplement, Vol. A*. Philadelphia : Delaware Valley Regional Planning Commission.
Stoorvogel JJ, Schipper RA, Jansen DM. 1995. USTED : a methodology for a quantitative analysis of land use scenarios. *Netherlands Journal of Agricultural Science* 43 : 5-18.
Stouffer A. 1940. Intervening opportunities : a theory relating mobility and distance. *American Sociological Review* 5 : 845-867.
Turner BL II, Skole D, Sanderson S, Fischer G, Fresco L, Leemans R. 1995. Land-Use and Land-Cover Change ; Science/Research Plan. *IGBP Report No.35, HDP Report No.7*. Stockholm and Geneva : IGBP and HDP.
van Latesteijn H C. 1995. Assessment of future options for land use in the European Community. *Ecological Engineering* 4 : 211-222.
Vandeveer LR, Drummond HE. 1978. *The Use of Markov Processes in Estimating Land Use Change*. Oklahoma State University Agricultural Experiment Station. Technical Bulletin T-148, pp. 1-20.
Veldkamp A, Fresco LO. 1996a. CLUE : a conceptual model to study the conversion of land use and its effects. *Ecological Modeling* 85 : 253-270.
Veldkamp A, Fresco LO. 1996b. CLUE-CR : an integrated multi-scale model to simulate land use change scenarios in Costa Rica. *Ecological Modeling* 91 : 231-248.
Verburg PH, de Konig GHJ, Kok K, Veldkamp A, Fresco LO, Bouma J. 1997. *Quantifying the Spatial Structure of Land Use Change : An Integrated Approach*. Conference on Geo-Information for Sustainable Land Management, Wageningen : Wageningen University.
Victor P. 1972. *Pollution : Economy and Environment*. Toronto : University of Toronto Press.
Wegener M. 1982. Modeling urban decline : a multi-level economic-demographic model for the Dortmund region. *International Regional Science Review* 7(2): 217-241.
White R, Engelen G. 1994. Cellular dynamics and GIS : modeling spatial complexity. *Geographical Systems* 1(3): 237-253.
Wilson AG. 1974. *Urban and Regional Models in Geography and Planning*. London : John Wiley & Sons.
Wingo L. 1961. *Transportation and Urban Land*. Washington, D.C. : Resources for the Future.

# 11
# 生態系の数値モデル

　この章では,生態系の数値モデルについて説明する.「生態系の数値モデル」と言っても,あまりに幅広いので,近年,大きく問題になっている炭素収支の問題に焦点をあてつつ,それとかかわるいくつかの数値モデルについて紹介する.
　モデルの説明をする前に,なぜ炭素収支を考える必要があるのかについて,簡単に説明を加えておく.

## 11.1 陸域の炭素収支

　まず地球の炭素収支の様子を説明したい.表11.1は全球炭素収支を示している.この表から全球炭素収支は,陸地-大気間で,1980年代には$-0.2\pm0.7$ PgC/yr,1990年代には$-1.4\pm0.7$ PgC/yr.値がマイナスということは,$CO_2$が大気から陸地に取り込まれている,すなわち$CO_2$が陸地で吸収されていることをあらわしている.これはおもに緑色植物の光合成による炭素の取り込みであり,陸域生態系が炭素のシンクとなっていることを意味している.

表 11.1　大気 $CO_2$ および $O_2$ に関する十年間トレンドにもとづく全球 $CO_2$ 収支[PgC/yr](IPCC 2001)
正の値は大気へのフラックス,負の値は大気からの取り込みをあらわす.1980年代に対する化石燃料排出の項は,第二次報告書からわずかに下方に修正された.エラーバーは不確実性($\pm\sigma$)をあらわし,実質的により大きな年々変動ではない.

|  | 第二次報告書 | 第三次報告書 |  |
|---|---|---|---|
|  | 1980~89年 | 1980~89年 | 1990~99年 |
| 大気における増加 | $3.3\pm0.1$ | $3.3\pm0.1$ | $3.2\pm0.1$ |
| 排出(化石燃料,セメント) | $5.5\pm0.3$ | $5.4\pm0.3$ | $6.3\pm0.4$ |
| 海洋-大気間のフラックス | $-2.0\pm0.5$ | $-1.9\pm0.6$ | $-1.7\pm0.5$ |
| 陸地-大気間のフラックス | $-0.2\pm0.6$ | $-0.2\pm0.7$ | $-1.4\pm0.7$ |

図 11.1 は，この陸域による炭素収支をさらに詳細にみたものである．光合成による取り込みが約 120 PgC/yr で，これを総一次生産量（GPP：gross primary production）という．しかし緑色植物は光合成で炭素を取り込む一方で，みずからの呼吸により炭素を放出している．この呼吸量が GPP の半分で約 60 PgC/yr．GPP から緑色植物（独立栄養生物）の呼吸量を引いた，ネットの生産量を純一次生産量（NPP）といい，これが約 60 PgC/yr．さらに落葉落枝や枯れた木は，虫に食われたり，土壌中で微生物により分解されて，有機物中の炭素は大気にもどる．この量は従属栄養生物による呼吸量に相当し，約 50 PgC/yr．残りの量が生態系における炭素収支で，これを純生態系生産量（NEP：net ecosystem production）といい，約 10 PgC/yr．さらに火事や，攪乱，流出による炭素の放出が約 9 PgC/yr．その残りが純バイオーム生産量（NBP：net biome production）で，これが ±1 PgC/yr となっている．

化石燃料の燃焼等による炭素の人為的な排出量が約 6 PgC/yr であり，それに対して陸域生態系の取り込みが 1.4±0.7 PgC/yr（1990 年代）とすると，取り込み量自体はそれほど大きくはない．しかし，NPP ベースでは 60 PgC/yr だから，陸域生態系は人為的な排出量の実に 10 倍もの炭素を取り込む能力があるわけである．したがって陸域の炭素収支の量や分布を正確に知らないと，人為的な温室効果ガスの排出等による気候変化についても不確実性が大きくなる．したがって

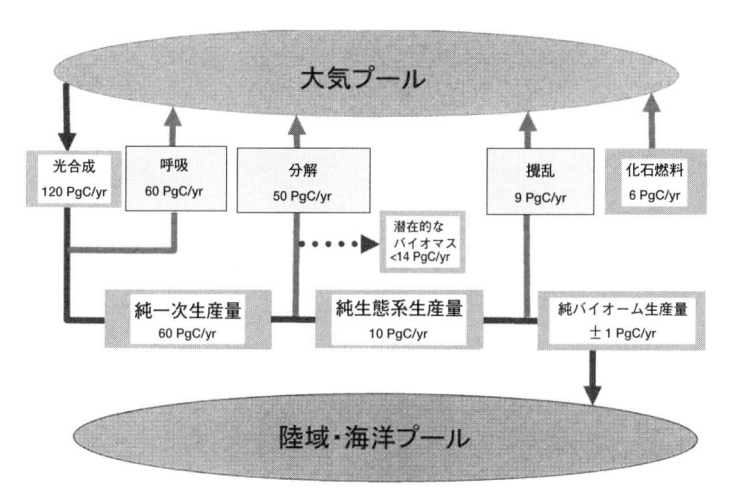

図 11.1 全球炭素循環および炭素シンク活動のポテンシャル（山形ら 2002（IPCC 第三次報告書〈IPCC 2001〉をもとに山形が作成））

陸域生態系の炭素収支を知ることにはきわめて重要な意味がある．

### 11.1.1 陸域生態系の炭素収支を見積もる方法

このような炭素収支の測定，推定にはおもに以下のような方法が用いられている．

① フラックス観測による方法：植生は光合成により $CO_2$ を取り込み，呼吸により $CO_2$ を放出する．したがって樹冠部の大気 $CO_2$ 濃度は，日が当たり光合成がおこなわれる昼間は低く，呼吸のみがおこなわれる夜間は高くなる．そこで植生近傍の大気 $CO_2$ 濃度を継続的に測ることにより，直接的には NEP を求める方法である．この方法は世界的に NEP 計測の代表的な方法になっており，アメリカを中心とした AmeriFlux，ヨーロッパを中心とした CarboEurope など，国際的なフラックス計測のネットワークが構築されている（FLUXNET〈http://daac.ornl.gov/FLUXNET/〉）．フラックス計測は，分や秒の刻みでおこなわれているので，時間的には頻度の高いデータが得られる．一方，空間的に見ると，この方法で計測されるのは観測地点近傍のNEP であり，広域的な NEP，すなわち NBP は直接的には得られないので，リモートセンシングなどの助けを借りてスケールアップする方法がとられる．

② インベントリからストックを推定する方法：ここで言うインベントリ（inventory）とは，植生の種類や現存量を記録したものである．多くの国では，森林資源の管理のため，樹種，材積，林齢等を記録した森林簿が整備されており，これらの調査データが活用される．森林簿から直接的には，現存量，すなわちある時点での炭素のストックが求められる．その時系列データから現存量の変化量としての炭素のフローが推定される．データ次第ではあるが，実際上，比較的広域的な推定には有効な方法である．ただし，生態系における呼吸量は直接的には知ることができない．

③ インバースモデルで大気 $CO_2$ 濃度から逆算する方法：化石燃料の排出等による人為的な $CO_2$ の放出や生態系による炭素収支の計測値から大気 $CO_2$ 濃度を計算することができる（forward の計算）．インバース（逆）モデルとは，これと逆に，計測された大気 $CO_2$ 濃度から，地上での生態系の収支を推定するものである．

図 11.2（Janssens and others 2003）は，ヨーロッパにおける陸域の炭素収支を土地アプローチ（上の①，②の方法）と大気アプローチ（上の③の方法）を

用いて推定したものである．

　図の左端が大気シグナル，すなわちインバースモデルにより推定された値で，右端が土地シグナル，すなわちストック変化量から推定された値である．箱の大きさは不確実性をあらわす．陸域生態系による炭素吸収はプラスの値となっているが，大気アプローチでは 290 TgC，土地アプローチでは 111 TgC と，両者の間で大きな違いがある．

　違いの要因としては，以下のようなものが考えられている．
　・$CO_2$ でない炭素（CO, $CH_4$ 等）の移動が大気モデルでは検出されない（矢印 B）
　・食料，木材の貿易などの生態系ストックをバイパスする $CO_2$ 放出がある（矢印 C）

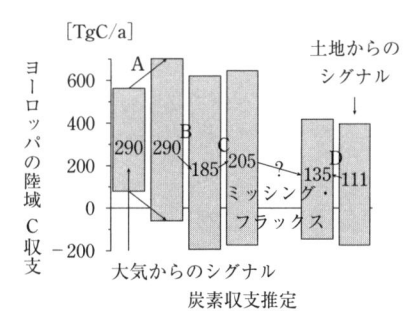

**図 11.2** 逆大気 $CO_2$ 輸送モデル（大気シグナル）および陸域生態系におけるストック変化の集計によって得られたヨーロッパ陸域生物圏における炭素収支の推定値（Janssens and others 2003）

数字はさまざまなシナリオによって得られる最上の推定値．箱の大きさはその不確実性を示す．矢印 A は，化石燃料排出における不確実性を含めた場合．矢印 B は，非二酸化炭素気体状化合物（CO, $CH_4$, および NMVOCs）による炭素損失に対する大気シグナルを修正した場合．矢印 C は，生態系ストックをバイパスする $CO_2$ 放出（食料および木製品における大陸間貿易）に対する大気シグナルを補正した場合．矢印 D は，木製品プールにおける炭素蓄積に対する土地シグナルを補正した場合．

それらを考慮して再計算するとおよそ 135～205 Tg の吸収となり，これはヨーロッパの人為的排出の 7～12％に相当する．

　このヨーロッパにおける推計では，陸域生物圏がトータルとして $CO_2$ をかなり吸収していることが示されている．しかし，陸域生態系が炭素を吸収しているかどうかについては，いろいろな説があり，森林に限っても，シンク説（森林が炭素の吸収源）とソース説（森林が炭素の放出源）の両者が提唱されている．

　たとえば Chambers and others（2001）は，中央アマゾンの降雨林（100 ha プロット）を対象にモデルを開発し，このモデルを用いることにより 50 年間にわたって生産量が $CO_2$ のいわゆる「施肥効果（fertilization effect）」により 25％増加するとした場合に，その後も含めて大径木がどれだけ炭素を貯蔵するかを予測した．図 11.3 の縦軸は蓄積量（MgC/ha），横軸は西暦で 1000～3000 年．$CO_2$ 濃度倍増によって，50 年間（図の縦の灰色部分）で生産量が 25％増加すると仮定している．予想されたとおり，炭素は生産量増加の時期に蓄積されることが示さ

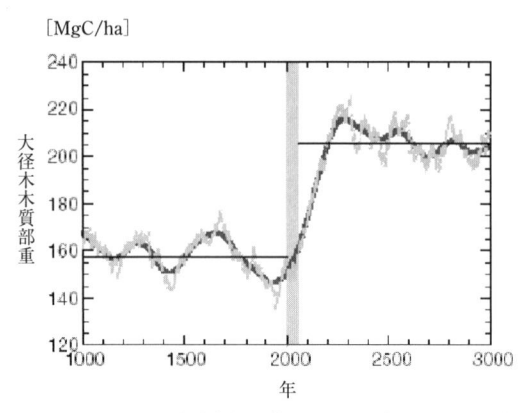

**図11.3** バイオマス生産力を50年間に25％（年あたり0.25％）増加させた場合，モデルによって予測される大径木林の炭素貯蔵反応の例（Chambers and others 2001）三次スプラインのあてはめは平均的な反応を示している．すなわち0.5 MgC/ha/yrの蓄積速度で50年間の生産増加（灰色の線）の後，平均炭素貯蔵（細い水平の線）は127±28年（95％信頼区間）で安定する（8つの100 haランでの平均値）．安定性は，ある年の大径木重量が平均的な（最後の500年間）重量の95％信頼区間の中に収まるときとして定義される．

れた．しかし生産力の増加が止まっても，他の制限要因の結果として大径木は1世紀以上炭素を貯蔵し続けた．生産力が大きく増加すると，アマゾンの原生の大径木林における炭素固定速度は，0.2〜0.3 PgC/yrとなり，これは化石燃料の燃焼等による炭素放出量の6 PgC/yrと比べても，かなりの大きさだと言える．

一方，Richey and others（2002）は，中央アマゾン低地の河川および湿地からの$CO_2$の脱ガス（outgassing）が1.2±0.3 MgC/ha/yrという大きな量になることを見出した．この炭素はおそらく，台地および氾濫原の森林から輸送された有機物起源であり，それが下流で呼吸され，脱ガスしていると考えられている．流域全体で推定すると，このフラックスは0.5 PgC/yrとなり，有機炭素の河川から海洋への輸送量よりも大きな値となる．

以上のように，前提とする条件や，対象地域あるいは空間的な範囲によって，森林はシンクにもソースにもなり得る．また時間的にみれば，森林が炭素を吸収する過程は，少しずつゆっくりと，何十年にもわたっておこなわれるのに対して，炭素が放出される過程は，火事，台風による倒木，病虫害の大発生等，きわめて短い時間に集中しておこる．Körner（2003）は，その様子を「ゆっくり入

って，素早く出る (Slow in, rapid out)」という論文で述べている．

## 11.2 生態系プロセスモデル

　生態系プロセスモデルとは，光合成，蒸発散，分解等の生態系とかかわる個々の現象のプロセスあるいはメカニズムを記述するモデルを組み合わせることによって，環境条件（の変化）に対する生態系の反応を予測するモデルである．

　Landsberg and Gower (1997) では，図 11.4 のように生態系プロセスモデルを時間軸と空間軸で整理している．この図をもとに生態系プロセスモデルの型を概観してみよう．

　MAESTRO (Wang and Jarvis 1990a, 1990b) は，キャノピー構造を詳細に記述し，光合成速度および蒸散速度を計算する．スタンドの呼吸は含まない．気候，キャノピー幾何学等のさまざまな条件がキャノピー光合成に及ぼす影響の計算ができる．光合成は Farquhar and others (1980) の生化学的なモデルを用いる．短期間なので木の成長は考慮せず，その意味で静的である．

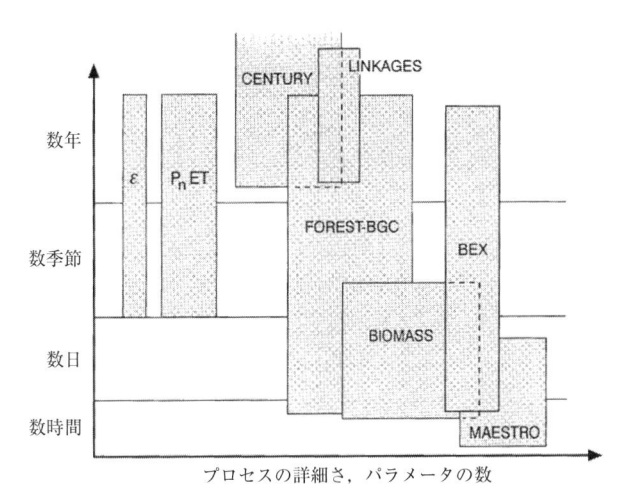

**図 11.4** 議論されるモデルの複雑さと操作時間スケールの概略図
　　　　(Landsberg and Gower 1997)
箱の重なりは共通の要素を示す．たとえば FOREST-BGC における土壌炭素分解ルーチンは CENTURY におけるそれと類似している．水収支といくつかの生理プロセスルーチンは，BIOMASS と FOREST-BGC で類似している．

Landsbergらは，BIOMASS, FOREST-BGC, BEXの三つを「本質的に放射遮断と光合成ルーチンにもとづく機械的な炭素収支モデル」としている．

BIOMASS (McMurtrie and others 1990 ; McMurtrie and Landsberg 1992) は，MAESTROよりも長期のシミュレーションを意図している．放射遮断と光合成のプロセスについては，MAESTROよりも単純化されているが，一方，MAESTROには含まれない呼吸，炭素の樹木への分配，および水収支モジュールを含み，また樹木成長も含む．基本的なプロセスとして，葉による放射遮断，光合成による炭素固定，呼吸による損失，有機物の樹木への分配，水利用の効果が含まれる．基本的にはスタンドレベルのモデルである．光合成はFarquhar and others (1980) の生化学的なモデルを用いる．水収支はPenman-Monteith<sup>ペンマン-モンティース</sup>式を用いる．最低限，日降水量と最高，最低気温が必要である．養分動態は含まれない．もともと北米のマツ林で開発されたモデルで，さらに発展形のG' DAYモデルがある．

FOREST-BGC (Running and Coughlan 1988) は，BIOMASSと多くの類似点をもつが，より広域スケールのシミュレーションを意図している．炭素，窒素および水の循環を推定するために作られたモデルで，土壌水分および窒素利用についてより詳しい処理を含む．このモデルのひとつの特徴はキャノピーを定義するLAIへの依存性であり，キャノピーの特性の情報は使わず，キャノピーを「緑のスポンジ」として扱う．気候変数は，日最高，最低気温，平均相対湿度，日総降水量，短波放射を用いる．地域生態系シミュレーションシステム (RESSys : Regional Ecosytem Simulation System) は，気候的なシミュレーションを，地形条件と優占する気象にもとづき，FOREST-BGCへの入力データとして与える．日刻みと年刻みのふたつの時間スケールをもつ (図11.5).

BEX (Bonan 1991a, 1991b) は北方林におけるフラックスをシミュレートするのに特化して設計されたモデルで，BIOMASSおよびFOREST-BGCと類似点が多い．エネルギー，水，炭素フラックスの推定をおこなう．北方林での推定のため，永久凍土やコケ層の効果など，北方林に特有の特徴を用いる．分解は土壌水分と温度の関数として与える．

$P_n$ET (Aber and Federer 1992) は，BIOMASSやFOREST-BGCとはまったく異なるデザインで，より単純化されたモデルである．生理学的プロセスモデルと経験モデルが折衷された構造をもつ．温帯林および北方林の炭素収支および水収支に関する経験的で，一括りにされたパラメータをもつ．キャノピープロセ

## 11.2 生態系プロセスモデル

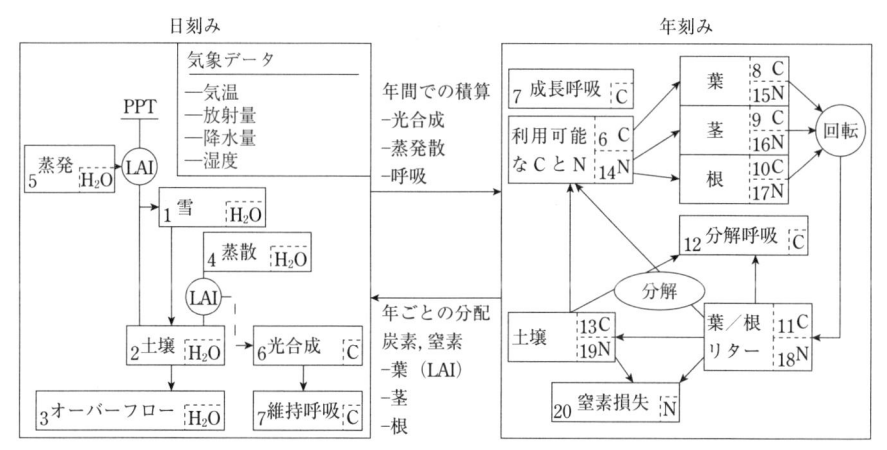

**図11.5** FOREST-BGC のコンパートメントフローダイアグラム（Running and Coughlan (1988) より一部改変して引用）
モデルの日刻み・年刻みコンパートメントを示している．コンパートメントは状態変数および $H_2O$：水，C：炭素，N：窒素に対する要素によって定義される．

ス，炭素分配および群落水収支は経験的な関係にもとづく．四つのモジュール（気候，キャノピー光合成，水収支，炭素分配），五つのコンパートメント（葉，木部，細根，土壌水分，雪），三つの年炭素フラックス（純キャノピー光合成，細根生産，木部生産），八つの水フラックス（降水，遮断，融雪，雪-水分割，取水，蒸発散，灌漑，および早い流出）から成る．

LINKAGES（Pastor and Post 1986）は，純粋な生態系モデルに一番近く，「ギャップ」モデルのファミリーのもっとも発展したものである．繁殖，成長，死亡の生物学的プロセスと，水，温度および窒素等の生理的な要因が成長に及ぼす影響の間の相互作用を経験的で単純な関係を用いて記述する．

Century（Parton and others 1993）は土壌ベースのモデルで，成長は利用可能な窒素量に比例するという仮定にもとづく．おもに土壌と有機物分解およびその回転を記述する．植物-土壌生態系モデルと言うことができる．植生型ごとに異なるサブモデルをもつが，土壌有機物は共通するモデルを使う．

$\varepsilon$ モデルの $\varepsilon$ とは，本書 8.2 で説明した放射利用効率（本書では RUE と表記）のことをさしている．すなわち光合成量を光量に対する関数として表現する（その係数が $\varepsilon$ である）．他のモデルと比べて単純化されているが，衛星からの NDVI を用いて NPP の広域推定をおこなうことができる．

ここで上述の FOREST-BGC の改良版である Biome-BGC を用いた気候変動に関する研究をひとつ紹介しよう（Biome-BGC については，web ページ〈http://www.ntsg.umt.edu/ecosystem_modeling/BiomeBGC/〉に詳しい）．

Churkina and others（2003）は，4 カ所のヨーロッパの針葉樹林に対して Biome-BGC を適用し，日および年の炭素収支が環境条件とどのような対応関係にあるのかを検討した．4 カ所の針葉樹林における NEP の年次変動（1900～2000 年）を図 11.6 に示した．初期値のパラメータをかえて，工業化シナリオ（$CO_2$ 増加と窒素降下増加：灰色線）と前工業化シナリオ（黒色線）の両者を計算している．ここで示されているのはスタンド成長 NEP-スピンアップによる定

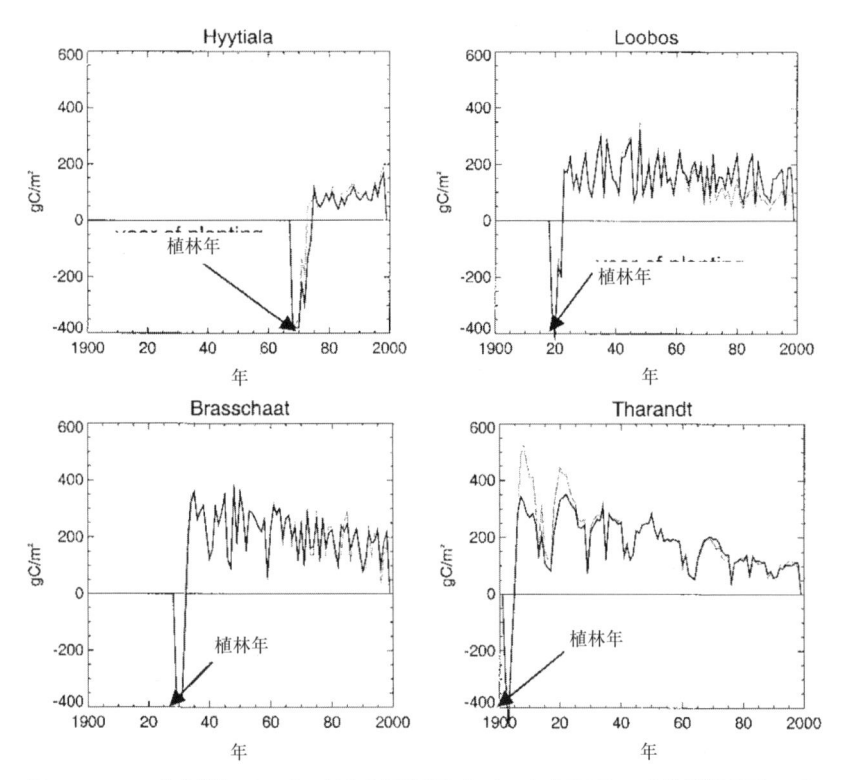

図 11.6 四つの針葉樹林スタンドに対する状態変数（スタンド成長 NEP－定常状態 NEP）のさまざまな初期化に対してモデル化された年 NEP（純生態系生産力）間の差異（Churkina and others 2003）
NEP における差異は，工業化シナリオ（灰色線）と前工業化シナリオ（黒色線）の両者に対して時間とともにゆっくりと減少する．差異は気候条件に依存して年ごとに変動する．

常 NEP の値である．図では工業化シナリオと前工業化シナリオの両者の NEP の差はゆっくりと縮まることが示されている．また4カ所とも植林直後にマイナスの値を示しているが，これは植林直後は葉が少ないので光合成量が小さく，炭素の取り込みが小さいためである．一方，土壌からの炭素放出があるので，トータルでマイナスになる．

LAI の実測値とモデル値を比較してみると，ふたつの場所ではあてはまりが良かったが，他の2カ所ではモデル値が過大だった．その原因は貧弱な長期気候ドライバおよびモデルパラメタリゼーションの不確実性の結果とかれらは推定している．

図 11.7 は，工業化（$CO_2$ 増加と N 降下増加）の影響の大きさを，積算 NEP [$kgC/m^2$] によって比較したものである．4カ所すべて $CO_2$ と窒素の両者があわさったときに最大の効果があり，$CO_2$ と N では N の方により効果があることが推測されている．

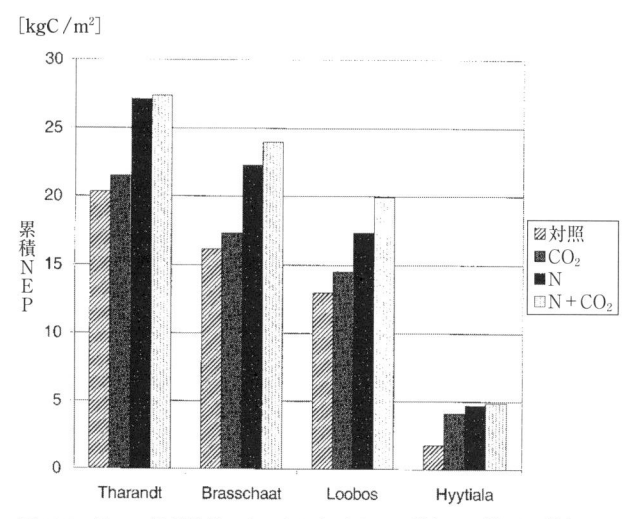

**図 11.7** 四つの針葉樹林スタンドにおける $CO_2$ 増加，N 降下の増加，および両者の組み合わせが，累積 NEP（$kgC/m^2$）に及ぼす効果 (Churkina and others 2003)

図の各バーは，スタンドのエイジと等しい年数にわたり累積された NEP をあらわす．N 降下増加と大気 $CO_2$ 増加の組み合わせが，サイトの炭素固定ポテンシャルに及ぼす効果が最も大きい．対照，N 降下および大気 $CO_2$ 濃度は一定；N，N 降下増加，大気 $CO_2$ は一定；$CO_2$，大気 $CO_2$ 増加，N 降下は一定；N + $CO_2$，N 降下と大気 $CO_2$ の両方が増加．

結論として4カ所の森林では，100〜300 gC/m²/yr の純炭素シンク速度をもち，この炭素固定能力は，窒素降下および二酸化炭素濃度の増加なしでは30〜70%少ないであろう，と述べている．

## 11.3 全球 NPP の推定

前節で説明したように，年あたりの全球炭素収支をみると，化石燃料の燃焼等の人為的な排出が約6 PgC であるのに対して，全球の NPP は約60 PgC と見積もられている．したがって，その変動は全球の炭素収支に大きな影響を及ぼす．そこで全球の NBP や NEP とならんで，NPP をできるだけ正確に推定することが求められている．

本書8.5 でも紹介したが，現在，全球 NPP モデルに関する国際プログラムである PIK-NPP が動いている．PIK-NPP プロジェクトは，世界各地の研究所によってなされた全球年 NPP 計算の相互比較をおこなっている．

表11.2 に17 のモデルの概要を示した．大きく衛星利用モデル（CASA, GLO-PEM, SDMB, TURC, SiB2），生物地球化学モデル（HRBM, Century, TEM, CARAIB, FBM, PLAI, SILVAN, Biome-BGC, KGBM），および生物地理学モデル（BIOME3, DOLY, HYBRID）の三つに分けられている．衛星利用モデルとは図11.4 では $\varepsilon$ モデルとよばれているもので，基本的には衛星 NDVI から FPAR を推定し，それと気候データセットから得られる光合成有効放射量（PAR）と放射利用効率（RUE）をかけあわせて NPP を求めるものである（本書8.2参照）．生物地球化学モデルと生物地理学モデルの大きなちがいは，植生型を入力パラメータとするか（生物地球化学モデル），出力パラメータとするか（生物地理学モデル）にある．これら17 のモデルに共通して NPP を出力することができる．

口絵16 に17 モデルの NPP 出力図を示した．Cramer and others（1999）によれば17 モデルの比較の概略は以下のようである．全球的な NPP のパタンおよび年 NPP と主たる気候変数との関係は多くの地域で一致した．養分制約が一般に低 NPP をもたらすという例外をのぞくと，モデル間の違いを基本的なモデリング戦略によって説明することはできなかった．地域および全球の NPP は水収支に対するシミュレーション法に対して敏感であった．

さらにモンタナ大学の Nemani and others（2003）は，NOAA/AVHRR データ

表11.2 必須入力変数と典型的な出力変数にもとづき定義された NPP モデルのカテゴリ (Cramer and others 1999)

| | 選択された入力 [a] | | | 選択された出力 | | |
|---|---|---|---|---|---|---|
| | 植生分布[b] | 衛星 FPAR | 他の衛星データ[c] | 生物地球化学フラックス | 葉面積指数 (LAI)[d] | 植生分布 |
| 衛星利用モデル | | | | | | |
| CASA | ○ | ○ | | ○ | | |
| GLO-PEM | | ○ | ○ | ○ | | |
| SDMB | | ○ | | ○ | | |
| TURC | ○ | ○ | | ○ | | |
| SiB2 | ○ | ○ | ○ | ○ | | |
| 季節的生物地球化学フラックスのモデル | | | | | | |
| HRBM | ○ | | | ○ | | |
| Century | ○ | | | ○ | | |
| TEM | ○ | | | ○ | | |
| CARAIB | ○ | | | ○ | ○ | |
| FBM | ○ | | | ○ | ○ | |
| PLAI | ○ | | | ○ | ○ | |
| SILVAN | ○ | | | ○ | ○ | |
| Biome-BGC | ○ | | | ○ | ○ | |
| KGBM | ○ | | ○ | ○ | ○ | |
| 季節的生物地球化学フラックスおよび植生構造のモデル | | | | | | |
| BIOME3 | | | | ○ | ○ | ○ |
| DOLY | | | | ○ | ○ | ○ |
| HYBRID | | | | ○ | ○ | ○ |

a 気候はすべてのモデルへの共通する入力であるため,ここでは独立した列の中には挙げていない.
b TURC は Olson and others (1985) にもとづくバイオマスデータを用いている.他のモデルはパラメータを階層化するために植生型を用いる.
c GLO-PEM は衛星データを用いて,PAR,表面温度,土壌水分,飽差,および地上部バイオマスを推定する.SiB2 は衛星データを用いて,LAI,粗度長,およびアルベドを推定する.KGBM は衛星からの NDVI データを用いて成長季節の時期と長さを決定する.
d BIOME3 は LAI の代わりに葉群投影被覆 (FPC) を用いる.

を用いて 1982〜99 年の 18 年間の NPP の推移を求めた.かれらの NPP モデルは,MODIS の NPP 推定アルゴリズムでも使われているもので,本書 8.2 でも紹介している(図 8.7 および図 8.8).

Nemani らは,全球的な気候変化によって植物成長に対するいくつかの重要な気候制約が緩和されることにより,全球 NPP が 6%(18 年間で 3.4 PgC)増加

したことを示した(口絵17).このNPPの増加は,とくにアマゾンの熱帯降雨林の貢献が大きく,それは全球NPP増加の42%を説明したとしている.

## 11.4 将来の気候変化に対する生態系応答の予測

大気中の温室効果ガスの濃度が増加することによって引き起こされる地球規模の気候変化,すなわち地球温暖化に対して,どのように陸域生態系が反応するのか.このような将来予測は生態系モデルによるシミュレーションが真価を問われる場面である.

Cramer and others (2001) の論文では,6種類のDGVM (dynamic global vegetation model:動的全球植生モデル)を用いて将来の気候変化に対する陸域生態系の応答を予測している.ここでDGVMとは表11.2では生物地理学モデルとよばれていたものと対応する.その基本的な構造は図11.8に示したように,気候と土壌を入力変数として,植生生理・生物物理,植生フェノロジー,植生動態,および栄養循環を予測する.この「植生動態」の予測によって植生型が出力(予測)される.表11.3にはこの6種類のモデルの主要なプロセスを示した.この表では光合成,蒸発散,分解,炭素・窒素配分などのプロセスがどのような構

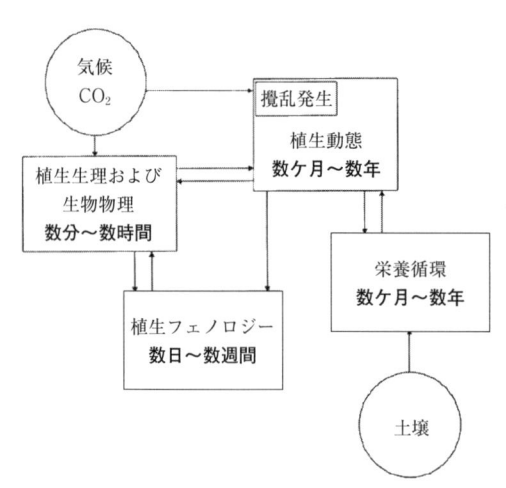

図11.8 さまざまな修正とともに六つのモデルにより用いられている一般的な動的全球植生モデル (DGVM)のモジュラー構造 (Cramer and others 2001)モジュールの時間刻みをゴチックで示した.

表 11.3 動的全球植生モデルにおけるプロセスの概要（Cramer and others（2001）を簡略化して引用）

|  | HYBRID | IBIS | LPJ | SDGVM | TRIFFID | VECODE |
|---|---|---|---|---|---|---|
| 時間刻み | 12 時間 | 1 時間 | 1 日 | 1 日 | 2 時間 | 1 年間 |
| 光合成 | Farquhar (1980) | Farquhar/Collarz (1992) | Farzuhar/Collarz (1992) | Farzuhar (1980) | Collatz (1991, 1992) | 改良型 Lieth 法 |
| 蒸発散 | PM＋遮断＋土壌からの蒸発 | VPD＋気孔コンダクタンス(Pollard 1995) | 総蒸発散 (Monteith 1995) | PM＋遮断＋土壌からの蒸発 | PM＋遮断 | n/a |
| 分解 | Century & Comins (1993) | f (T, θ top, 器官型) | f (T, θ top, 器官型) | Century 型 | f (T, θ, Csoil) | f (T, 器官型) |
| 炭素配分 | 年ベース | 年ベース 葉・茎・根 | 年 アロメトリ | 年 LAI＞根＞木 | LAI：葉：根：木部 | 年 気候依存 |
| 窒素配分 | C：N | n/a | 非明示的 | C：N | C：N | n/a |
| 植生競争 | 光, N, 水個体ベース | 光, 水 均質地域 | 光, 水 非均質地域 | 光, 水 非均質地域 | Lotka–Volterra | n/a |
| 死亡 | C プール依存 | 風倒, 火事, 極温 | 自己間引き, C 収支, 火事, 極温 | C 収支, 風倒, 火事, 極温 | 攪乱速度 | C 収支ベースの気候依存 |

造になっているかを示している．この表で植生競争と書いているのは，それぞれのモデルで植生型の予測がどのような条件にもとづいているかを示している．

　口絵 18 は六つの DGVM でシミュレートされた潜在自然植生を示している．前述の生物地球化学モデルではこのような植生型を入力パラメータとして与えるのに対し，DGVM では植生型が予測され，その予測された植生型にもとづいて物質・水収支等がシミュレートされる．

　口絵 19 は将来の気候変化シナリオに対する全球陸域生態系の反応を示している．この研究では将来の気候条件を，気候（気温と降水量の変化）と大気中 $CO_2$ 濃度の両者に分離して，それぞれ，および両者が組み合わさった条件で予測をおこなっている．この図では気候変化よりも $CO_2$ 濃度の上昇の効果が大きく予測されている．Cramer らは $CO_2$ 濃度シナリオの選択が恣意的であり，ただひとつの気候モデルシナリオが用いられたということを念頭に置いて，結果を考慮するべきだとしつつ，おもに気候変化に対する全球 NPP のモデル値における差異に起因する，気候変化に対する NEP の反応についての大きな不確実性が示された，としている．

## ● 参考文献 ●

Aber JD, Federer CA. 1992. A generalized, lumped-parameter model of photosynthesis, evapotranspiration and net primary production in temperate and boreal forest ecosystems. *Oecologia* **92**: 463-474.

Bonan GC. 1991a. A biophysical surface energy budget analysis of soil temperature in the boreal forests of interior Alaska. *Water Resources Research* **27**: 767-781.

Bonan GC. 1991b. Atmosphere-biosphere exchange of carbon dioxide in boreal forests. *Journal of Geophysical Research* **96**: 7301-7312.

Chambers JQ, Higuchi N, Tribuzy ED, Trumbore SE. 2001. Carbon sink for a century: intact rainforests have a long-term storage capacity. *Nature* **410**: 429.

Churkina G, Tenhunen J, Thornton P, Falge EM, Elbers JA, Erhard M, Grünwald T, Kowalski AS, Rannik Ü, Sprinz D. 2003. Analyzing the ecosystem carbon dynamics of four European coniferous forests using a biogeochemistry model. *Ecosystems* **6**: 168-184.

Cramer W, Bondeau A, Woodward FI, Prentice IC, Betts RA, Brovkin V, Cox PM, Fisher V, Foley JA, Friend AD, Kucharik C, Lomas MR, Ramankutty N, Sitch S, Smith B, White A, Young-Molling C. 2001. Global response of terrestrial ecosystem structure and function of $CO_2$ and climate change: results from six dynamic global vegetation models. *Global Change Biology* **7**: 357-373.

Cramer W, Kicklighter DW, Bondeau A, Moore III B, Churkina G, Nemry B, Ruimy A, Schloss AL, the participants of the Potsdam NPP Model Intercomparizon. 1999. Comparing global models of terrestrial net primary productivity (NPP): overview and key results. *Global Change Biology* **5** (Suppl. 1): 1-15.

Farquhar GD, von Caemmerer, Berry JA. 1980. A biochemical model of phytosynthetic $CO_2$ assimilation in leaves of $C_3$ species. *Planta* **149**: 78-90.

IPCC. 2001. Climate Change 2001. The scientific basis. In: Houghton JT, Ding Y, Griggs DJ, Noguer M, van der Linden PJ, Dai X, Maskell K, Johnson CA, editors. *Contribution of Working Group I to the Third Assessment Report of the Intergovernmental Panel on Climate Change*. Cambridge: Cambridge University Press, 944 p.

Janssens IA, Freibauer A, Ciais P, Smith P, Nabuurs G-J, Folberth G, Schlamadinger B, Hutjes RWA, Ceulemans R, Schulze E-D, Valentini R, Dolman AJ. 2003. Europe's terrestrial biosphere absorbs 7 to 12% of European anthropogenic $CO_2$ emissions. *Science* **300**: 1538-1542.

Körner C. 2003. Slow in, rapid out-carbon flux studies and Kyoto targets. *Science* **300**: 1242-1243.

Landsberg JJ, Gower ST. 1997. Ecosystem process models. In: Landsberg JJ, Gower ST. *Applications of Physiological Ecology to Forest Management*. San Diego: Academic Press, pp. 247-276.

Loveland TR, Belward AS.1997. The IGBP-DIS global 1 km land cover data set, DISCover: first results. *International Journal of Remote Sensing* **18**: 3289-3295.

McMurtrie RE, Landsberg JJ. 1992. Using simulation model to evaluate the effects of water and nutrients on the growth and carbon partitioning of Pinus radiate. *Forest Ecology and Management* **52**: 243-260.

McMurtrie RE, Rook DA, Kelliher FM. 1990. Modelling the yield of Pinus radiate on a site limited by water and nutrition. *Forest Ecology and Management* **30**: 381-413.

Nemani RR, Keeling CD, Hashimoto H, Jolly WM, Piper SC, Tucker CJ, Myneni RB, Running SW. 2003. Climate-driven increases in global terrestrial net primary production from 1982 to 1999. *Science* **300**: 1560-1563.

Olson J, Watts JA, Allison LJ. 1985. *Major World Ecosystem Complexes Ranked by Carbon in Live Vegetation: A Database*. Oak Ridge: Carbon Dioxide Information Center (revised version [2001] available from: http://cdiac.esd.ornl.gov/epubs/ndp/ndp017/ndp017.htm).

Parton WJ, Scurlock JMO, Ojima DS, Gilmanov TG, Scholes RJ, Schimel DS, Kirchner T, Menaut J-C, Seastedt T, Garcia Moya E, Apinan K, Kinyamario JI. 1993. Observations and modeling of biomass and soil organic matter dynamics for the grassland biome worldwide. *Global Biogeochemical Cycles* **7**(4): 785-809.

Pastor J, Post WM. 1986. Influence of climate, soil moisture, and succession on forest carbon and nitrogen cycles. *Biogeochemistry* **2**: 3-27.

Richey JE, Melack JM, Aufdenkampe AK, Ballester VM, Hess LL. 2002. Outgassing from Amazonian rivers

and wetlands as a large tropical source of atmospheric $CO_2$. *Nature* **416** : 617-620.
Running WS, Coughlan JC. 1988. A general model of forest ecosystem processes for regional applications. I. hydrologic balance, canopy gas exchange and primary production processes. *Ecological Modeling* **42** : 12-154.
Wang YP, Jarvis PG. 1990a. Description and validation of an array model : MAESTRO. *Agricultural Forestry Meteorology* **51** : 257-280.
Wang YP, Jarvis PG. 1990b. Effect of incident beam and diffuse radiation on PAR absorption, photosynthesis and transpiration of sitka spruce : a simulation study. *Silva Carelica* **15** : 167-180.
山形与志樹・小熊宏之・関根秀真・土田　聡．2002．吸収源を用いた地球温暖化対策とリモートセンシングの役割．日本リモートセンシング学会誌 **22** : 494-509.

# 12 緑地環境の指標

## 12.1 環境指標とは

　身近な体温計を例にとって話を始めよう（以下の記述については医学的な根拠があるわけではなく，私の憶測を含むことを断っておく）．
　体温は，体調を知るためのすぐれた指標である．病気にもさまざまなものがあるが，多くの病気は体温の異常をまねくので，体温は代表性の高い指標と言うことができる．また人により平熱には高低があるが，その幅はあまり大きくないので異常値の検出力という点でもすぐれている．最近のデジタルの体温計にはないかもしれないが，昔の水銀体温計は37℃以上に赤く色が塗られていた．その37℃という基準をもとに正常と異常を簡便に判断することができる．体温計は安価なため経済性にもすぐれ，また体温の計測は素人にもできるほど容易であり，危険性も少なく，時間もかからない．
　このように体温は，体調を知るためのとても便利な指標であり，体温計はそのすぐれた計測器具である．環境指標とは，いわば環境分野における体温のようなものであり，環境指標を使うことによって，環境の状況を客観的，定量的に診断することができる．そこで本章では，緑地環境の指標を中心に，これまで開発されてきた代表的な環境指標について紹介する．

### 12.1.1　環境指標とは

　内藤ら（1986）は，環境指標を「環境に関するある種の状態を可能な限り定量的に評価するための物差し」と定義している．私も，この「環境の物差し」という表現がもっともわかりやすい表現ではないかと思う．
　英語では，"environmental indicator" あるいは "environmental index" と言

う．両者の厳密な使い分けに一般的な基準はないが，図 12.1 に示した「情報のピラミッド」(Adriaanse 1993) では，最下位から一次データ，分析されたデータ，指標 (indicator)，指数 (index) となっている．上に行くほど加工度が高く，より集約された値になる．

たとえば "indicator" は，大気汚染濃度の値のように生のデータ値，あるいはそれに近いもの．"index" は "indicator" よりも加工度が高く，たとえば複数ある "indicator" をひとつの "index" に集約したり，あるいは現実の指標値と目標値との比を "index" とするといった例がある（森口 1998）．日本語では "indicator" を指標，"index" を指数と使い分けることもあるが，以下ではとくに両者を使い分けず，両者を含めて「指標」という言い方をする．

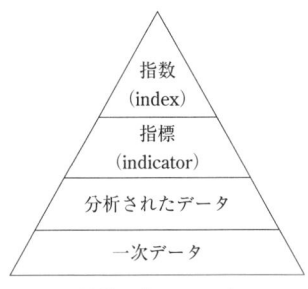

図 12.1 情報のピラミッド（Adriaanse 1993 より改変して引用）

### 12.1.2 環境指標の分類

#### a. 第 1 種指標と第 2 種指標（内藤）

内藤 (1988, 1995) は，環境指標を第 1 種と第 2 種に分けている（表 12.1）．

第 1 種は「ある対象の状態を客観的にとらえて，その特徴をわかりやすい形で表現しようとする現象把握目的の指標」であり，大気，水，自然などの物理的事象の現象解析に用いられる．例としては大気や水質の指標，あるいはそれを集約した指標があげられる．

表 12.1 2 種の指標とその内容（内藤 1995）

|   | 第 1 種 | 第 2 種 |
|---|---|---|
| 役割 | 「情報伝達」：対象の現象を把握し，わかりやすく表現するための指標 | 「価値評価」：対象のもつ価値を何らかの尺度で評価するための指標 |
| 特性値 Y | 「代表値」 | 「評価値」 |
| 投影 V | 「特性関数」：状態変数を特定のある現象を表すように変換するもの | 「価値関数」：状態変数を特定のある価値尺度に投影するもの |
| 事例 | ＊物価指数<br>＊視程指標<br>＊PINDEX（大気質総合指標）<br>＊WQI（水質総合指標） | ＊都市快適満足度指標<br>＊汚染被害指標 |

第2種は「客観的に測られた状態量をなんらかの価値量に変換し，その両者の間の関係を関数などの形で与えたもの」であり，価値評価のための指標である．第2種の指標が提示される背景にはそれに対応する「価値観」または「価値規範」が存在する．この場合の「価値」とはある主体の主観的価値（たとえば満足度）であることもあり，また専門的な知見にもとづく客観的な価値（たとえば健康障害など）であることもある．

### b. 状態指標，負荷指標，対策指標

OECD（Organisation for Economic Co-operation and Development：経済協力開発機構）によって開発された「環境指標のコアセット（OECD core set of environmental indicators）」では，「PSRフレームワーク」という指標の枠組みを用いている（図12.2）．ここでPはpressure（環境への圧力），Sはstate（環境の状態），Rはresponse（環境対応）をあらわす．このPSRフレームワークは，

圧力-状態-対応（PSR）モデル

PSRモデルは以下のように考える．人間活動は，環境に対して「圧力（P）」を与え，自然資源の質と量（「状態（S）」）を変える．社会はこれらの変化に対して環境政策，一般経済政策，および部門別政策を通して対応し，また意識と行動における変化を通して対応する（「社会的対応（R）」）．PSRモデルはこれらの関連性に焦点をあてる利点をもち，意思決定者と公衆が環境問題とその他の問題とを相互に結びついたものとしてみることを可能とする（これは生態系におけるより複雑な関係性や，環境-経済の相互作用ならびに環境-社会の相互作用の展望を隠すものであってはならないが）．

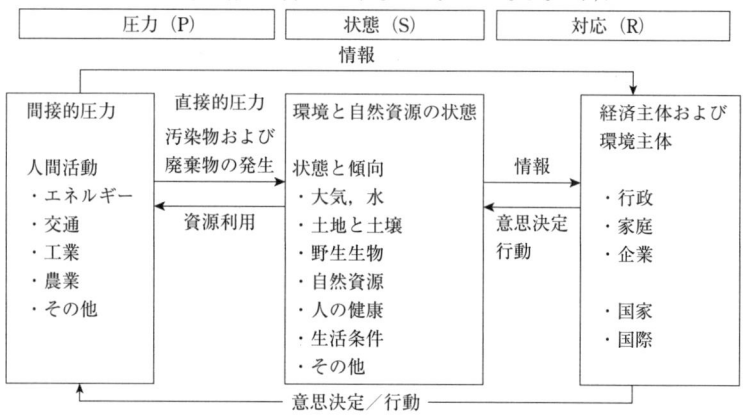

図12.2 OECDにおけるPSRフレームワーク（OECD 1998）

PSRモデルを用いる目的に応じて，より詳細および特定の特徴を説明するよう容易に調節され得る．調整済みバージョンの例としては，持続可能な開発指標の中でUNCSDにより用いられている駆動力-状態-対応（DSR）モデルや，欧州環境局により用いられている駆動力-圧力-状態-影響-対応（DPSIR）フレームワークなどがある．

環境問題における原因-結果という因果律の考え方を根底にもつもので，Rapport and Friend（1979）により提案されたストレス-反応アプローチを発展させたものである．OECD は 1970 年代からこのような枠組みを環境報告に採用してきた．そして OECD がはじめて環境指標による評価を取り入れた 1989/1990 年の環境報告では，この PSR モデルの汎用性と有用性が再評価された（Linster and Fletcher 2001）．この原因-結果という因果律にもとづく指標枠組みは，後の CSD の DSR フレームワーク（後述）にもつながっていき，近年の指標枠組みのひとつの典型になっている．欧州環境局（European Environment Agency : EEA）では，PSR をさらに細分して一部修正した，以下のような DPSIR フレームワークを採用している（図 12.3）．

・環境の状態をあらわす S（state）指標．大気中の窒素酸化物濃度で言えば，$NO_2$ 濃度の値が S 指標となる．
・環境への負荷・圧力をあらわす P（pressure）指標．P は S を変化させる要因，原因で，$NO_2$ の場合には，自動車の台数等が想定される．
・経済活動をあらわす D（driving force）指標．D は P を変化させるものであり，たとえば経済活動等が該当する．
・環境への影響をあらわす I（impact）指標．I は，S の悪化や改善による影響であり，たとえば呼吸器疾患の増加など．
・環境対応・対策をあらわす R（response）指標．R は政策的な対応であり，たとえば自動車の排ガス規制，交通量制限など．

これらの指標の関係を図 12.3 に示すが，D→P→S→I→R という一方向の矢印に加えて，R からは D, P, S, I への働きかけがあることが示されている．すなわち R（対応）によって環境の状態も変化するので，全体としてはフィードバックがかかるループ状の構造になっている．

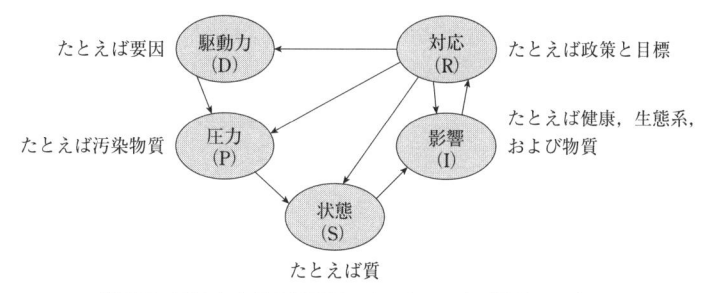

図 12.3 EEA における DPSIR フレームワーク（EEA 2003）

### c. 行政評価における指標分類

アメリカでは1993年に「政府業績成果法（Government Performance and Results Act : GPRA）」という法律を制定し，全省庁に政策評価と執行評価を義務づけている（上山 2001）．GPRAにおいては以下のような数値指標を用いて，行政機関が目標設定ならびに業績評価をおこなう．

- インプット指標：行政が，あるプログラムあるいは活動を実行するのに必要な予算規模や従事職員数など
- アウトプット指標：行政から住民に対して提供された施策・事業の量
- アウトカム指標：意図された目的・目標と比較した，行政のプログラム・活動の結果によりもたらされた実際の住民生活の変化の量

最近，日本でもこのような評価の枠組み，とくにアウトカム的な評価を導入しようという流れがあり，国土計画の分野でもアウトカム的な指標の導入を検討している（国土審議会基本政策部会 2002）．

たとえば公園を例にして言うと，公園を造るのにどれくらいの予算を使ったかがインプット指標，その結果何$m^2$の公園ができたかがアウトプット指標である．アウトカムは公園によって，近隣の人が公園に行く回数が増えたとか，うるおいが増えたなど，本来，住民が望む効果をさす．

### d. 個別指標と総合指標

個別指標とは，個別の環境問題・環境事象に対応した指標であり，一方，総合指標とは，単位の異なるもの，起源の異なる環境事象や環境負荷などをひとつの尺度に集約したものである．総合指標はさらに多数の個別指標を指標セットとして用意することにより，広い範囲の環境問題を包括的にあらわす網羅的指標（comprehensive indicators）と，比較的少数の指標によって集約された集約的指標（aggregated indicator）に分けられる．

## 12.1.3 環境指標の効用

内藤ら（1986）は，環境指標の具体的な効用のうち，主要なものとして以下のようなものをあげている．

① 環境状態の効率的把握
② 地域間の環境の比較
③ 環境のトレンドの把握
④ 環境目標の設定の支援

⑤ 各種施策の効果・影響の計測
⑥ 調査・分析手段の提供
⑦ 住民とのコミュニケーションの促進

とくに近年,以下の3点から環境指標の積極的な利用が促されているように思われる.

第一に,科学的・合理的な環境政策の実現の手段として指標が求められている.たとえば前述したPSR指標を用いることによって,どのような対策がとられ,それが環境への負荷や,環境の状態をどのように改善したかが定量的に把握される.このような目に見える指標を通じて,恣意的な環境政策を排除していくことが重要である.

第二に,合理的で透明性の高い意思決定を支援するツールとして指標が求められている(意思決定の問題については第5章参照).国際的にも意思決定における指標の重要性は強く認識されている.たとえば持続可能な開発を実現するための具体的な行動計画であるアジェンダ21(後述)の第40章(意思決定のための情報)には以下のような記述がみられる.

> 「持続的開発の指標は,すべてのレベルにおける意思決定の確かな基礎を与えるため,そして統合された環境と開発のシステムの自律的な持続性に貢献するために開発されることが必要である.」(第40章 第4節)

別の言葉で言えば,住民に対する説明責任や住民参加のあり方が,従前よりも厳しく問われる中で,環境指標を利用することによって,環境の状態や環境対策の期待される効果をよりわかりやすく説明していくことが必要である.

第三に,環境政策を含む行政サービスの改善およびその効率性の向上のツールとして指標が求められている.とくに上で述べたようなアウトカム指標を用いることにより,より住民のニーズに合った行政サービスを提供するよう,行政の意識を変えていこうという動きが欧米諸国に加えて,最近では日本でも見られるようになってきた.情報公開という,一見地味な手法が実は行政に大きな影響力をもつことは国内でもしばしば経験してきたところである.適切な環境指標と数値目標を組み合わせた戦略的な環境計画を策定することによって,本来,住民の求める満足度が増すことが期待される.

## 12.1.4 日本における環境指標の発展

日本における環境指標の歴史的経緯について,内藤(1988, 1995)は,以下の

4時期に分けている．

　第Ⅰ期（1950年代後半から1960年代）は，日本における高度経済成長期にあたり，公害問題の激烈な時代であった．水俣病，四日市ぜんそく，イタイイタイ病などへの対応に追われ，1970年にはいわゆる公害国会が開かれ，翌1971年には環境庁が発足した．しかし，この時期，日本では個別汚染物質ごとの規制が中心であったため，「環境基準」がほぼ唯一の環境目標を与える役割を果たしていた．この環境基準は，「閾値型の価値関数」による評価指標と位置づけることもできる．

　第Ⅱ期（1970年代前半）は，生活環境の状況を幅広くとらえる指標が開発された．しかし対象の幅広さに十分対応するだけのデータ的裏付けが得にくいことや環境政策の枠組みの制約から，必ずしもこれら指標が十分活用されるには至らなかった．

　第Ⅲ期（1970年代後半から1980年代）には，多様な環境指標が開発され，とくに1980年代後半からは，環境管理のためのひとつの道具として，快適環境を住民の意識を通して総合的にとらえた指標が地方自治体で導入された．この時期は，それまでの公害問題の克服から，新たに快適環境の創造が環境行政の重要な課題になってきた時期に相当する．

　第Ⅳ期は，内藤（1995）では「今後」とされており，宅地利用適性指標，アーバンエコロジー指標などの環境資源指標や，地球環境の指標の取り組みがあげられている．

　その後の環境指標への取り組みを振り返れば，1990年代に入ると地球環境問題が国際社会のひとつの焦点となった．1992年6月にはブラジルで「国連環境開発会議」（いわゆる地球サミット）が開催され，環境分野の行動計画であるアジェンダ21が採択された．日本でも地球サミットをひとつの契機として，それまでの公害対策基本法に代わり，地球環境への対応も視野に入れた「環境基本法」が1993年に成立した．地球サミットでは「持続可能な開発」の概念が中心に据えられたが，地球サミットのフォローアップの一環として持続可能な開発指標（群）の開発が取り組まれた．開発された指標（群）は，環境に加えて，経済や社会の側面も含めた，幅広い内容をもつものとなっている．

　国内でも1990年代からはとくに地球環境問題への対応を視野に入れた「資源利用健全度指標」（宮城県，足立区），住民の環境配慮行動を促進するツールとしての「エコライフ指標」（宮城県，千葉市）などが開発された（中口 2001）．

表 12.2 日本における環境指標の変遷（内藤（1995）をもとに加筆修正して作成）

| 時期区分 | 指標類型 | 指標例 |
|---|---|---|
| 第 I 期（1950 年代後半～1960 年代） | 汚染指標 | 環境基準 |
| 第 II 期（1970 年代前半） | 生活質指標 | 大阪府環境総合指標 |
|  |  | 長崎県生活環境指標 |
|  |  | 広島県生活環境指標 |
| 第 III 期（1970 年代後半～1980 年代） | 快適環境指標 | 視程指標 |
|  |  | 土地魅力度指標 |
|  |  | 樹木価値指標 |
|  |  | 健康都市指標 |
|  |  | 都市快適指標（群） |
| 第 IV 期（1990 年代～） | 環境資源指標 | 宅地利用適性指標 |
|  |  | 東京湾環境総合指標 |
|  |  | 農林環境総合指標 |
|  |  | アーバンエコロジー指標 |
|  |  | 資源利用健全度指標 |
|  |  | エコライフ指標 |

このように環境指標は，その時々の環境問題の状況や環境行政の課題と密接に関連している．そのような流れをまとめたものが表 12.2 である．

## 12.2 さまざまな環境指標

### 12.2.1 快適環境指標

「快適環境指標」とは，当時の国立公害研究所（現在の国立環境研究所）で開発されたもので，地域住民を対象に快適性に関する意識調査をおこない，その主観的環境評価の結果と，大気，水質，騒音，土地利用などの物的環境データとの対応関係をあきらかにし，その評価モデルを構築するものである（内藤ら 1986）．1980 年代後半，北九州市や東京都をはじめ，多くの自治体で開発され，地域環境の評価に用いられた．

図 12.4 に快適環境指標の評価フレームを示した．住民意識調査をサンプル地点で実施し，「空気のきれいさ」，「池や川のきれいさ」などの項目ごとにその満足度を定量的に把握する．一方，それぞれの項目を説明すると思われる物理的環境条件をあらわす $NO_2$ 濃度，工業用地率など物的条件データをできるだけ幅広く抽出し，この物的条件データから個別指標を説明する重回帰モデルを構築する．このモデル式を全域にあてはめることにより，意識調査結果を反映した快適

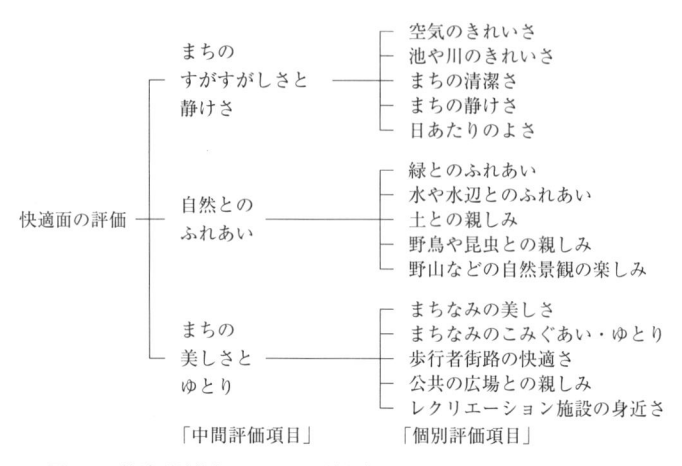

```
                            ┌─ 空気のきれいさ
             まちの          ├─ 池や川のきれいさ
          ┌─ すがすがしさと ──┼─ まちの清潔さ
          │  静けさ          ├─ まちの静けさ
          │                  └─ 日あたりのよさ
          │
          │                  ┌─ 緑とのふれあい
          │  自然との        ├─ 水や水辺とのふれあい
快適面の評価┼─ ふれあい    ──┼─ 土との親しみ
          │                  ├─ 野鳥や昆虫との親しみ
          │                  └─ 野山などの自然景観の楽しみ
          │
          │                  ┌─ まちなみの美しさ
          │  まちの          ├─ まちなみのこみぐあい・ゆとり
          └─ 美しさと    ──┼─ 歩行者街路の快適さ
             ゆとり          ├─ 公共の広場との親しみ
                            └─ レクリエーション施設の身近さ
          「中間評価項目」      「個別評価項目」
```

図12.4 快適環境指標における環境評価のフレーム（森田・内藤 1986）

環境指標が作成される（森田・内藤 1986）．

### 12.2.2 環境基本計画における環境指標

1994年に策定された第1期の環境基本計画（環境庁 1994）では，環境指標について以下のような記述が盛り込まれている．

> 「環境基本計画に掲げられた施策を全体として効果的に実施するため，第2部に掲げた長期的な目標に関する総合的な指標あるいは指標群の開発を早急に進める.」（第4部　第2節　目標の設定）

ここで言う「長期的な目標」とは，廃棄物を減らすための「循環」，人と自然との「共生」，国民全体での環境保全への「参加」，そして地球環境問題等への「国際的取り組み」の四つである．

そこで第2期の環境基本計画の策定にむけて1995年には「総合的環境指標検討会」が設置された．翌年からは，私も共生指標の開発に参加した．

1997年には「総合的環境指標試案」（総合的環境指標検討会 1997）が，1999年には「総合的環境指標検討会報告書」（総合的環境指標検討会 1999）がとりまとめられた．2000年に閣議決定された第2期の環境基本計画（環境庁 2000）では，結局，「参考資料1」という形で種々の環境指標値が示された．その概要を表12.3に示すが，全体が「地球環境の状況」と「わが国の環境をめぐる状況」に二分され，後者は，大気環境，水環境，土壌環境，廃棄物・リサイクル等物質

循環，化学物質，自然環境という 6 項目に細分され，それぞれ「過去の状況 (1980 年頃)」，「環境基本計画策定前 (1990 年頃)」，および「現状」の値が示されている．

自然環境については，森林連続性,植生別面積,絶滅のおそれのある種数，土地利用転換状況，保全地域等面積，および海岸線の改変状況などがとりあげられた．

このようにおよそ 20 年間の環境の変化が，数字として示されており，しかもそれが地球環境から自然環境に至るまでの幅広い環境分野をカバーしている．個々の指標についてみれば，我々が提案した森林連続性指標など，この作業で開発されたものもある．このような点では一定の前進があったと言えよう．一方，検討の段階では，指標値にもとづき年限を区切った数値目標を掲げることにより，環境基本計画を理念型からプログラム型に変えていけないかというような議論もあったが，最終的にはそこまで踏み込んだ内容とはならなかった（数値目標については，上述した環境指標とは別の表に，国の各種計画等に記載されている既存の目標がまとめられている）．

しかしプログラム型の計画を策定するためには，単に数値目標を導入すれば事足りるわけではない．計画内容の実現可能性を担保する施策・制度がともなわなければ，目標とする数値が実現できないという結果を招来するだけであろう．したがって，指標を計画の中でどのように位置づけるかは，単に指標だけの問題ではなく，その計画を行政システムの中でどのように性格づけるか，あるいは計画内容の実現可能性をどのような施策・制度によって担保するのかといった問題ともかかわってくる．現在，第 3 期の環境基本計画の策定がすすめられている．環境指標については，私も参加する「環境基本計画における目標・指標のあり方に関する調査検討会」において，議論されている．環境基本計画の今後の成熟とも歩調を合わせて，有効な指標開発とその活用が進展することを期待したい．

## 12.2.3 エコロジカルリュックサック／隠れたフロー

「エコロジカルリュックサック (Ecological Rucksack)」とは，ドイツのブッパータール研究所 (Wuppertal Institute for Climate, Environment and Energy) で開発された指標であり，「ある製品の生涯にわたるマテリアル・インプットから，その製品自体の量を引いたもの」と定義される (Schütz and Welfens 2000)．直訳すれば，「生態学的なリュックサック」になるが，意味合いとしては，その製品を生産するのに必要な，その製品の背後にある環境負荷をその製品が背負うリ

表12.3 環境基本計画における環境指標（環境基本計画（環境庁 2000）の「参考資料1 環境をめぐる状況」から一部抜粋）

| | 環境問題の項目 | 過去の状況（1980年頃） | 環境基本計画策定前（1990年頃） | 現　状 |
|---|---|---|---|---|
| 地球環境の状況【地球温暖化】 | （世界）（二酸化炭素換算）化石燃料の燃焼による二酸化炭素排出 | OECD　109.7億t<br>非OECD　72.7億t<br>(1980)<br>全世界　182.4億t | OECD　111.7億t<br>非OECD　96.6億t<br>(1990)<br>全世界　208.4億t | OECD　120.9億t<br>非OECD　101.7億t<br>(1996)<br>全世界　222.6億t |
| | 大気中二酸化炭素濃度（推定） | 280 ppmv（産業革命以前） | 354 ppmv (1990) | 360 ppmv (1995) |
| | （わが国）（二酸化炭素換算）地球温暖化負荷総合指標（a～f 計） | 9.20億t (1980) | (1990)<br>12.36億t | (1998)<br>13.35億t |
| | a. 二酸化炭素 | | 11.244億t | 11.876億t |
| | b. メタン | | 0.323億t | 0.286億t |
| | c. 一酸化二窒素 | | 0.181億t | 0.199億t |
| | d. HFC | | 0.176億t | 0.316億t |
| | e. PFC | | 0.057億t | 0.178億t |
| | f. 六ふっ化硫黄 | | 0.382億t | 0.500億t |
| | 1人当たり二酸化炭素排出量 | 7.86 t/人 (1980) | 9.10 t/人 (1990) | 9.39 t/人 (1998) |

ユックサックとして表現している．

すなわち「エコロジカルリュックサック」とは，資源が地球上から取り出され経済活動に投入されるまでの過程で生じる余剰のフローである．たとえば1本の木材を作るときに，林道を造ったり，周りの木を伐採してしまう．あるいは樹皮や枝の部分も捨ててしまう．あるいは鉱物資源の場合，必要な鉱物資源が必ずしも単独で，純粋に存在しているわけではないので，採掘の際に不要な部分は利用されずに捨てられてしまう．そのような実際に利用される資源量と比較して，使われずに捨て去られた量をカウントしようというのが，この指標である．

表12.3 （続き）

| | 環境問題の項目 | 過去の状況<br>(1980年頃) | 環境基本計画策定前<br>(1990年頃) | 現　状 |
|---|---|---|---|---|
| わが国の環境をめぐる状況【自然環境】 | 森林連続性<br>平均パッチ（森林のかたまり）面積（自然環境保全基礎調査データ） | 第3回調査データ<br>(1983〜1985)<br><br>38.6 km$^2$ | 第4回調査データ<br>(1988〜1992)<br><br>37.5 km$^2$ | |
| | 植生別面積 | 第2・3回基礎調査<br>メッシュ数／構成比 | 第4回基礎調査<br>メッシュ数／構成比 | 第5回基礎調査<br>メッシュ数／構成比 |
| | 自然草原 | 4,038/ 1.1% | 4,011/ 1.1% | 3,993/ 1.1% |
| | 自然林・二次林（自然林に近い） | 87,025/23.6% | 86,127/23.4% | 85,422/23.2% |
| | 二次林 | 70,710/19.2% | 69,256/18.8% | 68,540/18.6% |
| | 植林地 | 90,803/24.6% | 91,846/24.9% | 91,414/24.8% |
| | 二次草原 | 11,676/ 3.2% | 12,124/ 3.3% | 13,159/ 3.6% |
| | 農耕地 | 83,743/22.7% | 84,128/22.8% | 84,483/22.9% |
| | 市街地等 | 14,841/ 4.0% | 15,420/ 4.2% | 15,999/ 4.3% |
| | わが国で確認されている絶滅のおそれのある種数 | | 動物 224種（1991）<br>植物 824種（1989）<br>＊維管束植物のみ | 動物 668種（2000）<br>植物 1,992種（2000） |
| | 土地利用転換状況<br>・農地から他用途への転移<br>・林地から他用途への転移 | 24,600 ha（1980）<br>6,600 ha（1980） | 26,300 ha（1990）<br>13,300 ha（1990） | 23,800 ha（1996）<br>7,500 ha（1996） |
| | 保全地域等面積（自然公園＋自然環境保全地域） | 17,106 km$^2$（1981） | 18,310 km$^2$（1990） | 18,942 km$^2$（1996） |
| | 海岸線の改変状況 | 自然海岸 18,967 km<br>(1978) | 自然海岸 18,106 km<br>(1993) | |
| | 干潟面積 | 553 km$^2$（1978） | 514.4 km$^2$（1991） | |
| | 藻場面積 | 2,076.1 km$^2$（1978） | 2,012.12 km$^2$（1991） | |

　国立環境研究所は，このドイツのブッパータール研究所に加えて，アメリカの世界資源研究所，およびオランダの住宅・国土計画・環境省の4機関との国際共同研究をおこなった．この国際共同研究では「隠れたフロー（hidden flow）」（上述のエコロジカル・リュックサックと同義で，この研究で採用された表現）の試算をおこなっている．

　この「隠れたフロー」の指標値については，先に紹介した第2期環境基本計画でもとりあげられた．また平成15年度版の循環型社会白書（環境省 2003）では，2000年度における日本の物質収支について，資源採取等にともない目的の

(平成12年度)(単位：億t)

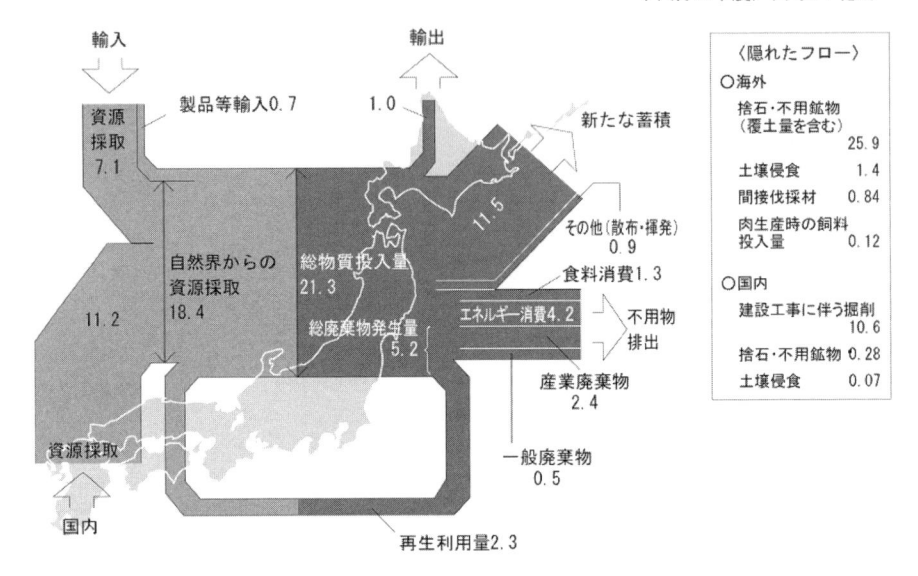

〈隠れたフロー〉
○海外
捨石・不用鉱物
(覆土量を含む)
　　　　　　25.9
土壌侵食　　 1.4
間接伐採材　 0.84
肉生産時の飼料
投入量　　　 0.12

○国内
建設工事に伴う掘削
　　　　　　10.6
捨石・不用鉱物 0.28
土壌侵食　　 0.07

輸入
製品等輸入 0.7
資源採取 7.1
輸出 1.0
新たな蓄積
自然界からの資源採取 18.4
11.2
総物質投入量 21.3
総廃棄物発生量 5.2
11.5
その他(散布・揮発) 0.9
食料消費 1.3
エネルギー消費 4.2
不用物排出
産業廃棄物 2.4
一般廃棄物 0.5
再生利用量 2.3
資源採取
国内

注) 水分の取り込み (含水) 等があるため，産出側の総量は総物質投入量より大きくなる．
　　産業廃棄物及び一般廃棄物については，再生利用量を除く．
　「隠れたフロー」：わが国の経済活動に直接投入される物質 (総物質投入量) が，国内外において生産，採掘される
　　際に発生する副産物，廃棄物．建設工事による掘削，鉱滓，畑地等の土壌侵食などがある．
資料：各種統計より環境省作成

図 12.5　わが国の物質収支 (環境省総合環境政策局環境計画課 2003)

資源以外に採取・採掘されるかまたは廃棄物などとして排出される「隠れたフロー」が，国内では約 10.9 億 t (資源採取量約 11.2 億 t の 0.97 倍)，国外では約 28.3 億 t (資源採取量約 7.2 億 t の 3.9 倍) の計 39.2 億 t も生じているとの推計もある，としている (図 12.5).

### 12.2.4　環境資源勘定

従来の国民経済計算体系 (system of national accounts：SNA) は，生産活動や消費によって生じた環境汚染による国民生活の質の低下を反映せず，また野生生物種の減少，鉱物資源の減少など再生不可能な資産の枯渇が将来世代の選択の幅を狭めていることなどが明示的に考慮されていない．そこで新たに「環境資源勘定 (environmental and natural resource accounting)」の体系の構築が求められている．環境資源勘定は貨幣勘定と物的勘定に大別される．貨幣勘定は，貨幣価値単位の経済勘定の中で環境悪化や資源の枯渇などの問題を扱うものである．

たとえば日本，中国，およびインドネシアを対象に，環境・経済統合勘定体系（system for integrated environmental and economic accounting : SEEA）と環境調整済国内純生産（グリーン GDP）の試算をおこなった Akita and Nakamura (2000) によると，日本の国内純生産（NDP）に対する帰属環境費用の割合は 1970 年の 8% という高い値から，1995 年には 1% にまで低下した．中国ではデータの利用可能な 1992 年の数字で NDP の 5.6%，インドネシアでは 1990 年に NDP の 4.9% と同様に高い帰属環境費用が見られた．中国の場合，森林破壊が大きな要因となっており，インドネシアでは土地利用変化と原油開発に関連していた．

### 12.2.5 CSD の指標リスト

前述したように 1992 年の地球サミット後，そのフォローアップの一環として，アジェンダ 21 の実行機関として設けられた持続可能な開発委員会（Commission on Sustainable Development : CSD）を中心に指標の検討がすすめられている．その実務は，CSD の事務局である政策調整・持続可能な開発局（Department for Policy Coordination and Sustainable Development : DPCSD）が担当している．

CSD リストの指標群については，個々の指標の概念，重要性，計測手法，基礎となるデータの所在などを記した方法論シート（methodology sheet）とよばれる手引きが作成されている（CSD 1996）．CSD リストの特徴は，アジェンダ 21 の章ごとに指標を設定し，持続可能な発展を，社会，経済，環境，制度の四つの側面からとらえていること，また OECD の環境指標で用いられた PSR の枠組みを改変した DSR の枠組みを適用していることである（森口 1998）．D は driving force の略で，持続可能な発展の状態（S）に影響を与える原動力となる人間の営みを意味する．

CSD リスト（CSD 2001）には合計 58 の指標が含まれ，社会，環境，経済，制度についておのおの 19 個，14 個，19 個，6 個の指標が提示されている（表 12.4）．

### 12.2.6 OECD 環境指標

OECD の環境指標は，環境指標のコアセット，部門別指標群，および環境勘定から引き出される指標という三つから構成されている（図 12.6）．

コアセット指標についてはすでに紹介したが，PSR フレームワークを用いて，

表12.4 CSD 主題指標フレームワーク (CSD 2001)

| 分類 | テーマ | サブテーマ | 指標 |
|---|---|---|---|
| 社会 | 公平性 | 貧困 (3) | 貧困線以下で暮らしている人口 (%) |
| | | | 所得のジニ係数 |
| | | | 失業率 |
| | | 男女の平等 (24) | 男性賃金に対する女性賃金の平均比率 |
| | 健康 (6) | 栄養状態 | 子どもの栄養状態 |
| | | 死亡率 | 5歳以下の死亡率 |
| | | | 出生時平均余命 |
| | | 衛生 | 適切な下水処理施設を持つ人口 (%) |
| | | 飲み水 | 安全な飲み水へのアクセスをもつ人口 (%) |
| | | 保健提供 | 一次医療施設へのアクセスをもつ人口 (%) |
| | | | 感染性幼児疾患に対する予防接種 |
| | | | 避妊普及率 |
| | 教育 (36) | 教育レベル | 初等教育の5学年へ到達する子ども |
| | | | 中等教育達成レベルの成人 |
| | | 識字能力 | 成人識字率 |
| | 住宅 (7) | 生活条件 | 一人あたり床面積 |
| | 安全性 | 犯罪 (36, 24) | 人口10万人あたり犯罪記録件数 |
| | 人口 (5) | 人口動態 | 人口成長率 |
| | | | 都市部フォーマル・インフォーマル居住地人口 |
| 環境 | 大気 (9) | 気候変動 | 温室効果ガスの排出 |
| | | オゾン層破壊 | オゾン破壊物質の消費 |
| | | 大気質 | 都市域における大気汚染物質の環境濃度 |
| | 土地 (10) | 農業 (14) | 農地・永久耕作地面積 |
| | | | 肥料使用 |
| | | | 農業殺虫剤使用 |
| | | 森林 (11) | 土地面積における森林面積 (%) |
| | | | 木材伐採強度 |
| | | 砂漠化 (12) | 砂漠化土地 |
| | | 都市化 (7) | 都市部フォーマル・インフォーマル居住地面積 |
| | 海洋, 海岸, 沿岸 (17) | 沿岸帯 | 沿岸水における藻類濃度 |
| | | | 沿岸地域に住む総人口 (%) |
| | | 漁業 | 主要種ごとの年漁獲量 |
| | 淡水 (18) | 水量 | 総利用可能水に対する地下水・地上水の年取水量(%) |
| | | 水質 | 水域におけるBOD (生物化学的酸素要求量) |
| | | | 淡水中の糞便性大腸菌濃度 |
| | 生物多様性 (15) | 生態系 | 選択された鍵生態系の面積 |
| | | | 総面積に対する保護地域面積 (%) |
| | | 種 | 選択された鍵種の多様性 |

12.2 さまざまな環境指標

表 12.4 （続き）

| 分 類 | テーマ | サブテーマ | 指 標 |
|---|---|---|---|
| 経済 | 経済構造（2） | 経済パフォーマンス | 一人あたり GDP |
| | | | GDP における投資割合 |
| | | 貿易 | 財とサービスにおける貿易収支 |
| | | 財政状況（33） | 対 GNP 債務比率 |
| | | | GNP における ODA 受け入れ総額（%） |
| | 消費と生産の パタン（4） | 物質消費 | 物質利用強度 |
| | | エネルギー利用 | 一人あたり年エネルギー消費量 |
| | | | 再生可能エネルギー源の消費割合 |
| | | | エネルギー利用強度 |
| | | 廃棄物の発生と管理（19～22） | 産業・都市固形廃棄物発生量 |
| | | | 危険廃棄物発生量 |
| | | | 放射性廃棄物発生量 |
| | | | 廃棄物のリサイクルとリユース |
| | | 交通 | 交通機関ごとの一人あたり移動距離 |
| 制度 | 制度的枠組み（38, 39） 制度的能力（37） | SD の戦略的実施（8） | 国別持続可能な開発戦略 |
| | | 国際協力 | 批准された世界の合意の実施 |
| | | 情報アクセス（40） | 居住者 1,000 人あたりインターネット加入者数 |
| | | 通信インフラ（40） | 居住者 1,000 人あたり主要電話線 |
| | | 科学技術（35） | GDP における投資割合研究開発費（%） |
| | | 災害に対する準備と対応 | 自然災害による経済的・人的損失 |

カッコ内の数字は関連するアジェンダ 21 の章番号．

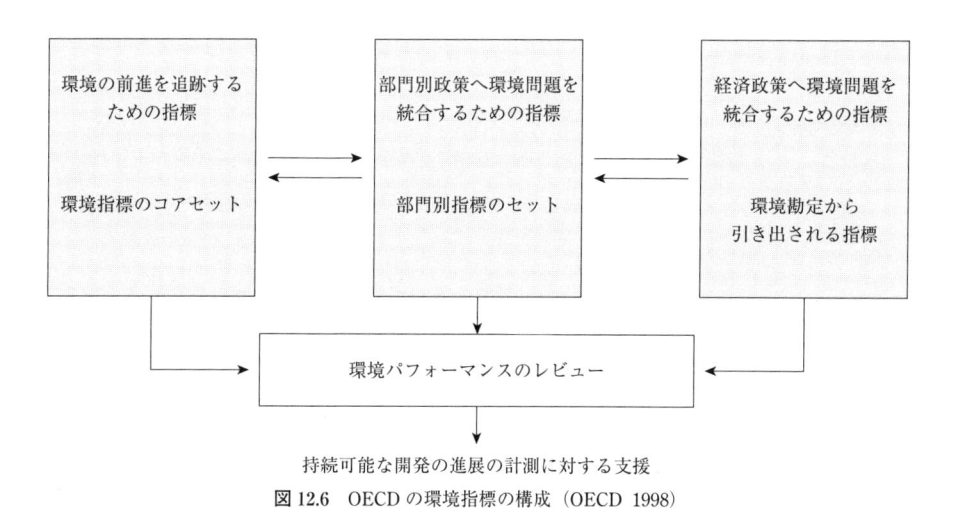

図 12.6　OECD の環境指標の構成（OECD 1998）

| 環境重要度の部門別の傾向とパタン | 環境との相互作用 | 経済と政策の側面 |
|---|---|---|
| 間接的圧力と駆動力 | 関連する部門<br>・資源利用<br>・汚染物および廃棄物の発生<br>・リスクと安全性の問題<br>・関連する影響と結果として生じる環境条件<br>・選ばれた直接的対応 | 選ばれた部門<br>・環境被害<br>・環境経費<br>・課税と助成<br>・価格構造<br>・貿易の側面 |

**図 12.7** OECD 部門別指標群のフレームワーク（OECD 1998）
OECD は，このフレームワークを交通部門とエネルギー部門に適用する．部門別指標群は農業部門の持続可能な消費指標に対しても開発されている．

**表 12.5** 環境勘定：定義と概念（OECD 1998）

環境勘定は，勘定フレームワークによって環境と経済の間の相互作用の体系的記述として定義され得る．環境勘定に対する特定のモデルは存在せず，アプローチは目的に応じて異なる．

| アプローチ | 考慮される環境カテゴリ | 特　徴 |
|---|---|---|
| 国別経済勘定の調整 | ・環境被害<br>・環境サービス　　　の評価<br>・自然資本のストック | 修正 SNA フレームワークとバウンダリ |
| 付随的勘定 | ・環境被害<br>・環境サービス<br>・自然資本ストック　の評価<br>・環境系比<br>対応する物的フローとストック | 修正ではなく SNA の補完<br>SNA との全体的結合 |
| 自然資源勘定および環境勘定 | ・自然資源の物的フローとストック<br>・自然資源の人為的開発と関連する物的フローおよび金銭的フロー | SNA との独立および補完 |

　気候変動，オゾン層破壊，富栄養化，酸性雨などの主要な環境問題に対して，国ごとに環境への負荷（P），環境の状態（S），対応（R）の指標によって計測する．
　部門別指標群とは，環境問題を，経済政策や貿易問題などの環境問題と深くかかわる部門別の政策へと統合するための指標である（図 12.7）．
　さらに経済政策と環境政策の統合のために環境勘定手法を取り入れる（表12.5）．環境勘定には特定のモデルは存在せず，アプローチは目的に応じて変わ

るとされている. 上で紹介したような環境・経済統合勘定体系 (SEEA) や環境調整済国内純生産 (グリーン GDP) もそのひとつに位置づけられるだろう.

## 12.3 緑地環境の指標

本節では, とくに緑地環境と関連の深い指標として, 生態学的指標およびエコロジカルフットプリントについて紹介する.

### 12.3.1 生態学的指標

生態学的指標 (ecological indicator) という用語は一般的にも用いられており, たとえば "*Ecological Indicators*" という学術誌も発行されているが, ここで紹介するのはアメリカの主として環境保護局 (Environmental Protection Agency : EPA) で開発・利用されている生態学的指標である.

アメリカでは 1960～70 年代から環境指標が開発・利用されてきている. これは水質法 (Water Quality Act : 1965 年), 水浄化法 (Clean Water Act : 1982 年) の制定と並行して, 水質を監視するための物理化学的指標の開発がすすんだためである.

また 1969 年に制定された国家環境政策法 (National Environmental Policy Act : NEPA) により, ある生物種に注目して環境を評価する生息地評価手続き (HEP, 第 4 章参照) の開発が促された.

1980 年代後半から毒性化学物質への不安と関心が高まり, 生物マーカー (biomarker) の利用が広まった. さらに 1990 年頃から生態系管理 (ecosystem management) あるいは生態系アプローチ (ecosystem approach) の重要性が認識されるにつれ, ある種に特定するのではなく, 生態系全体の状態を診断する指標の開発・利用がすすめられるようになった.

EPA で取り組まれている環境モニタリング・評価プログラム (Environmental Monitoring and Assessment Program : EMAP) の中でも, 主として水圏を対象としてさまざまな生態学的指標の開発・検討がおこなわれている (Jackson and others 2000 ; US/EPA/ORD 2002). なおここでは, 指標 (indicator) とは「潜在的には数多くのソースからの複雑なメッセージを, 簡約化された, そして有用な様式で伝えるサインあるいはシグナル」だと定義され, また生態学的指標とは, 「ひとつの生態系あるいはその重要な構成要素のひとつを特徴づける, 尺度

(measure)，尺度の指数（index），あるいはモデル」と定義されている（Jackson and others 2000）．

EPAはアメリカ研究評議会（National Research Council : NRC）に自然的あるいは人為的要因による生態学的変化を監視するための指標の科学的評価をおこなうように求めた．このEPAの要請に応えて，NRCは「水域および陸域の環境を監視するための指標を評価するための委員会（Committee to Evaluate Indicators for Monitoring Aquatic and Terrestrial Environments）」を設置して検討を開始した．

指標を評価するための基準としては，一般的重要性，概念的基礎，信頼性，時間的・空間的スケール，統計的特性，必要とされるデータ，要求される技術，データの質，データ管理，頑健さ，国際比較可能性，および費用・便益・費用効率性をあげている．

表12.6 生態学的条件の国レベル指標（NRC 2000）

| 生態学的情報のカテゴリ | 推薦される指標 | 指標選択の理由 |
| --- | --- | --- |
| 国の生態系の広がりと状態 | 土地被覆と土地利用 | 多くの他の指標の計算のために必要．さまざまな生態系型の全般的な広がりがわかる |
| 国の生態学的資本 生物資本 | 総種多様性 | 国の生物資源の尺度（期待される物に対する現在の状況） |
|  | 固有種多様性 | 生態学的資本 |
|  | 固有の生物多様性の量の尺度 |  |
| 非生物資本 | 栄養流出 | 栄養の全損失の推定．栄養流出は受ける水への大きな影響 |
|  | 土壌有機物* | 土壌条件の最善のひとつの指標．侵食と関係 |
| 生態学的機能（パフォーマンス） | 生産力：炭素貯蔵，純一次生産力（NPP），生産能力 | 生態系に隔離あるいは蓄積される炭素量の直接尺度（NEP），生態系へ持ち込まれるエネルギーと炭素の量（NPP），生態系のエネルギー捕獲能力（葉緑素量） |
|  | 湖沼栄養状態 | 湖沼が財とサービスを提供する能力の直接測度 |
|  | 河川酸素 | 河川中の一次生産量と呼吸量の間の収支を測る |
|  | 土壌有機物 | 土壌の質と生産力のひとつの最も重要な指標 |
|  | 栄養利用効率と栄養収支 | 栄養の非効率的利用は経済的に費用がかかり，栄養が排出される生態系に被害を与える |
|  | 土地利用 | 生態系機能に関する情報を提供する |

＊ 2カテゴリ以上に含まれる指標．

結果として，NRCは表12.6にあげたようなものを国レベルの生態学的指標として提案している（NRC 2000）．

① 国の生態系の広がりと状態の指標：人間によって引き起こされる最大の生態学的変化は，土地利用の結果として生じる．このような変化は，生態系の財とサービスを提供する能力に影響する．したがって土地被覆と土地利用を定量的に把握しておくことが必要である．

土地被覆指標は，各土地被覆面積であり，各時期で土地被覆を計算し，以前の値と比較する．土地被覆は5年に一度，報告することが求められるが，他の指標への入力として用いられるように，その値は毎年計算する必要がある．

② 国の生態学的資本の指標：種の損失は不可逆的なため，種の多様性を監視することは重要である．用いられる多様性測度は種数（species richness）である．種数指標は，既往の知見が十分に整っていて，サンプルしやすい少数の代表的な分類群に対して計算する．この指標の主たる意味は，総種数の尺度を提供することにある．この指標は人間の影響，とくにひどい影響を反映し，また他の環境変動の多くを反映する．

・固有種多様性：人間の土地に対する影響を反映する．

この指標は，面積あたりの固有種の数と，当該景観型に期待される固有種の数を比較する．もし人為的改変などにより固有種が非固有種で置き換わった場合には，この固有種多様性指標の値は減少する．総種数が変わらない場合にも，この指標の変化は何らかの影響を示唆する．

・栄養流出：過剰な栄養，とくに窒素とリンは土壌の清澄度を劣化させ，迷惑な「水の華（algal bloom：植物プランクトンの増殖による湖水の着色現象）」を増やし，水中を低酸素化する．窒素とリンの流出はおもに人間活動の結果なので，環境管理の必要性と効率の指標ともなり得る．

・土壌有機物（soil organic matter：SOM）：SOMはふつう1～10％の値をとり，注意深い管理によって回復，維持され得る．一方，SOMは不適切な管理によって減少し得る．したがってSOMは管理されない土壌条件の有用な指標であると同時に，農業土壌条件の有用な指標でもある．

③ 生態学的機能あるいはパフォーマンス

・炭素貯蔵：この指標は，生態系によって隔離あるいは放出される炭素量の直接測度であり，これは温室効果ガスに関連した懸念に照らして重要である．

表12.7 アメリカEPAによる生態学的指標の案（EPA 2003b）

| | 本質的な生態学的属性 | | 指　標 |
|---|---|---|---|
| 森林 | 景観の状態 | 生態学的システム／生息地型の広がり | 森林の面積・所有・管理 |
| | | | 森林型別の面積 |
| | | 景観構成 | 林齢区分 |
| | | 景観のパタン・構造 | 森林のパタン・分断化 |
| | 生物の状態 | 生態系・群集 | 危機的森林性在来種 |
| | | 種・個体群 | 代表的森林種の個体群 |
| | | 個体の状態 | 森林の撹乱：火災・昆虫・病気 |
| | | | 樹木の状態 |
| | | | オゾンによる樹木被害 |
| | 生態学的プロセス | 物質フロー | 炭素蓄積量 |
| | 化学的・物理的特性 | 栄養濃度 | 農地・森林・都市の河川・地下水中の硝酸 |
| | | その他の化学的パラメータ | 湿性硫酸沈着 |
| | | | 湿性窒素沈着 |
| | | 物理的パラメータ | 土壌の緻密化 |
| | 水文・地形 | 地表水・地下水の流量 | 流量変化 |
| | | 堆積物・物質の輸送 | 土壌侵食 |
| | 自然撹乱機構 | 頻度 | 歴史的な変化の幅を上回るプロセス |
| 農地 | 景観の状態 | 生態学的システム／生息地型の広がり | 農業的土地利用の広がり |
| | | 景観構成 | 農地景観 |
| | 化学的・物理的特性 | 栄養濃度 | 農地・森林・都市の河川・地下水中の硝酸 |
| | | | 農地・森林・都市の河川中のリン |
| | | 微量有機・無機物質 | 農地の河川・地下水に含まれる農薬 |
| | | | 農地から流出する可能性のある農薬 |
| | | | 農薬の溶脱可能性 |
| | | | 土壌質指数 |
| | | 堆積物・物質の輸送 | 土壌侵食 |
| | | | 耕地・牧草地から流出する可能性のある堆積物 |
| 草地・低木地 | 景観の状態 | 生態学的システム／生息地型の広がり | 草地・低木地の広がり |
| | 生物の状態 | 生態系・群集 | 危機的草地・低木地性在来種 |
| | | | 侵略的および在来性非侵略的鳥類種の個体群傾向 |
| | 水文と地形 | 地表水・地下水の流量 | 草地・低木地における河川が涸れる期間の回数／長さ |
| 都市・郊外域 | 景観の状態 | 生態学的システム／生息地型の広がり | 都市・郊外地の広がり |
| | | 景観構成 | 都市／郊外域における森林・草地・低木地・湿地のパッチ |
| | 化学的・物理的特性 | 栄養濃度 | 農地・森林・都市の河川・地下水中の硝酸 |
| | | | 農地・森林・都市の河川中のリン |
| | | 微量有機・無機物質 | 都市の河川・地下水中の化学汚染 |
| | | | オゾンの8時間・1時間平均の環境濃度 |

・生産能力：単位面積あたりの総葉緑素量として与えられ，陸域生態系のエネルギー捕捉能力の直接測度を提供する．湖沼においては，単位体積あたりの総葉緑素量が用いられる．全葉緑素量は，生態系のエネルギーを捕捉

## 12.3 緑地環境の指標

**表 12.7** （続き）

| | 本質的な生態学的属性 | | 指標 |
|---|---|---|---|
| 淡水 | 景観の状態 | 生態学的システム／生息地型の広がり | 湿地の広がり・変化 |
| | | | 池・湖・貯水池の広がり |
| | | 景観構成 | 変容した淡水生態系 |
| | 生物の状態 | 生態系・群集 | 非在来性淡水生植物群集 |
| | | | 動物の死・奇形化 |
| | | | 危機的淡水生植物群集 |
| | | | 河川の生物的完全性の魚指数 |
| | | | 河川に対する大型無脊椎動物の生物的完全性指数 |
| | | 種・個体群 | 危機的在来淡水魚種 |
| | | 個体の状態 | 淡水魚に含まれる汚染物質 |
| | 化学的・物理的特性 | 栄養濃度 | 大河川中のリン |
| | | | 湖の栄養状態指数 |
| | | 微量有機・無機物質 | 河川の化学汚染 |
| | | その他の化学的パラメータ | 湖・河川の酸への感受性 |
| | 水文と地形 | 地表水・地下水の流量 | 河川の流量変化 |
| | | 堆積物・物質の輸送 | 堆積指数 |
| 沿岸・海洋 | 景観の状態 | 生態学的システム／生息地型の広がり | 河口・海岸線の広がり |
| | | 景観構成 | 沿岸に生息する生物 |
| | | | 海岸線の型 |
| | | 生態系・群集 | 底生生物群集指数 |
| | | | 魚種の多様性 |
| | | | 沈水植生 |
| | | 種・個体群 | クロロフィル濃度 |
| | | 個体の状態 | 魚の異常 |
| | | | 海洋における異常な死亡率 |
| | 化学的・物理的特性 | 栄養濃度 | 沿岸水の全窒素 |
| | | | 沿岸水の全リン |
| | | 微量有機・無機物質 | 沿岸水の溶存酸素 |
| | | | 堆積物中の全有機炭素 |
| | | その他の化学的パラメータ | 沿岸水の堆積物汚染 |
| | | | 河口における堆積物毒性 |
| | | 物理的パラメータ | 沿岸水の透明度 |
| 国全体 | 景観の状態 | 広がり | 生態系の広がり |
| | 生物の状態 | 生態系・群集 | 危機的在来種 |
| | | 種・個体群 | 鳥類群集指数 |
| | 生態学的プロセス | エネルギーフロー | 陸上植物成長指数 |
| | | 物質フロー | 窒素の移動 |
| | 化学的・物理的特性 | 微量有機・無機物質 | 化学汚染 |

する能力と強く相関する，すぐれた指標である．
- NPP：生態系に持ち込まれたエネルギーと炭素の量の直接的な測度である．林業と農業においてはNPPは生産力の測度でもある．

- 湖沼栄養状態：重要な特性――栄養状況，純生物生産，および水の透明度――は，相互に密に関係しており，肥料，汚泥，および他の影響源の管理によって影響される．純生物生産と水透明度は，地上観測に加えて衛星でも観測される．
- 河川酸素：河川中の一次生産量と呼吸量の間の収支を測る．河川酸素が多い場合には，高い光合成活動と栄養濃度の可能性，水の華，および葉の多い水生植物の急速な成長を示唆する．この値が低い場合には，呼吸が光合成よりも多いことを意味している．

農業生態系に対しては以下の指標を用いる．
- 栄養利用効率：耕地に対しては，年あたりの作物現存量中で除去される窒素とリンの量を，化学肥料および有機肥料の投入量とマメ科植物によって固定される窒素量との和と比較する．
- 栄養収支：窒素に対しては，指標は「窒素肥料＋動物指標＋固定される窒素－収穫される作物中の窒素量」で与えられる．この指標は，農業活動の環境影響を監視し，その改善を把握する．

2000年に上述のNRCの報告書が発行された後，2002年にはHeinz Center (http://www.heinzctr.org/ecosystems/) から「国の生態系の状態：アメリカの土地，水，および生物資源の計測」と題する報告書が出版された（Heinz Center 2002）．内容的にはNRCの報告書に沿ったもので，それを一部，修正したものとなっている．

EPAは「環境指標イニシアチブ（Environmental Indicators Intiative)」を開始し，2003年にはそのドラフト報告書が発表されている（EPA 2003a, 2003b）．この報告書は，大気，水，土地，健康，そして生態の5章から構成され，この生態の章が先のNRC報告書，およびハインツセンター報告書を受けた内容となっている．表12.7に生態学的指標（案）の構成を示したが，森林，農地，草地など各生態系について，その生態系の重要な特性を抜き出し（たとえば景観や生物の状態，化学的・物理的特性，あるいは水文と地形など），その重要な特性ごとに指標が示されている．提案された指標群は，国全体の生態系を包括的に視野に入れたものとなっている．

### 12.3.2　エコロジカルフットプリント

エコロジカルフットプリント（ecological footprint）とは直訳すれば「生態学

的な足跡」であるが，これは一人の人間あるいはひとつの集団（国，都市，地域等）が必要とする食料や木材等の生物資源を生産するのに必要な面積，およびエネルギー消費にともなう二酸化炭素放出を森林が光合成によって吸収するのに必要な面積を指標化するものである．エコロジカルフットプリントは，カナダのブリティッシュ・コロンビア大学（University of British Columbia）のRees（リース）とかれの学生によって開発された（Rees 1992；Wackernagel and Rees 1996）．Wackernagel（ワケナゲル）and Rees（1996）によれば，以下のように説明されている．

「エコロジカルフットプリントという概念は，持続可能性を単純ではあるが具体的な表現に置き換えることによって，持続可能性の生態学的な収支を理解するための直感的な枠組みを与える．そして国民的議論を喚起し，共通の理解を構築し，行動に向けての枠組みを提示する．エコロジカルフットプリントは持続可能性への挑戦をより透明なものにする．意思決定者に対して，政策，プロジェクト，あるいは技術的選択肢をその生態学的影響によって順位づけるための物的な基準を与える．」

エコロジカルフットプリント（以下，フットプリントと略）は基本的には，地域または地球の環境容量を超えない範囲で人間が生活することが持続可能性（sustainability）の条件と考える．環境容量（carrying capacity）とは牧養力とも訳されるが，たとえば1 haの牧草地に何頭のヒツジを飼うことができるか，といった概念である．その土地の気候条件や土壌条件に応じて1年間に生産される牧草の量は決まる．その牧草の量に応じて，その土地に養うことのできるヒツジの頭数（牧養力）も決まる．

フットプリントの場合には，以下の六つの項目を考える．① 人間のための食料の生産，② 家畜の食べる牧草の生産，③ 木材生産，および④ 魚類・海産物の生産，のそれぞれについてそれを生物生産するために必要な面積．⑤ 市街地，道路等の生物生産に使うことのできない土地の面積．⑥ エネルギー消費によって排出された$CO_2$を吸収するのに必要な森林の面積．

これら6項目の合計によって，人間による環境負荷（人間による需要量）を面積ベースであらわす．それと実際に生物生産可能な面積（供給量）との比較によって，環境への負荷が地域または地球の限界（環境容量）の範囲内かどうかを評価する．

フットプリントの具体的な適用例をふたつ紹介しよう．

ひとつはWackernagel and others（1999）による52カ国を対象にしておこな

表12.8 要約表 (Wackernagel and others 1999)

| 需要 フットプリント（一人あたり） | | | | 供給 国内に現存する生物容量（一人あたり） | | | |
|---|---|---|---|---|---|---|---|
| カテゴリ | 計 (ha/人) | 等値係数 (-) | 等値計 (ha/人) | カテゴリ | 生産係数 | 国面積 (ha/人) | 面積に等価となるように調整された生産 (ha/人) |
| 化石エネルギー | 1.4 | 1.1 | 1.6 | $CO_2$ 吸収土地 | 1.49 | 0.00 | 0.00 |
| 市街地 | 0.1 | 2.8 | 0.2 | 市街地 | 1.49 | 0.04 | 0.17 |
| 農地 | 0.3 | 2.8 | 0.9 | 農地 | 6.50 | 0.21 | 0.87 |
| 牧草地 | 1.8 | 0.5 | 1.0 | 牧草地 | 0.80 | 0.08 | 0.26 |
| 森林 | 0.3 | 1.1 | 0.3 | 森林 | 1.00 | 0.12 | 0.11 |
| 漁業 | 1.0 | 0.2 | 0.2 | 漁業 | | 0.32 | 0.07 |
| 利用計 | | | 4.2 | 現存計 | | 0.8 | 1.5 |
| | | | | 利用可能計 | （生物多様性に対して-12%） | | 1.3 |

他の指標（世界平均生産力による平均土地面積［ha/人］であらわされる）：-2.9＝イタリアの国別生態学的赤字，-2.2＝イタリアの「全球赤字」（1997年），31%＝そのフットプリントの%としてのイタリアの容量，210%＝全球一人あたり生物容量（1997年）と比較したイタリアの一人あたりフットプリント．表の一番下の部分は，フットプリントの結果を要約し，それをイタリアと世界の利用可能な生物容量と比較している．

ったフットプリントの算定である．

この論文ではまずイタリアを例としてとりあげ，フットプリント算出の方法を説明している．国の経済のエネルギーと資源スループットを追跡し，それらをそれらのフローを生物生産するのに必要な面積へと翻訳する（表12.8）．

この計算を52カ国に対して適用した結果が表12.9である．たとえば日本はフットプリントが一人あたり4.3 haであるのに対して，実際の供給能力は0.9 haであり，後者から前者を引いた値の-3.4 haがその不足分となる．

もうひとつの例はWackernagel and others (2002) によるものである．表12.10は1999年における地球のフットプリントを計算したものであるが，先述した6項目について，それぞれの総需要（第2列）に等価係数（第1列）を乗じることによって地球全体での需要量（第3列）が算出される．一方，世界面積（第4列）に等価係数（第1列）を乗じることによって得られた値（第5列）が地球の供給量である．図12.8は，そのようにして得られた需要量÷供給量を「人類によって使われている地球の数」として，その値を1961～99年で計算したものである．この期間中，フットプリントは80%増大し，地球の生物学的容量を

## 12.3 緑地環境の指標

**表 12.10** 1999年における等価係数，人間の需要面積，および地球の生物学的容量（一人あたり）の要約（Wackernagel and others 2002）

| 分 野 | 等価係数 (gha/ha) | 平均全球面積需要（一人あたり） | | 現存する地球の生物生産力（一人あたり） | |
|---|---|---|---|---|---|
| | | 総需要（ha）（一人あたり） | 等価計（gha）（一人あたり） | 世界面積（ha）（一人あたり） | 等価計（gha）（一人あたり） |
| 農地 | 2.1 | 0.25 | 0.53 | 0.25 | 0.53 |
| 牧草地 | 0.5 | 0.21 | 0.10 | 0.58 | 0.27 |
| 森林 | 1.3 | 0.22 | 0.29 | 0.65 | 0.87 |
| 漁業 | 0.4 | 0.40 | 0.14 | 0.39 | 0.14 |
| 市街地 | 2.2 | 0.05 | 0.10 | 0.05 | 0.10 |
| 化石燃料と核エネルギー | 1.3 | 0.86 | 1.16 | 0.00 | 0.00 |
| 計 | | | 2.33 | 1.91 | 0.91 |

生物生産力の違いを集計に反映させるため，面積は標準化された「全球ヘクタール（global hectares：gha）」で表現されている．1全球ヘクタールは世界の平均的な生物生産力のもとでの1ヘクタールに対応する．

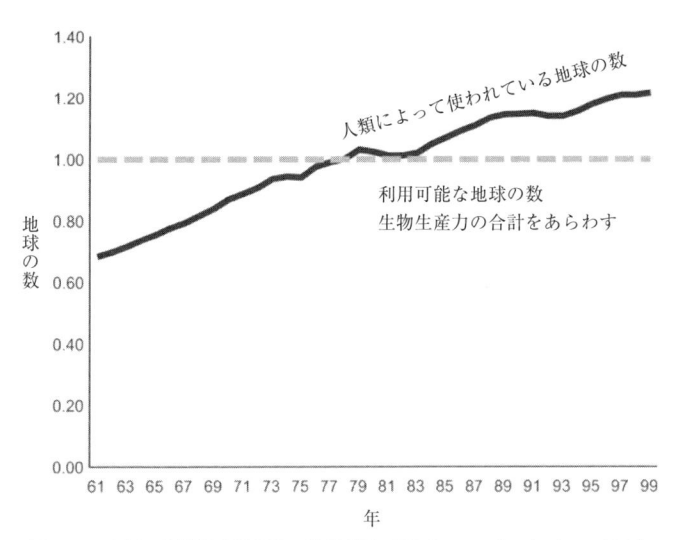

**図 12.8** 人類の生態学的需要量の時間変化（Wackernagel and others 2002）
この図は，過去40年間の人間の需要量を，各年の地球の生態学的容量との比較により示している．図の縦軸の1単位は，それぞれの年における地球の全再生可能容量に対応している．人間の要求は，1980年代から自然の総供給量を超え，1999年には20%超過している．もし生物生産面積の12%を他の種の保護のためにとっておくとすると，需要線と供給線は，1980年代ではなく，1970年代前半に交差する．

表12.9 各国のエコロジカルフットプリント (Wackernagel and others 1999)
このテーブルは，各国の人口 (1997年), エコロジカルフットプリント，利用可能な生物容量，および生態学的な赤字を載せている．後ろの三つは一人あたりの値．国の総エコロジカルフットプリントは，一人あたりのデータをその国の人口で乗ずることによって得られる．
(世界平均収量の面積で表現，1993年データ)

|  | 人口<br>(1997年) | エコロジカル<br>フットプリント<br>(ha/人) | 利用可能な<br>生物容量<br>(ha/人) | 生態学的赤字<br>(負の場合)<br>(ha/人) |
|---|---|---|---|---|
| アルゼンチン | 35,405,000 | 3.9 | 4.6 | 0.7 |
| オーストラリア | 18,550,000 | 9.0 | 14.0 | 5.0 |
| オーストリア | 8,053,000 | 4.1 | 3.1 | -1.0 |
| バングラデシュ | 125,898,000 | 0.5 | 0.3 | -0.2 |
| ベルギー | 10,174,000 | 5.0 | 1.2 | -3.8 |
| ブラジル | 167,046,000 | 3.1 | 6.7 | 3.6 |
| カナダ | 30,101,000 | 7.7 | 9.6 | 1.9 |
| チリ | 14,691,000 | 2.5 | 3.2 | 0.7 |
| 中国 | 1,247,315,000 | 1.2 | 0.8 | -0.4 |
| コロンビア | 36,200,000 | 2.0 | 4.1 | 2.1 |
| コスタリカ | 3,575,000 | 2.5 | 2.5 | 0.0 |
| チェコ | 10,311,000 | 4.5 | 4.0 | -0.5 |
| デンマーク | 5,194,000 | 5.9 | 5.2 | -0.7 |
| エジプト | 65,445,000 | 1.2 | 0.2 | -1.0 |
| エチオピア | 58,414,000 | 0.8 | 0.5 | -0.3 |
| フィンランド | 5,149,000 | 6.0 | 8.6 | 2.6 |
| フランス | 58,433,000 | 4.1 | 4.2 | 0.1 |
| ドイツ | 81,845,000 | 5.3 | 1.9 | -3.4 |
| ギリシャ | 10,512,000 | 4.1 | 1.5 | -2.6 |
| ホンコン | 5,913,000 | 5.1 | 0.0 | -5.1 |
| ハンガリー | 10,037,000 | 3.1 | 2.1 | -1.0 |
| アイスランド | 274,000 | 7.4 | 21.7 | 14.3 |
| インド | 970,230,000 | 0.8 | 0.5 | -0.3 |
| インドネシア | 203,631,000 | 1.4 | 2.6 | 1.2 |
| アイルランド | 3,577,000 | 5.9 | 6.5 | 0.6 |
| イスラエル | 5,854,000 | 3.4 | 0.3 | -3.1 |
| イタリア | 57,247,000 | 4.2 | 1.3 | -2.9 |

20%超えるレベルにまで達している．

図12.9 はその内訳を部門別にあらわしているが，とくに農林水産業に比べてエネルギー分野における伸びが大きいことがわかる．

### a. エコロジカルフットプリントへの批判とその反論

エコロジカルフットプリントに関する論争として *Ecological Economics* 誌上で

表 12.9 （続き）

| | 人口<br>（1997年） | エコロジカル<br>フットプリント<br>（ha/人） | 利用可能な<br>生物容量<br>（ha/人） | 生態学的赤字<br>（負の場合）<br>（ha/人） |
|---|---|---|---|---|
| 日本 | 125,672,000 | 4.3 | 0.9 | -3.4 |
| ヨルダン | 5,849,000 | 1.9 | 0.1 | -1.8 |
| 韓国 | 45,864,000 | 3.4 | 0.5 | -2.9 |
| マレーシア | 21,018,000 | 3.3 | 3.7 | 0.4 |
| メキシコ | 97,245,000 | 2.6 | 1.4 | -1.2 |
| オランダ | 15,697,000 | 5.3 | 1.7 | -3.6 |
| ニュージーランド | 3,654,000 | 7.6 | 20.4 | 12.8 |
| ナイジェリア | 118,369,000 | 1.5 | 0.6 | -0.9 |
| ノルウェイ | 4,375,000 | 6.2 | 6.3 | 0.1 |
| パキスタン | 148,686,000 | 0.8 | 0.5 | -0.3 |
| ペルー | 24,691,000 | 1.6 | 7.7 | 6.1 |
| フィリピン | 70,375,000 | 1.5 | 0.9 | -0.6 |
| ポーランド | 38,521,000 | 4.1 | 2.0 | -2.1 |
| ポルトガル | 9,814,000 | 3.8 | 2.9 | -0.9 |
| ロシア | 146,381,000 | 6.0 | 3.7 | -2.3 |
| シンガポール | 2,899,000 | 6.9 | 0.1 | -6.8 |
| 南アフリカ | 43,325,000 | 3.2 | 1.3 | -1.9 |
| スペイン | 39,729,000 | 3.8 | 2.2 | -1.6 |
| スウェーデン | 8,862,000 | 5.9 | 7.0 | 1.1 |
| スイス | 7,332,000 | 5.0 | 1.8 | -3.2 |
| タイ | 60,046,000 | 2.8 | 1.2 | -1.6 |
| トルコ | 64,293,000 | 2.1 | 1.3 | -0.8 |
| イギリス | 58,587,000 | 5.2 | 1.7 | -3.5 |
| アメリカ | 268,189,000 | 10.3 | 6.7 | -3.6 |
| ベネズエラ | 22,777,000 | 3.8 | 2.7 | -1.1 |
| 世界 | 5,892,480,000 | 2.8 | 2.1<br>（1997年は2.0） | -0.7<br>（1997年は-0.8） |

展開された van den Bergh and Verbruggen（1999a）の批判，開発者の一人 Wackernagel（1999）による反論，そして van den Bergh and Verbruggen（1999b）による再反論を紹介しよう．

van den Bergh らは，フットプリントは生産と消費に関するさまざまな事象を土地面積というひとつの尺度に集約する過程で，たとえば地域的な土地利用の特

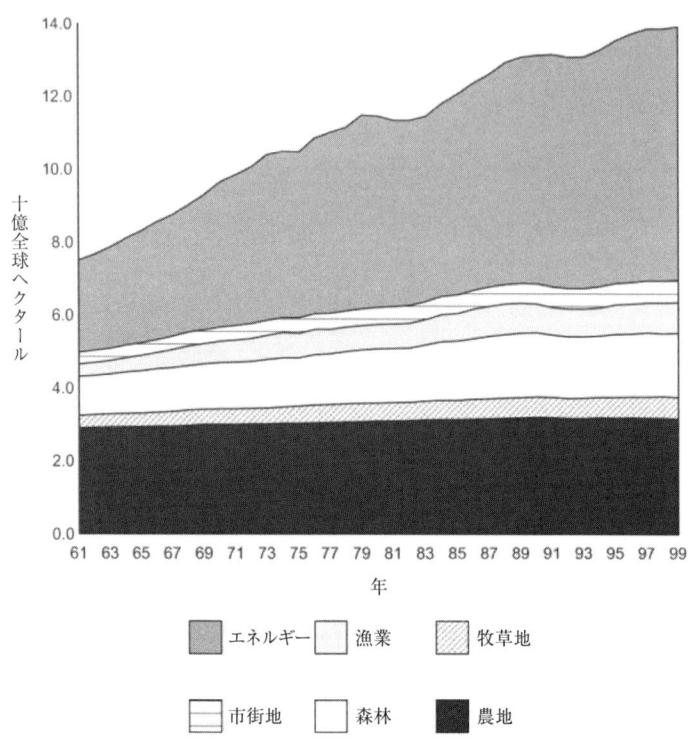

**図 12.9** 全球ヘクタールであらわした，世界の生態学的需要量の経年変化
（Wackernagel and others 2002）
この図は，人類の需要面積を六つの分野ごとにあらわしている．六つの分野はそれぞれの上に示されており，1999 年には全球で 130 億 ha の総需要面積となっている．全球ヘクタールは，その年における全球の平均的生物生産力による生物学的な生産可能な面積をあらわしている．

性などが無視されている，貿易の問題に関して空間的な持続性と地域的な持続可能な開発が正確にとらえられていない，エネルギー利用シナリオに関して，光合成による炭素シンクを超えない場合に限り持続的だとする考えは疑問だ，などの批判を加えており，Wackernagel（1999）はそれらの各点に対して反論している．しかし van den Bergh らの指摘の中でもっとも本質的な論点は，そもそもフットプリントが，人類が地球の「自然の資本」を過剰利用しているという定性的なメッセージを伝える概念なのか，あるいは社会的な活動や政策を推進するためのツールとして用いられる定量的な方法なのか，という点にあるように思われる．

確かにフットプリントは直感的でわかりやすく，上に示したような図は見る人に大きなインパクトを与えるだろう．私たちの生活は「地球」に大きな負荷をかけている，私たちは日々の生活を改めなければいけない，というような感想をもつのは自然なことだろう．その意味でフットプリントは少なくとも前者の条件は満たしている．一方後者については，フットプリントはたとえば環境基本計画の中で，行政の計画ツールとして利用することができるだろうか．万人を納得させられるだけの指標の意味合い，算出の合理性，データの信頼性をもつだろうか．

フットプリントは，発表後10年を経た現在でも，多くの国や自治体でその算出が試みられ，また方法論的にもさまざまな改良が加えられている．今後，フットプリントをどのように改良し，また得られた値を環境行政の手段としてどのように活用するのかを，学界での議論も踏まえて検討していく必要があるだろう．

### ● 参考文献 ●

Adriaanse A. 1993. *Environmental Policy Performance Indicators : A Study on the Development of Indicators for Environmental Policy in the Netherlands.* Hague : SDU Publishers, 175 p.

Akita T, Nakamura Y, editors. 2000. *Green GDP Estimates in China, Indonesia, and Japan : An Application of the UN Environmental and Economic Accounting System.* Tokyo : UNU, 109 p.

van den Bergh J, Vegbruggen H. 1999a. Spatial sustainability, trade and indicators : an evaluation of the ecological footprint. *Ecological Economics* **29** : 61–72.

van den Bergh J, Vegbruggen H. 1999b. An evaluation of the 'ecological footprint' : reply to Wackernagel and Ferguson. *Ecological Economics* **31** : 319–321.

[CSD] Commission on Sustainable Development. 1996. *Report of Expert Workshop on Methodologies for Indicators of Sustainable Development. 5–8 Feb. 1996*, 227 p.

[CSD] Commission on Sustainable Development. 2001. *Indicators of Sustainable Development : Guidelines and Methodologies.* New York : UN Department of Economic and Social Affairs, 310 p (available from : http://www.un.org/esa/sustdev/natlinfo/indicators/isd_guidelines_note.htm).

[EEA] European Environment Agency. 2003. *Europe's Environment : the Third Assessment.* Copenhagen : EEA, 343 p (available from : http://reports.eea.eu.int/environmental_assessment_report_2003_10/en/kiev_eea_low.pdf).

[EPA] United States Environmental Protection Agency. 2003a. *EPA's Draft Report on the Environment.* Washington : US/EPA, 167 p (available from : http://www.epa.gov/indicators/index.htm).

[EPA] United States Environmental Protection Agency. 2003b. *EPA's Draft Report on the Environment Technical Document. EPA 600–R–03–050.* Washington : US/EPA, 453 p (available from : http://www.epa.gov/indicators/index.htm).

[Heinz Center] The H. John Heinz III Center for Science, Economics and the Environment. 2002. *The State of the Nation's Ecosystems : Measuring the Lands, Waters, and Living Resources of the United States.* Cambridge, UK : Cambridge University Press, 288 p.

Jackson LE, Kurtz JC, Fisher WS, editors. 2000. *Evaluation Guidelines for Ecological Indicators.* North Calorina : US Environmental Protection Agency, Office of Research and Development, EPA/620/R-99/005, 108 p (available from : http://www.epa.gov/emap/html/pubs/docs/resdocs/ecoind.html).

Linster M, Fletcher J. 2001. Using the pressure–state–response model to develop indicators of sustainable environmental indicators : OECD framework for environmental indicators. 11 p (available from : http://destinet.ewindows.eu.org/aEconomic/5/OECD_P-S-R_indicator_model.pdf/).

[NRC] National Research Council. 2000. *Ecological Indicators for the Nation*. Washington DC : National Academy Press, 180 p.
[OECD] Organisation for Economic Co-operation and Development. 1998. *Towards Sustainable Development : Environmental Indicators*. Paris : OECD, 129 p.
Rapport DJ, Friend AM. 1979. *Towards a Comprehensive Framework for Environmental Statistics : A Stress-Response Approach*. Ottawa : Statistics Canada (11-510), 87 p.
Rees WE. 1992. Ecological footprints and appropriated carrying capacity : what urban economics leave out. *Environment and Urbanization* 4(2) : 120-130.
Schütz H, Welfens MJ. 2000. *Sustainable Development by Dematerialization in Production and Consumption : Strategy for the new Environmental Policy in Poland*. Wuppertal Papers 103, 61 p (available from : http://www.wupperinst.org/Publikationen/WP/WP103.pdf).
[US/EPA/ORD] United States/Environmental Protection Agency/Office of Research and Development. 2002. Research Strategy―Environmental Monitoring and Assessment Program―. 71 p (available from : http://www.epa.gov/emap/html/pubs/docs/resdocs/resstrat02.html).
Wackernagel M. 1999. An evaluation of the ecological footprint. *Ecological Economics* 31 : 317-318.
Wackernagel M, Onisto L, Bello P, Linares AC, Falfán ISL, García JM, Guerrero AIS, Guerrero MGS. 1999. National natural capital accounting with the ecological footprint concept. *Ecological Economics* 29 : 375-390.
Wackernagel M, Rees WE. 1996. *Our Ecological Footprint : Reducing Human Impact on the Earth*. Gabriola Island, BC : New Society Publishers, 160 p.
Wackernagel M, Schulz NB, Deumling D, Linares AC, Jenkins M, Kapos V, Monfreda C, Loh J, Myers N, Norgaard R, Randers J. 2002. Tracking the ecological overshoot of the human economy. *Proceedings of the National Academy of Sciences* 99(14): 9266-9271.
上山信一. 2001.「行政評価」の時代―経営と顧客の視点から―. 東京：NTT出版, 194 p.
環境省. 2003. 循環型社会白書 平成15年版：循環型社会への道筋「循環型社会形成推進基本計画」について. 東京：ぎょうせい, 217 p.
環境省総合環境政策局環境計画課. 2003. 環境統計集 (平成15年版). 東京：ぎょうせい, 297 p.
環境庁. 1994. 環境基本計画. 東京：環境庁, 160 p.
環境庁. 2000. 環境基本計画―環境の世紀への道しるべ―. 東京：環境庁, 158 p.
国土審議会基本政策部会. 2002. 国土審議会基本政策部会報告「国土の将来展望と新たな国土計画制度のあり方」. 東京：国土交通省, 168 p.
総合的環境指標検討会. 1997. 総合的環境指標試案. 東京：環境庁, 88 p.
総合的環境指標検討会. 1999. 総合的環境指標検討会報告書―総合的環境指標の取りまとめと活用について―. 東京：環境庁, 189 p.
内藤正明. 1988. "環境指標"の歴史と今後の展開. 環境科学会誌 1(2): 135-139.
内藤正明. 1995. 環境指標とは何か？ (日本計画行政学会編.「環境指標」の展開：環境計画への適用事例. 東京：学陽書房), pp. 3-8.
内藤正明・西岡秀三・原科幸彦 (著者代表). 1986. 環境指標：その考え方と作成手法. 東京：学陽書房, 191 p.
中口毅博. 2001. 環境総合指標による地域環境計画の目標管理に関する研究. 東京工業大学学位論文, 289 p (available from : http://www.sic.shibaura-it.ac.jp/~nakaguti/hakusironbun.pdf).
森口祐一. 1998.「持続可能な発展」という概念 (内藤正明・加藤三郎編. 持続可能な社会システム. 東京：岩波書店), pp. 97-126.
森田恒幸・内藤正明. 1986. 住民意識調査に基づく都市環境及びその評価構造の比較研究. 国立公害研究所研究報告 88 : 21-31.

# あ と が き

　十数年前のある日，当時私が勤めていた国立環境研究所で，所内のネットワーク（LAN）の導入に関する検討会が開かれていた．会議では当然のことながら，なぜ LAN が必要なのか，LAN が何の役に立つのかが議論された．正直言って私には巨額の費用を投じて LAN を引くことの効果を説得できるだけの根拠がよくわからなかった．
　席上，ある研究者が以下のようなことを発言した．
　「このような仕事のあり方，社会経済の仕組みまでも変えてしまう可能性をもつ技術の効果を，今の社会，今の経済のあり方を前提として考えてはいけない．」
　そんなものかなあと思いつつ，私は聞き流していたが，今となってはまさにその発言は現実のものとなった．その後，ことあるたびにこの発言を思い起こしては自らの不明を恥じている次第である．
　さて，1994 年に前書（『環境資源と情報システム』，武内と共編）を上梓して以来，10 年が過ぎた．この間，情報技術における最大の変化はインターネットの普及であろう．しかし情報技術の分野では，インターネットのほかにも携帯電話の普及，パソコンの高機能化，多様なセンサ開発などのめざましい進歩があった．一方，環境保全の分野でもそのような情報技術の進歩を取り入れつつ，環境科学に関する新しい知見が蓄積され，また環境保全の仕組みや制度も発展してきた．
　例をあげよう．
　第 5 章で論じたように，GIS の発展にともない生息地分布モデルの急速な開発がうながされ，生息環境の評価や環境影響の予測に役立てられている．また HEP や PVA などの生物の生息環境や絶滅確率を定量的に評価する手法が発展し，絶滅危惧種の判定や保全適地の評価に用いられるようになった．
　第 12 章で論じたように有効な環境指標が多数提案され，国連の目標や国の環境計画でも実際に活用されるようになった．環境指標は政策決定の合理性と，意思決定の透明性を高めるのに寄与している．
　このように，新しい環境技術が活用されることによって，環境保全のあり方自

体がこの間にも変わってきた．

また一方，地球温暖化問題は京都議定書の採択（1997 年）および発効（2005 年）に見られるように，ますます世界の重要事項となり，将来予測の不確実性を減少させるために，地球環境に関する，より正確な科学的知見が求められている．そのような背景のもとで，MODIS のような新しい地球観測センサが開発され，NPP，FPAR などの生態系の機能に関する情報が提供されるようになった（第 8 章）．

このように環境保全に必要な科学的知見を提供するため，新たな技術開発がうながされた例もある．

したがって新しい技術開発が環境保全のあり方を変え，一方，環境保全の推進のために新たな技術開発がうながされ，という双方向の働きかけの中で両者が発展してきたと言うことができよう．はじめにインターネットが社会の仕組みまでも変えてしまったという話をしたが，環境分野に限ってみても，まさに同じようなことが起きてきたのである．したがって技術革新の方向性を正確に見極めることが，これからの環境保全のあり方を考える上でも必要である．一方，環境保全からの必要性に応じて新たな技術開発を進めていかなければならない．

さて，ここで指摘しておきたいひとつの問題は，多くの場合，データの取得（調査），データの加工・情報化（分析，指標化など），情報の活用（アセスメント，環境計画など）といった一連の流れが，一体的に検討されていないことである．

実際，私も環境指標の開発などに従事したが，一方で自然環境保全基礎調査（いわゆる緑の国勢調査）という大がかりな調査の枠組み，データの入り口がある一方，それをどう指標に結びつけていくのか，環境保全制度の枠組みの中で調査結果をどう活用していくのか，という戦略に欠けているような印象をぬぐい去ることができない．

第 8 章で EOS 科学計画を紹介したが，これは問題（どういう問題を解決しなければならないか）—科学（何を知る必要があるのか）—技術（それをどう知るか）を巧みに関連づけた戦略を与えている．生物多様性の保全，地球温暖化，公園計画などのそれぞれの枠組みの中で，問題—科学—技術をつなぐ論理的なパスを，「情報」を糸としてつないでいくことがこれからの大きな課題である．

繰り返しになるが，保全情報学は「保全」と「情報」を結びつけ，その間のパ

スを提示することである．保全情報学の体系化とはまさにこのような問題―科学―技術のマトリクスを構築していくことにほかならない．本書ではそのいくつかをトピック的に提示した．この他にもGPS（全地球測位システム）やアルゴスシステムを用いた野生動物の生息地や移動経路の解明，インターネットによる住民と行政との双方向コミュニケーション，ICタグを用いた外来種のモニタリング，センサと通信技術の融合による広域環境モニタリングなど，本書ではとりあげなかったが，本来，紹介すべき内容はまさに枚挙に遑がない．

つぎの10年には何が起こるのだろう．

情報技術はつぎつぎと新しい仕組みを提供し，社会のあり方を変えてきた．これからあらわれてくる新しい技術を楽しく見守りながら，環境保全の分野でその果実を実らせたい．10年前にインターネットの近未来を見逃したのと同じ轍を踏まぬよう，いつも感度を研ぎ澄ませながら，新しい展開に向けてアイディアを出していきたい．

この本を読んで興味をもっていただいた読者も，いろいろな立場で保全情報学を活用し，発展させてもらえればと願っている．

# 初出誌一覧

加筆・修正のうえ本書に掲載した既発表の論文・講演要旨を示す.

第3章　景観連結性の評価
・第1節の一部：武内和彦・佐藤洋平・鈴木雅一・細見正明・鶴見武道・窪田順平・恒川篤史・藤槻篤範・千石順一郎・上治正美・大村光臣・吉澤　修編. 2002. 環境科学基礎. 東京：実教出版, 261 p.

第4章　生物生息環境の定量的評価
・恒川篤史. 2003. 生息環境の定量的評価の現実と課題. 日本生態学会関東地区会会報 **51**：11-15.
・伊藤健彦・三浦直子・恒川篤史. 2004. GISを活用した岩手県におけるクマタカの分布域推定. GIS—理論と応用 **12**(1)：67-72.

第5章　環境評価システムと意思決定
・第1, 2, 4節：恒川篤史. 1999. 自然環境保全のための環境評価システムと意思決定. 環境情報科学 **28**(3)：24-29.
・第3節：山田順之・上田純広・恒川篤史. 2003. GISを活用した緑地の環境保全機能の評価—静岡県掛川市を例として—. GIS—理論と応用 **11**(1)：61-69.

第7章　植生のリモートセンシング
・恒川篤史. 1998. 植生の観測. エネルギー・資源 **19**：157-162.

第9章　リモートセンシング・GISを用いた広域的な砂漠化の評価
・恒川篤史. 2003. リモートセンシング・GISを用いた砂漠化広域的評価. 農業環境工学関連5学会2003年合同大会, 盛岡, 2003年9月8～11日. 講演要旨, 420.

# さらに学びたい人のために

本書を読んで，さらに内容を掘り下げて学びたいという人のために，以下の本・論文を薦める．できるだけ日本語で読めるものを中心とした．

第 2 章　景観生態学と GIS
- Forman RTT, Godron M. 1986. *Landscape Ecology*. New York : John Wiley & Sons, 619 p.
- Forman RTT. 1995. *Land Mosaics*. Cambridge : Cambridge University Press, 632 p.
  フォアマン教授はハーバード大学で景観生態学を教えている．この 2 冊は，北米でおそらくもっとも広く使われている景観生態学の教科書であろう．
- Convis Jr CL. 2001. *Conservation Geography : Case Studies in GIS, Computer Mapping and Activism*. Redlands, California : ESRI Press, 219 p.
  保全地理学における GIS の豊富な応用例が紹介されている．
- Saunders DA, Hobbs RJ, editors. *Nature Conservation 2 : the Role of Corridors*. Chipping Norton, Australia : Surrey Beatty & Sons, 442 p.
  コリドーの事例研究が数多く紹介されている．
- Michael H, Shortreid A, editors. 1991. *GIS Applications in Natural Resources*. Fort Collins, Colorado : GIS World Inc., 381 p.
- Michael H, Parker HD, Shortreid A, editors. 1996. *GIS Applications in Natural Resources 2*. Fort Collins, Colorado : GIS World Inc., 540 p.
  自然資源管理の分野における GIS の応用事例の紹介．

第 3 章　景観連結性の評価
- 石川幹子．2001．都市と緑地―新しい都市環境の創造に向けて―．東京：岩波書店，385 p.
  パークシステム（公園系統）の歴史がよくまとめられている．
- 加藤和弘．2005．都市のみどりと鳥．東京：朝倉書店，122 p.
  景観生態学の視点から，樹林地の配置の問題を詳しく論じている．

第 4 章　生物生息環境の定量的評価
- Akçakaya HR, Burgman MA, Ginzburg LR. 1999. *Applied Population Ecology : Principles and Computer Exercises using RAMAS EcoLab 2.0*. ［楠田尚史・小野山敬一・紺野康夫訳．2002．コンピュータで学ぶ応用個体群生態学：希少生物の保全をめざして．東京：文一総合出版，326 p］．
- 鷲谷いづみ．1999．生物保全の生態学．東京：共立出版，181 p.
- 松田裕之．2000．環境生態学序説．東京：共立出版，211 p.

・三浦慎悟・堀野眞一. 2002. 野生動物集団のダイナミックス：個体群存続可能性分析（楠田哲也・巌佐　庸編：生態系とシミュレーション）. 東京：朝倉書店, pp. 91-114.
　PVA については，上の4冊を薦める．アクチャカヤら（2002）には，PVA の理論的背景から絶滅確率の計算，コンピュータプログラムを用いたシミュレーション分析までが書かれている．
・鷲谷いづみ・矢原徹一. 1996. 保全生態学入門―遺伝子から景観まで. 東京：文一総合出版, 270 p.
　保全生態学について，1冊紹介するとすればこの本．

## 第5章　環境評価システムと意思決定

・Steinitz C, Binford M, Cote P, Edwards T Jr, Ervin S, Johnson C, Kiester R, Mouat D, Olson D, Shearer A, Toth R, Wills R. 1996. *Landscape Planning for Biodiversity ; Alternative Futures for the Region of Camp Rendleton, California*［矢野桂司・中谷友樹訳. 1999. 地理情報システムによる生物多様性と景観プランニング　カリフォルニア州キャンプ・ペンドルトン地域の選択的将来. 京都：地人書房, 181 p］.
　5.1 で紹介した「代わり得る将来」の方法による景観計画について，具体的なプロジェクトをベースに解説されている．
・厳　網林. 2004. GIS の原理と応用. 東京：日科技連出版社, 267 p.
　GIS に関する書籍も最近ではずいぶんと増えてきたが，GIS の基礎から応用まで幅広い話題をコンパクトにまとめている．
・張　長平. 2001. 地理情報システムを用いた空間データ分析. 東京：古今書院, 194 p.
　GIS の空間解析機能をわかりやすく解説している．
・Johnston CA. 1998. *Geographic Information Systems in Ecology*［小山修平・橘　淳治訳. 2003. GIS の応用　地域系・生物系環境科学へのアプローチ. 東京：森北出版, 241 p］.
　英語の題名は "*GIS in Ecology*" であり，生態学分野の GIS を論じている．
・村井俊治. 1998. GIS ワークブック：基礎編. 東京：日本測量協会, 230 p.
　図が多く掲げられており，大学の講義にもよく用いられている．以前に出版されていた基礎編，技術編の2分冊が1冊にまとめられた．
・武内和彦・恒川篤史編. 1994. 環境資源と情報システム. 東京：古今書院, 219 p.
　内容的には本書の前身にあたる．GIS の技術的な部分についてはすでに古くなってしまったが，考え方自体は現在でも十分通用すると思う．

## 第6章　土地被覆のリモートセンシング

・日本リモートセンシング研究会編. 1992. 図解リモートセンシング. 東京：日本測量協会, 312 p.
　見開きで左に文章，右に図表が載せられており，テキストとして広く用いられている．
・加藤正人編著. 2004. 森林リモートセンシング. 東京：日本林業調査会, 274 p.
　森林を対象としたリモートセンシングについて基礎から応用まで幅広い内容が盛り込まれている．写真や図表が多用され，わかりやすい．

第7章　植生のリモートセンシング
- Hobbs RJ, Mooney HA, editors. 1990. *Remote Sensing of Biosphere Functioning* ［大政謙次・恒川篤史・福原道一監訳．1993．生物圏機能のリモートセンシング．東京：シュプリンガー・フェアラーク東京，397 p］．
 すでに絶版になっているので入手は困難だろうが，生態系のリモートセンシングについて幅広くまとめられている．
- 特集　京都議定書と炭素吸収源．日本リモートセンシング学会誌 **22**(5) (2002 年発行)．
 地球温暖化に関する特集ではあるが，生態系のリモートセンシングの現状を知るには良い．

第8章　リモートセンシングによる生態系機能の観測
- King M editor. 1999. *EOS Science Plan — The State of Science in the EOS Program*. NASA, 398 p.
 EOS 科学計画についての解説．
- 土田　聡．2000．可視，近赤外域における地球大気〜地表面系放射伝達―第二章　陸面のモデル―．日本リモートセンシング学会誌 **20**(1): 71-86.
 放射伝達モデルについて日本語で読めるものとしてはこの論文が薦められる．

第9章　リモートセンシング・GIS を用いた広域的な砂漠化の評価
- Mainguet M. 1991. *Desertification : Natural Background and Human Mismanagement*. Berlin : Springer-Verlag, 306 p.
- Thomas DSG, Middleton NJ. 1994. *Desertification : Exploding the Myth*. Chichester : John Wiley & Sons, 194 p.
 砂漠化全般に関しては上の 2 冊を薦める．
- Lal R, Blum WH, Valentine C, Stewart BA, editors. 1998. *Methods for Assessment of Soil Degradation*. Boca Raton : CRC Press, 558 p.
 土壌劣化の評価手法が詳述されている．
- 篠田雅人．2002．砂漠と気候．東京：成山堂，173 p.
 気候学の視点から砂漠の成り立ちをわかりやすく解説している．
- 吉川　賢・山中典和・大手信人（編著）．2004．乾燥地の自然と緑化―砂漠化地域の生態系修復に向けて．東京：共立出版，233 p.
 乾燥地に生育する植物や乾燥地での緑化について解説されている．
- 高見邦雄．2003．ぼくらの村にアンズが実った―中国・植林プロジェクトの 10 年．東京：日本経済新聞社，280 p.
 海外での植林活動に関する現場からの生の声．学術書ではないが，若い諸君にはとくに推薦したい．

第10章　土地利用のモデル
- Briassoulis H. 2000. Analysis of Land Use Change : Theoretical and Modeling Approaches. In : Loveridge S editor. *The Web Book of Regional Science*. Morgantown, WV : Regional Research Institute, West Virginia University（available from : http://www.rri.wvu.edu/regscweb.htm）．

- Berling-Wolff S, Wu J. 2004. Modeling urban landscape dynamics : A review. *Ecological Research* **19** : 119-129.
- Lambin EF, Rounsevell MDA, Geist HJ. 2000. Are agricultural land-use models able to predict changes in land-use intensity?. *Agriculture, Ecosystems and Environment* **82** : 321-331.
- Elena G, Irwin EG, Geoghegan J. 2001. Theory, data, methods : developing spatially explicit economic models of land use change. *Agriculture, Ecosystems and Environment* **85** : 7-23.

  土地利用モデル全般については，本文中で紹介した以上の4本がよくまとまっている．とくに Briassoulis（2000）には各モデルの中身についても紹介されていて役に立つ（しかもインターネット上で無料で公開されている「Web Book」）．

- 杉浦芳夫編．2003．シリーズ〈人文地理学〉3 地理空間分析．東京：朝倉書店，202 p.

  地理学の立場から空間的相互作用モデル等をわかりやすく解説している．
- 大坪国順編．2001．LU/GEC プロジェクト報告書Ⅶ（第二期最終報告書）：中国における土地利用変化のメカニズムとその影響に関する研究．CGER-I048-2001，つくば：国立環境研究所，243 p.

  国立環境研究所が中心となってすすめた土地利用変化研究の最終報告書．このほか数冊の報告書がとりまとめられている．

## 第11章　生態系の数値モデル

- IPCC. 2001. Climate Change 2001. In : Houghton JT, Ding Y, Griggs DJ, Noguer M, van der Linden PJ, Dai X, Maskell K, Johnson CA, editors. *The Scientific Basis. Contribution of Working Group I to the Third Assessment Report of the Intergovernmental Panel on Climate Change.* Cambridge : Cambridge University Press, 944 p.

  IPCC 第1作業部会（科学的基礎）の第3次報告書．この第3章「炭素循環と大気二酸化炭素」では全球炭素収支における陸域生態系の役割や気候変動に対する生態系の反応などがまとめられている．
- 楠田哲也・巌佐　庸．2002．生態系とシミュレーション．東京：朝倉書店，172 p.

  生態系に関するさまざまなシミュレーションモデルが解説されている．
- Thornton, PE. 1998. Description of a numerical simulation model for predicting the dynamics of energy, water, carbon, and nitrogen in a terrestrial ecosystem. Ph.D. dissertation, University of Montana, Missoula, MT, 280 p（available from : Mansfield Library, University of Montana, Missoula, MT 59812）.

  Biome-BGC の最近のバージョンを開発した Thornton の博士論文．生態系プロセスモデル一般の構造を知るにも有用．
- Landsberg JJ, Gower ST. 1997. *Applications of Physiological Ecology to Forest Management*, San Diego : Academic Press, 354 p.

  森林の機能と構造が豊富な資料を用いて解説されている．
- Beerling DJ, Woodward FI. 2001. *Vegetation and the Terrestrial Carbon Cycle : Modelling the First 400 Million Years*［及川武久監訳．2003．植生と大気の4億年―陸域炭素循環のモデリング．京都：京都大学学術出版会，454 p］．

植生のモデルを知る上でも，また過去の植生動態を知る上でも参考になる．
- Peck SL. 2004. Simulation as experiment : a philosophical reassessment for biological modeling. *TRENDS in Ecology and Evolution* **19**(10): 530-534.
  生物学分野における複雑なシミュレーションモデルが，進化・生態学において果たす役割について論じている．

第12章　緑地環境の指標
- 内藤正明・西岡秀三・原科幸彦（著者代表）．1986．環境指標：その考え方と作成手法．東京：学陽書房，191 p.
- 内藤正明・森田恒幸．1995．「環境指標」の展開：環境計画への適用事例．学陽書房，209 p.
  この2冊はすでに日本における地域環境管理への環境指標の活用に関して，古典と言えるかもしれない．
- 中口毅博．2001．環境総合指標による地域環境計画の目標管理に関する研究．東京工業大学学位論文，289 p（available from：http://www.sic.shibaura-it.ac.jp/~nakaguti/hakusironbun.pdf）．
  中口氏の学位論文．
- 森口祐一．1998．「持続可能な発展」という概念．内藤正明・加藤三郎編：持続可能な社会システム．東京：岩波書店，pp. 97-126.
  環境指標の開発に関する近年の国際的な動きを知るには必読．
- Wackernagel M, Rees WE. 1996. *Our Ecological Footprint—Reducing Human Impact on the Earth* ［和田喜彦監訳・解題，池田真理訳．2004．エコロジカル・フットプリント―地球環境持続のための実践プランニング・ツール．東京：合同出版，293 p］．
  エコロジカル・フットプリントについて理解するには，まず本書を読むと良いだろう．日本での動きについても書かれている．

# 対 訳 表

## A

adaptive management（順応的管理）
allele（対立遺伝子）
［APAR］Absorbed Photosysthetically Active Radiation（光合成有効放射吸収〈量〉）
assignment problem（割当問題）
atmosphere（大気圏）

## B

bid-rent（付け値地代）
biological indicator（生物学的指標）
biomarker（生物マーカー）
biomass（現存量〈バイオマス〉）
biota（生物相）
boundary（バウンダリ）
［BRDF］Bidirectional Reflectance Distribution Function（二方向反射分布関数）

## C

calibration（校正）
canonical correlation analysis（正準相関分析）
canopy（キャノピー〈林冠, 樹冠〉）
carotenoid（カロチノイド）
catastrophe（カタストロフィ〈破局的変動, 大災害〉）
category（種類, 区分）
cellular automata（セルオートマトン〈単〉／セルオートマタ〈複〉）
chlorophyll（葉緑素〈クロロフィル〉）
Clean Water Act（水浄化法）
climate change（気候変動）
compartment（コンパートメント〈画分〉）
conduit（コンジット）
confidence interval（信頼区間）
connectivity（連結性）
contraceptive prevalence rate（避妊普及率）
correlative model（相関モデル）
corridor（コリドー）
critical（決定的な）
cub（幼獣）

## D

decision tree（決定木）
［DEM］digital elevation model（数値標高データ）
demographic model（個体群統計モデル）
demographic stochasticity（人口学的確率性）
digital number（DN）（デジタル値）
diffuse light（拡散光）
disaggregate model（非集計モデル）⇔ aggregate model（集計モデル）
disturbance（攪乱）
drift（浮動）
［DPSIR］Driving Force-Pressure-State-Impact-Response（DPSIR〈駆動力-圧力-状態-影響-対応〉）
［DSR framework］Driving Force-State-Response framework（DSRフレームワーク〈駆動力-状態-対応フレームワーク〉）
dynamic programming model（動的計画モデル）
dynamic simulation model（動的シミュレーションモデル）

## E

ecological footprint（エコロジカルフットプリント）
ecological indicator（生態学的指標）
economic agent（経済主体）
economic model（経済モデル）
ecosystem management（生態系管理）
edge（エッジ）
［EEA］European Environment Agency（欧州環境局）
elevation angle（仰角）
emissivity（射出率）
［EMAP］Environmental Monitoring and Assessment Program（環境モニタリング・評価プログラム）
empirical model（経験モデル）
environmental indicator/index（環境指標）
［EOS］Earth Observing System（地球観測システム）
［EPA］Environmental Protection Agency（〈アメ

対 訳 表  237

リカ〉環境保護局)
equivalent theory（種数平衡説）
[EVI] Enhanced Vegetation Index（強化植生指数）
extrapolation（外挿）

## F

false color composite（フォルスカラー合成）
[FAO] Food and Agriculture Organization of the United Nations（国連食糧農業機関）
fertilization effect（施肥効果）
fledgling（巣立ち雛）
[FPAR] Fraction of Photosynthetically Active Radiation absorbed by vegetation canopy（光合成有効放射吸収率，fAPARともいう）

## G

[GCM] General Circulation Model（大気大循環モデル）
[GCTE] Global Change and Terrestrial Ecosystems（地球変化と陸域生態系研究計画）
general equilibrium model（一般均衡モデル）
generalist（ジェネラリスト）
gene flow（遺伝子流動）
genetic distance（遺伝距離）
genetic drift（遺伝的浮動）
[GEWEX] Global Energy and Water Cycle Experiment（全球エネルギー・水循環研究計画）
[GFDL] Geophysical Fluid Dynamics Laboratory（地球物理流体力学研究所）
[GHG] Green House Gas（温室効果ガス）
[GLASOD] Global Assessment of Human-induced Soil Degradation（人為的土壌劣化全球評価）
global warming（地球温暖化）
goal programming（目標計画〈法〉）
[GPP] Gross Primary Productivity（総一次生産力）
[GPRA] Government Performance and Results Act（〈アメリカ〉政府業績評価法）
[GPS] Global Positioning System（全地球測位システム）
gravity model（重力モデル）

## H

habitat（生息地）
habitat contiguity（生息地連続性）
habitat distribution model（生息地分布モデル）
habitat suitability（生息地適性）
hedonic pricing model（ヘドニック価格モデル）

[HEP] Habitat Evaluation Procedures（生息地評価手続き）
hierarchical programming（階層計画〈法〉）
[HIS] Habitat Suitability Index（生息地適性指数）
household（世帯）

## I

[IBP] International Biological Program（国際生物学事業計画）
[IGBP] International Geosphere-Biosphere Programme（地球圏-生物圏国際協同研究計画）
[IHDP] International Human Dimensions Programme on Global Environmental Change（地球環境変化の人間・社会的側面に関する国際研究計画）
[IIASA] International Institute for Applied Systems Analysis（国際応用システム分析研究所）
index（指標〈指数〉）
indicator（指標）
input-output analysis（投入産出分析，産業連関分析）
interior（インテリア）
integrated model（統合モデル）
intervening opportunity（介在機会）
[IO] input-output（投入産出）
[IPCC] Intergovernmental Panel on Climate Change（気候変動に関する政府間パネル）
island biogeography（島嶼生物地理学）
[ISRIC] International Soil Reference and Information Centre（国際土壌照会情報センター）
[IUCN] International Union for Conservation of Nature and Natural Resources（国際自然保護連合）

## J

juvenile（幼若）

## K

key species（鍵種）

## L

[LAI] Leaf Area Index（葉面積指数）
land cover（土地被覆）
land use（土地利用）
land use category（土地利用区分）
land use classification（土地利用分類）
landscape（景観）
landscape connectivity（景観連結性）

landscape ecology（景観生態学）
layer（レイヤ）
life expectancy at birth（出生時平均余命）
life history（生活史）
local population（局所個体群）
[LP] linear programming（線形計画〈法〉）
[LUCC] Land-Use and Land-Cover Change（土地利用・土地被覆変化研究計画）

## M

[MA] Millennium Ecosystem Assessment（ミレニアムエコシステムアセスメント〈千年紀生態系評価〉）
Markov chains（マルコフ連鎖）
mathematical programming（数理計画法）
measurement（測定値，測度）
mechanistic model（機械モデル）
meta population（メタ個体群）
metrics（数的指標）
microsatellite（マイクロサテライト）
minimum viable population（最小存続個体数）
Monte Carlo simulation（モンテカルロ・シミュレーション）
movement corridor（移動コリドー）
multihabitat species（多生息地種）
multiobjective optimization（多目的最適化）

## N

[NASA] National Aeronautics and Space Administration（アメリカ航空宇宙局）
native species（在来種）
[NCAR] National Center for Atmospheric Research（アメリカ大気研究センター）
[NDVI] Normalized Differential Vegetation Index（正規化差植生指数）
[NEPA] National Environmental Policy Act（国家環境政策法）
Nei's genetic distance（Neiの遺伝距離）
[NRC] National Research Council（アメリカ研究評議会）
nuisance species（有害種）

## O

[OECD] Organisation for Economic Cooperation and Development（経済協力開発機構）
operational research（オペレーションズ・リサーチ）
optimization model（最適化モデル）
origin-destination (OD) matrix（発地-着地〈OD〉行列）

outbreak（大発生）

## P

[PAL] Pathfinder AVHRR Land（PAL）
[PAR] Photosynthetically Active Radiation（光合成有効放射〈量〉）
parameterization（パラメタリゼーション）
per capita（一人あたり）
[PET] potential evapotranspiration（可能蒸発散量）
[PIK] Potsdam Institute for Climate Impact Research（ポツダム気候影響研究所）
pixel（画素〈ピクセル〉）
planner（計画家）
population（個体群）
potential habitat（潜在的生息地）
primary education（初等教育）
primary health care（一次医療）
probability distribution（確率分布）
process-based model（プロセスモデル）
production（生産量）
productivity（生産力）
[PSR] Pressure-State-Response（圧力-状態-対応）
PVA (population viability analysis)（個体群存続可能性分析）

## Q

quantitative revolution（計量革命）
quasi-extinction（擬似絶滅）

## R

radiation transfer model（放射伝達モデル）
radio telemetry（ラジオテレメトリ）
raster（ラスタ）
rationale（〈論理的〉根拠）
runoff（流去）
[RVI] ratio vegetation index（比植生指数）

## S

scattering（散乱）
[SD] System Dynamics（システムダイナミクス）
secondary education（中等教育）
soil line（土壌線）
spatial analysis（空間解析）
spatial interaction（空間の相互作用）
spatial resolution（空間解像度）
spectral band（分光バンド）
spectral reflectance characteristics（分光反射特性〈スペクトル反射特性〉）

対　訳　表

state variable（状態変数）
stepping stone（飛び石）
stochastic model（確率論的モデル）
stochasticity（確率性）
stratosphere（成層圏）
suitable habitat（適性生息地）
supervaluation（超付値）
supervised classification（教師つき分類）
sustainability（持続可能性，持続性）
sustainable development（持続可能な開発）
[SVI] spectral vegetation index（分光植生指数〈スペクトル植生指数〉）
system error（系統誤差）

### T

territory（なわばり）
trip generation（トリップ発生）
troposphere（対流圏）
turnover（回転）

### U

[UKMO] United Kingdom Meteorological Office（イギリス気象局）
[UNCCD] United Nations Convention to Combat Desertification（国連砂漠化対処条約）
[UNCED] United Nations Conference on Environment and Development（Earth Summit, Rio Summit）（国連環境会議〈地球サミット，リオ・サミット〉）
[UNCOD] United Nations Conference on Desertification（国連砂漠化会議）
[UNEP] United Nations Environment Programme（国連環境計画）

[UNESCO] United Nations Educational, Scientific and Cultural Organization（国連教育科学文化機関〈ユネスコ〉）
unsupervised classification（教師なし分類）
[USDA] United States Department of Agriculture（アメリカ農務省）
[USGCRP] United States Global Change Research Program（アメリカ地球変動研究プログラム）
[USGS] United States Geological Survey（アメリカ地質調査所）
utility（効用）
utility maximization model（効用最大化モデル）

### V

validation（検証）
vector（ベクタ）
[VEMAP] Vegetation/Ecosystem Modeling and Analysis Project（植生／生態系モデリング・分析プロジェクト）

### W

Water Quality Act（〈アメリカ〉水質法）
[WCRP] World Climate Research Programme（世界気候研究計画）
welfare economics（厚生経済学）
wildfire（山火事，野火）
[WSSD] World Summit on Sustainable Development（Johannesburg Summit）（持続可能な開発に関する世界首脳会議〈ヨハネスブルグ・サミット〉）
[WWF] World Wide Fund for Nature（世界自然保護基金）

# 索　引

## ■欧文

ε モデル　187

ALEX　58
Aqua 衛星　95
ASTER センサ　122, 134
AVHRR センサ　90, 92, 124
AVHRR Pathfinder プログラム　124
BEX　186
BIOMASS　186
BIOME3　191
Biome-BGC　137, 188, 191
BRDF　119
CASA モデル　128, 191
Century モデル　132, 137, 187, 191
CERES 原則　9
CLUE モデル　167
CRU　144
CSD の指標リスト　209
D 指標　199
DEM　54, 136
DGVM　192
DN　90
DPSIR フレームワーク　199
DTM　78
EASE　73
EMAP　213
EMPIRIC モデル　158
EO-1 衛星　115
EOS 科学計画　113
EOS 計画　113
ETM+　109, 135
　　——に対するタッセルドキャップ係数　109
EVI　125
FOREST-BGC　186

FPAR　122
Fragstats　22
GAP　142
GAP II　144
GCM　133
GHG　118
GIS　14, 22
　　——による景観の解析　22
　　——の役割　22
　　——を用いた環境評価システム　71
GIS ベースの環境評価システム　71
　　——の機能　77
GLASOD　144
GOSAT　118, 132
GPM　118
GPP　127, 181
GPS　8
HEP　47
HEP/HSI　58
HSI　47, 56
Hyperion センサ　115
I 指標　199
ICASALS　146
IGBP　82
IHDP　82
IIASA　169
IMAGE 2.0 モデル　170
IO 分析　171
IPCC　65
　　——における不確実性への対処　65
ISRIC　144
ITLUP　166
IUCN　46, 63
JERS-1 衛星　83
LADA　148
LAI　122, 189
LAI データセット　122

Landsat 衛星　83, 90
LARCH モデル　39
LINKAGES　187
LOS　17
Lowry モデル　162
LOWTRAN7　110
LSP　137
LUC　169
LUCC　82, 149
MA　148
MAESTRO　185
MISR センサ　122, 134
MODIS センサ　94, 125, 134
　——の概要　96
　——の主要なプロダクト　96
　MOD12　98
　MOD13　125
　MOD15　124
　MOD17　129
　MOD44　99
MODTRAN4　110
MRVI　108
MSAVI　108
MSS センサ　90, 108
NBP　181
NDVI　105, 122, 128, 187
　——と FPAR の関係　124
　——と LAI の関係　122
NEP　181, 188
NEPA　213
NOAA 衛星　90, 92, 124
NPP　126, 137, 150, 181, 187, 217
NPP モデル　191
NRC　214
OECD　198
OECD 環境指標　209
OR　46
P 指標　199
PACD　142
PAL データ　124
PAR　122
Pathfinder AVHRR Land　124
PDE approach　173
PDS サイクル　10

PEM　129
Penman‐Monteith 式　186
Penn‐Jersey モデル　162
$P_nET$　186
PIK　133
PIK‐NPP　133, 137
PILPS　137
PSR フレームワーク　198, 209
PVA　18, 57
　——の限界　63
　——の用途　58
　——は有用か否か　61
PVI　106
QuickBird 衛星　103
R 指標　199
RUE　129
RVI　129
RVI または SR　105
6S　110
S 指標　199
SAR　136
SAVI　107
SD　164
SEEA　209
SiB　132
SiB2　191
SIR‐C　136
SLOSS　17, 60
Terra 衛星　94
TM センサ　90
TOA‐NDVI　110
TOC‐NDVI　110
TSAVI　108
UNCCD　140
UNCOD　141
UNDP　146
UNEP　142
USGCRP　118
VEMAP　133, 137
WRI　146

■ あ行

アイザード（Isard）　173
アウトカム指標　200, 201

# 索引

アウトプット指標　200
アオムネオーストラリアムシクイ　33
アカシカ　39
アジェンダ21　7
『明日の田園都市』　27
アメリカ研究評議会　214
アメリカ航空宇宙局　113
アメリカ地球変動研究プログラム　118
アルベド　119

意思決定　7, 46, 70, 73, 201
　　――のプロセス　77
意思決定支援システム　77
維持呼吸量　130
移住　21
1次・2次割当問題モデル　160
遺伝学的手法　35
遺伝距離　35
遺伝子流動　32
移動コリドー　31
色合成　104
インターネット　8
インテリア　19
インテリア種　19
インバースモデル　182
インプット指標　200
インベントリ　182

雲量　119

エアロゾル　119, 125
衛星とセンサ　84
衛星利用モデル　190
エコロジカルフットプリント　218
エコロジカルリュックサック　205
エッジ　19
エッジ種　19
エントロピー（最大化）モデル　159

オーバーレイ　71
オペレーションズ・リサーチ　46
オポッサム　58
オルムステッド（Olmsted）　27
温室効果ガス　118, 132

温室効果ガス観測技術衛星　118, 132
温度・水蒸気プロファイル　119

■ か行

階層計画モデル　160
快適環境指標　203
科学と社会　67
鍵種　39, 52
攪乱　19
隠れたフロー　205
重ね合わせ　71
火事　59
火事危険指数　131
河川　136
画素　90
カタストロフィ　31
代わり得る将来　71
環境アセスメント　47, 48
環境影響評価法　46, 48
環境勘定：定義と概念　212
環境基本計画における環境指標　204
環境基本法　202
環境経済学的評価　70
環境・経済統合勘定体系　209
環境資源勘定　208
環境指標　196
　　――の効用　200
　　――の分類　197
　　――の歴史的経緯　201
環境調整済国内純生産　209
環境の評価　70
環境評価システム　70, 77
　　――の機能と役割　73
　　――の発展　72
環境保全機能　73
環境モニタリング・評価プログラム　213
環境容量　219
監視　5
乾性地人口　146
乾性地土地荒廃評価　148
乾性地における土地被覆変化　149
乾燥地域　141
観測　5
干ばつ指数　131

索　引

気温ストレス　129
機械モデル　50
気候研究ユニット　144
気候変動に関する政府間パネル　65
擬似絶滅　61
希少猛禽類　53
機能的な連結性　26, 28
キャノピ　103
強化植生指数　125
教師つき分類法　90
教師なし分類法　90
行政評価　200
近交弱勢　31

空間解析　22
空間スケール　15
空間的相互作用　158
空間的相互作用モデル　158
空間パタン　14
空地　4
クーガー　37
茎と土壌の炭素　131
クマタカ　53
グリーンGDP　209
グリーンベルト　27

景観　15, 27
　　──の空間的連結性　39
　　──の数的指標　24
景観生態学　15
景観連結性　28
　　──の評価　27
経済-生態モデル　173
計量経済型統合モデル　162
計量経済モデル　158
決定木　90, 98
検証　136
現存植生図　101
現存量　103
建ぺい地　2, 83

コアエリア　41
コアセット指標　209
合意形成　10

光合成色素　88
光合成有効放射　122
光合成有効放射吸収率　122
洪水制御網　136
校正　136
構造的な連結性　26, 28
耕地／草地／森林生産指数　131
行動圏内での動き　21
効用最大化モデル　160
効用理論　160
光量子　122
光量子センサ　123
国際応用システム分析研究所　169
国際自然保護連合　46, 63
国際土壌照会情報センター　144
国連開発計画　146
国連環境開発会議　6, 141
国連環境計画　142
国連砂漠化会議　141
国連砂漠化対処条約　140
国連世界モデル　172
個体群サイズ　32, 58
個体群存続可能性分析　18, 57
個体群統計モデル　33
個体群の存続可能性　31
国家環境政策法　213
個別指標　200
孤立化　21
コリドー　16, 20, 29
　　──の機能　20
　　──の効果　35
　　──の質　21
　　──の生態学的機能　30
　　──の生物学上の問題点　31
　　──の多様な意味　29
混合画素　91
コンジット　20

■ さ 行

最適化モデル　159
最尤法　90
砂漠化防止行動計画　142

ジェネラリスト　20

索引

視覚的景観　15
指数　197
システムダイナミクス　164
自然環境　4
自然環境 GIS　24, 54
自然資源管理の原則　65
自然色合成　104
持続可能性　219
　　――の評価　219
持続可能な開発に関する世界首脳会議　7
持続的開発の指標　201
実施状況評価　142
シナリオ　71, 77
指標　197
　　――の定義　213
指標種　39
シミュレーション統合モデル　163
シミュレーションモデル　11
周縁効果　19
従属栄養呼吸　131
住民参加　10, 46
重力／空間的相互作用型統合モデル　162
重力モデル　159
樹冠　123
種子分散　21
種数指標　215
種数平衡説　17, 28, 31
種組成　101
種の移動　21
純一次生産量　181
純一次生産力　126
純粋画素　91
純生態系生産量　181
順応的管理　9
純バイオーム生産量　181
上位性　49
証拠にもとづく対応姿勢　64
蒸発散　119
情報技術　8
　　――の革新　8
情報システム　11
植生構造　122
植生指数　119, 124
植生図の作成方法　99

植生の分光反射特性　102
植生のリモートセンシング　101
植生フェノロジー　125
植物群落　101
植物社会学的植生調査　101
人為的土壌劣化全球評価　144
シンク　20, 183
森林 GIS　54

垂直植生指数　106
水分ストレス　129
数値標高データ　78
数理計画モデル　159
スコーピング　48
スタイニッツ（Steinitz）　71
スペクトル植生指数　104
スペクトロメータ　109
スペシャリスト　19

正規化差植生指数　105
生産効率モデル　129
生息地コリドー　37
生息地適性　52
生息地適性指数　47
生息地の物的環境　47
生息地の分断化　21
生息地評価手続き　47, 213
生息地分析地図　39
生息地分布モデル　50
生態学的機能　215
生態学的指標　213
生態学的ネットワーク　39
　　――の解析　39
生態系アプローチ　213
生態系管理　213
生態系機能　39
生態系の数値モデル　180
生態系の評価　48
生態系のモザイク　27
生態系プロセスモデル　185
成長呼吸量　131
政府業績成果法　200
生物化学量のリモートセンシング　132
生物学的指標　51

索引　245

生物季節　89
生物圏の純一次生産力　126
生物生息環境の定量的評価　46
生物多様性とスケール　42
生物多様性の評価　48
生物多様性保全　42
生物地球化学　131
生物地球化学モデル　133, 137, 190
生物地理学モデル　133, 137, 190
生物の生息地　20
生理生態モデル　51
世界砂漠化アトラス　142
世界資源研究所　146
絶滅確率　17, 60
絶滅危惧種の判定規準　63
絶滅の人口学的確率性　31
絶滅のリスク　57
施肥効果　183
セルオートマトンモデル　168
全球NDVIデータセット　111
全球NPPの推定　190
全球炭素収支　131, 180
全球土地被覆分類　92
全球の陸域NPP量　128
全球レベルシミュレーションモデル　170
線形計画モデル　159
センサ　83
　　──の空間解像度　91
　　──のバンド　90
潜在的生息地　52
千年紀生態系評価　148

ソイルライン　103
総一次生産量　181
総一次生産力　127
相観　101
相関モデル　50
総光合成量　127
総合指標　200
総合的環境指標　204
相互比較プロジェクト　137
測定　5
ソース　20, 183

■ た行

大気大循環モデル　133
大気補正　125
大気補正モデル　110
第二次実施状況評価　144
多項ロジットモデル　158
脱ガス　184
タッセルドキャップ分析　108
多目的／多基準意思決定モデル　161
単純生物圏モデル　132

地域　15
地域計画　27
地域生態計画　71
地球科学ミッションプロファイル　116
地球環境変化の人間・社会的側面に関する国
　　際研究計画　82
地球観測　7
地球観測技術　7
地球観測システム　113
地球規模気候変動　52
地球圏-生物圏国際協同研究計画　82
地球サミット　6, 142, 202
地球の生物学的容量　221
地形　135
地表面属性の定量化　134
地表面パラメタリゼーション　137
中程度攪乱説　19
チューネン（Thünen）　161
調査　5
地理情報システム　7, 14, 71

積み上げ法　127

定量的評価　47
適応的管理　9
デジタル値　90, 109
テレメトリ　37
典型性　49

同期実験　136
統計モデル　157
統合交通・土地利用パッケージ　166

統合モデル　161
島嶼生物地理学　17, 28, 31
動的計画モデル　159
動的シミュレーションモデル　164
投入産出型統合モデル　171
投入産出分析　171
特殊性　49
独立栄養呼吸　131
土壌荒廃　141, 147
土壌侵食　141
土壌線　103
土壌炭素　135
土壌窒素　135
土壌調整植生指数　107
土壌データセット　135
土壌有機物　215
都市緑地法　3
土地荒廃　140
土地のモザイク　16
土地の劣化　141
土地被覆　3, 82, 121
　　――の分類方法　90
　　――のリモートセンシング　82
土地被覆型の分光特性　98
土地被覆指標　215
土地被覆分類　119
土地被覆分類スキーム　92
土地被覆変化　99
　　――の抽出手法　97
土地利用　3
　　――と土地被覆　82
　　――のモデル　154
土地利用・被覆変化研究計画　82
土地利用分析におけるGISの適用　174
土地利用分布モデル　154
土地利用変化プロジェクト　169
土地利用モデルの種類　156
土地利用モデルの分類　155
土地利用予測モデル　154
飛び石　17
トレーニングエリア　90

■ な 行

ナチュラルカラー合成　104

7段階地域計画フレームワーク　42

二酸化炭素固定機能　76
二方向反射分布関数　119
日本の物質収支　208

ネズミ　35

農業地代理論モデル　161

■ は 行

バイオマス　103
廃棄物　208
バウンダリ　19
破局的変動　31
ハクトウワシ　54
波長帯　90
パッチ　16, 18, 24
パッチ間距離　25
パッチ間の移動　34, 60
パッチ間の連結性　34
パッチ孤立性　29
パッチ-コリドー-マトリクスモデル　16
バルディーズ原則　9
ハワード（Howard）　27
反射率　88, 109
判別分析　54

ビオトープ　50
　　――の評価　50
ピクセル　90
比植生指数　105
ピュアピクセル　91
評価　4
表面温度　119
表面抵抗　119

ファーカー（Farquhar）の光合成モデル
　　186
ファジー理論　169
フィルター　20
フェノロジー　89
フォルスカラー合成　104
フォレスター（Forrester）　166

フォン・ノイマン（von Neumann）168
不確実性 63
　――のソース 65
　――の下での意思決定 67
　――の下での資源管理 65
　――への対処指針 65
物質収支 208
ブッパタール研究所 207
フラクタル 169
フラックス観測 182
プラットフォーム 83
プロセス指向モデル 51
フロリダエコロジカルネットワーク 42
フロリダ Gap 分析 52
分光植生指数 104, 122, 124
分光反射特性 88
分光放射計 109
分散 21
分断化 33

閉鎖林スペシャリスト 35
変換土壌調整植生指数 108
変形土壌調整植生指数 108

放射輝度 109
放射強度 109
放射利用効率 129, 187
保護区の計画 17
保護地域 59
ボストンの公園系統 27
保全計画 43
保全情報学 6
保全生物学 51
保全適地の選定 52
ポテンシャルハビタット 52

■ ま行

マイアミモデル 128
マクハーグ（McHarg）71
マトリクス 16
マネジメントサイクル 10
マルコフ連鎖モデル 174

ミクセル 91

水涵養機能 73
水保持能 135
緑の国勢調査 54
ミレニアムエコシステムアセスメント 148

ムーアの法則 7

メタ個体群 30

目標計画モデル 160
モザイク 21
モジュラーモデル 173
モデルの役割 154
モニタリング 4, 11

■ や行

雪被覆 119

葉面積指数 122
葉緑素 88
ヨハネスブルグサミット 141
予防原則 9
予防的対応姿勢 64

■ ら行

ラジオテレメトリ 21, 37
ランドスケープ 14
ランドスケープエコロジー 15

リオ・デ・ジャネイロ宣言（リオ宣言）6, 9
陸域生態系の炭素収支 131, 180
　――を見積もる方法 182
陸域生態系の反応 193
陸域生物圏動態の予測 132
リスクコミュニケーションの原則 9
リモートセンシング 7, 83
　――による植生図化 102
流域アーカイブ 136
緑環境評価システム 73
緑地 2
　――のもつ環境保全機能 76
緑地環境 2
　――の指標 196
緑地帯 27

緑地ネットワーク　27
　——の意義　28
　——の設計・計画　37
緑被　3
林冠　123

レッドリスト　63
連結性　21
　——の測度　30

著者略歴

恒川　篤史
1960 年　東京都に生まれる
1989 年　東京大学大学院農学系研究科博士課程修了
1990 年　環境庁国立公害研究所（現・国立環境研究所）
　　　　研究員
1996 年　東京大学大学院農学生命科学研究科助教授
2005 年　鳥取大学乾燥地研究センター教授
　　　　（農学博士）

シリーズ〈緑地環境学〉1
**緑地環境のモニタリングと評価**　　定価はカバーに表示

2005 年 9 月 25 日　初版第 1 刷

著　者　恒　川　篤　史
発行者　朝　倉　邦　造
発行所　株式会社　朝　倉　書　店

東京都新宿区新小川町 6-29
郵便番号 162-8707
電　話　03(3260)0141
ＦＡＸ　03(3260)0180
http://www.asakura.co.jp

〈検印省略〉

Ⓒ 2005〈無断複写・転載を禁ず〉　　シナノ・渡辺製本

ISBN 4-254-18501-4　C3340　　　　Printed in Japan

◆〈緑地環境〉の保全・再生・創造のために

# シリーズ〈緑地環境学〉 全5巻
武内和彦（東京大学）=編集
各巻A5判 200〜280頁

## 第1巻　緑地環境のモニタリングと評価
鳥取大学　恒川篤史 著

〔目次〕GISによる緑地環境の評価／リモートセンシングによる緑地環境のモニタリング／緑地環境のモデルと指標

## 第2巻　農村緑地の保全
農業環境技術研究所　井手 任・山本勝利・大黒俊哉 著

〔目次〕生態学的にみた農村緑地の秩序／平地農村の緑地環境と生物相／里地におけるランドスケープ構造と植物相の変動／耕地放棄地における植生変動とその保全／農村緑地のネットワーク化／緑地環境の現在と変動予測／遺伝子レベルから景観レベルまで

## 第3巻　郊外緑地の再生
筑波大学　横張 真・国立環境研究所　渡辺貴史 著

〔目次〕「郊外」とはどのような場か／峻別か混在か：郊外緑地の形成／郊外緑地の機能と計画／郊外緑地の将来

## 第4巻　都市緑地の創造
兵庫県立大学　平田富士男 著

〔目次〕「住みよいまち」づくりと「まちのみどり」／都市のみどりを確保する意思，その実現手法／都市のみどりの確保手法の実際／都市のみどり確保手法の適用／都市のみどりの確保手法適用の前提／各種制度が構築されてきた経緯・歴史／これからのみどり豊かな都市づくりに向けて

## 第5巻　環境アセスメントとミティゲーション
武蔵工業大学　田中 章 著

〔目次〕米国の環境アセスメントとミティゲーション／日本の環境アセスメントとミティゲーション／ミティゲーションを評価する生態系アセスメント手法／ミティゲーションを推進するミティゲーション・バンキング・システム